土壤污染修复丛书

丛书主编　朱永官

喀斯特耕地土壤的镉污染成因及安全利用

刘鸿雁　宋理洪　杨文弢　刘　克等　著

科学出版社

北　京

内 容 简 介

喀斯特地区具有典型的重金属镉地质高背景特征，区域农用地土壤污染严重，存在较大的生态环境与人体健康风险。关于喀斯特地区耕地土壤镉的污染成因和安全利用研究还不够深入，现有理论不能帮助精准识别地质高背景区耕地重金属镉的生物有效性及其环境风险，且尚未建立地质高背景区镉污染耕地安全利用与风险管控的技术体系。本书在全面总结研究成果、生产实践经验和充分参考国内外相关研究进展的基础上，针对喀斯特地区耕地土壤镉的地质高背景及外源污染叠加、镉在土壤-作物系统的迁移转化及风险阈值、耕地土壤镉的生态健康风险及安全利用模式进行了全面的论述。

本书可供农业、环保、生态等相关行业人员和管理部门进行理论研究、技术指导及决策参考，也可供农业资源与环境、环境科学与工程、生态学、地球化学等专业的科研和教学工作者参考。

图书在版编目 (CIP) 数据

喀斯特耕地土壤的镉污染成因及安全利用 / 刘鸿雁等著. -- 北京：科学出版社，2025. 3. -- （土壤污染修复丛书）. -- ISBN 978-7-03 -081173-8

Ⅰ. X53

中国国家版本馆 CIP 数据核字第 202544MF42 号

责任编辑：郑述方 程雷星 / 责任校对：樊雅琼
责任印制：罗 科 / 封面设计：墨创文化

科 学 出 版 社 出版

北京东黄城根北街 16 号
邮政编码：100717
http://www.sciencep.com

煤田地质制图印务有限责任公司印刷
科学出版社发行 各地新华书店经销

*

2025 年 3 月第 一 版 开本：787×1092 1/16
2025 年 3 月第一次印刷 印张：19
字数：445 000

定价：298.00 元
（如有印装质量问题，我社负责调换）

"土壤污染修复丛书"编委会

《喀斯特耕地土壤的镉污染成因及安全利用》著者

（按姓氏汉语拼音排序）

刘鸿雁（贵州大学）

刘　克（贵州大学）

罗　凯（湖北文理学院）

宋理洪（乐山师范学院）

吴　攀（贵州大学）

杨文弢（贵州大学）

张秋野（贵州大学）

丛 书 序

　　土壤是地球的皮肤，是地球表层生态系统的重要组成部分。除了支撑植物生长，土壤在水质净化和储存、物质循环、污染物消纳、生物多样性保护等方面也具有不可替代的作用。此外，土壤微生物代谢能产生大量具有活性的次生代谢物，这些代谢产物可以用于开发抗菌和抗癌药物。总之，土壤对维持地球生态系统功能和保障人类健康至关重要。

　　长期以来，工业发展、城市化和农业集约化快速发展导致土壤受到不同程度的污染。与大气和水体相比，土壤污染具有隐蔽性、不可逆性和严重的滞后性。土壤污染物主要包括：重金属、放射性物质、工农业生产活动中使用或产生的各类污染物（如农药、多环芳烃和卤化物等）、塑料、人兽药物、个人护理品等。除了种类繁多的化学污染物，具有抗生素耐药性的病原微生物及其携带的致病毒力因子等生物污染物也已成为颇受关注的一类新污染物，土壤则是这类污染物的重要储库。土壤污染通过影响作物产量、食品安全、水体质量等途径影响人类健康，成为各级政府和公众普遍关注的生态环境问题。

　　我国开展土壤污染研究已有五十多年。20 世纪 60 年代初期进行了土壤放射性水平调查，探讨放射性同位素在土壤-植物系统中的行为与污染防治。1967 年开始，中国科学院相关研究所进行了除草剂等化学农药对土壤的污染及其解毒研究。60 年代后期、70 年代初期，陆续开展了以土壤污染物分析方法、土壤元素背景值、污水灌溉调查等为中心的研究工作。随着经济的快速发展，土壤污染问题逐渐为人们所重视。80 年代起，许多科研机构和大专院校建立了与土壤环境保护有关的专业，积极开展相关研究，为"六五""七五"期间土壤环境背景值和环境容量等科技攻关任务的顺利开展打下了良好基础。

　　习近平总书记在党的二十大报告中明确指出：中国式现代化是人与自然和谐共生的现代化。必须牢固树立和践行绿水青山就是金山银山的理念，站在人与自然和谐共生的高度谋划发展。

　　土壤环境保护已经成为深入打好污染防治攻坚战的重要内容。为有效遏制土壤污染，保障生态系统和人类健康，我们必须遵循"源头控污 - 过程减污 - 末端治污"一体化的土壤污染控制与修复的系统思维。

　　由于全国各地地理、气候等各种生态环境特征不同，土壤污染成因、污染类型、修复技术及方法均具有明显的地域特色，研究成果也颇为丰富，但多年来只是零散地发表在国内外刊物上，尚未进行系统性总结。在这样的背景下，科学出版社组织策划的"土壤污染修复丛书"应运而生。丛书全面、系统地总结了土壤污染修复的研究进展，在前沿性、科学性、实用性等方面都具有突出的优势，可为土壤污染修复领域的后续研究提供可靠、系统、规范的科学数据，也可为进一步的深化研究和产业创新应用提供指引。

　　从内容来看，丛书主要包括土壤污染过程、土壤污染修复、土壤环境风险等多个方面，从土壤污染的基础理论到污染修复材料的制备，再到环境污染的风险控制，乃至未来土壤健康的延伸，读者都能在丛书中获得一些启示。尽管如此，从地域来看，丛书暂时并不涵盖我国大部分区域，而是从西南部的相关研究成果出发，抓住特色，随着丛书相关研究的进展逐渐面向全国。

　　丛书的编委，以及各分册作者都是在领域内精耕细作多年的资深学者，他们对土壤修复的认识都是深刻、活跃且经过时间沉淀的，其成果具有较强的代表性，相信能为土壤污染修复研究提供有价值的参考。

　　与当前日新月异、百花齐放的学术研究环境异曲同工，"土壤污染修复丛书"的推进也是动态的、开放的，旨在通过系统、精炼的内容，向读者展示土壤修复领域的重点研究成果，希望这套丛书能为我国打赢污染防治攻坚战、实施生态文明建设战略、实现从科技大国走向科技强国的转变添砖加瓦。

朱永官

中国科学院院士

2023 年 4 月

前　　言

喀斯特地区具有典型的重金属镉地质高背景特征，我国西南岩溶区是全国农用地土壤重金属超标面积最大的区域，存在较大的生态环境与人体健康风险。随着2016年《土壤污染防治行动计划》（简称"土十条"）发布，2018年《土壤环境质量 农用地土壤污染风险管控标准（试行）》（GB 15618—2018）、2019年《中华人民共和国土壤污染防治法》相继施行，重金属污染耕地土壤的安全利用与风险管控理论研究、技术研发和管理体系日趋完善。因镉米问题引发的关注，国内外研究者对稻田土壤镉的研究全面而系统，但喀斯特地区山地起伏的地形特征决定了其以耕地为主的农业生产特点。关于喀斯特地区耕地土壤镉的污染成因和安全利用研究还不够深入，现有理论和技术对镉污染耕地安全利用与风险管控的指导性不强。

作者团队长期致力于土壤环境与污染修复的理论与技术研究，并全面参与了农业、环保、自然资源等部门的全国农用地土壤污染状况详查、全国耕地土壤污染成因排查与分析、贵州省耕地土壤环境质量类别划分动态调整、贵州省耕地生产障碍修复利用等项目。本书在全面总结研究成果、生产实践经验和充分参考国内外相关研究进展的基础上，针对喀斯特地区耕地土壤镉的地质高背景及外源污染叠加、镉在土壤-作物系统的迁移转化及风险阈值、耕地土壤镉的生态健康风险及安全利用模式进行了全面的论述。全书共10章，第1章介绍喀斯特地区土壤镉的地球化学高背景特征及异常成因，主要论述喀斯特地区土壤镉污染的自然源；第2章介绍喀斯特地区土壤镉的外源污染叠加过程及影响机制；第3章介绍土壤镉的源解析技术方法；第4章介绍喀斯特耕地土壤镉的分布及迁移转化；第5章介绍喀斯特地区典型农作物对镉的吸收、转运及富集；第6章介绍喀斯特地区农作物安全生产的土壤镉风险阈值；第7章介绍镉胁迫对耕地土壤微生物和动物群落的影响及生物修复机制；第8章介绍土壤镉的食物链传递及人体健康风险；第9章介绍喀斯特耕地土壤镉污染的修复技术及效应；第10章是展望，对喀斯特地区镉污染耕地的安全利用及严格管控未来发展趋势进行展望。

本书总结并凝炼研究团队10多年的研究成果，全书由刘鸿雁、吴攀设计及统稿。各章撰写负责人分别为：第1章、第4章，罗凯；第2章、第3章，张秋野；第5章、第6章，刘克；第7章、第8章，宋理洪；第9章、第10章，杨文弢。全部作者参与撰写、修改和校稿。

本书主要研究成果先后获得国家自然科学基金项目（41461097，U1612442，42067028，21866008，42207525，41807055，32101391）、科技部重点研发计划项目课题

（2018YFC1802602）和贵州省科技计划项目（黔科合基础〔2019〕1103、黔科合基础〔2020〕1Y181、黔科合后补助〔2020〕3001、黔科合基础-ZK〔2022〕重点014、黔科合支撑〔2022〕一般222）等国家及省部级科研项目的资助。本书汇聚了研究团队成员的辛勤工作成果和智慧，包括多篇硕/博士研究生学位论文和学术论文。先后参与此研究工作的有龙家寰、朱恒亮、徐梦、崔俊丽、涂宇、顾小凤、于恩江、冉晓追、王旭莲、胡立志、梅雪、简槐良、陈雪、冉沁瑶等研究生，贵州省农业生态与资源保护站王萍高级农艺师、刘静农艺师，贵州星硕铭越环保科技有限公司涂汉、李政道、阚冲工程师，以及中国科学院南京土壤研究所、贵州大学的合作伙伴。在此一并致谢！

刘鸿雁

2025 年 1 月 30 日于贵州大学

目　　录

第1章　喀斯特地区土壤镉的地球化学高背景特征及异常成因

镉（cadmium）是自然环境中普遍存在且毒性极强的重金属元素，几乎所有的土壤、地表水和植物体内均含有镉。摄入微量的镉不仅威胁生物个体的生理和健康，还对生物种群数量和物种分布产生影响（Larison et al.，2000）。全球碳酸盐岩出露面积约占陆地面积的12%，我国碳酸盐岩分布面积达$344×10^4km^2$，约占全国陆地面积的1/3。碳酸盐岩（石灰岩和白云岩）发育地区土壤中多存在镉的地球化学高背景现象（Lalor et al.，1998；Quezada-Hinojosa et al.，2009）。地球化学异常（geochemical anomaly）是指在给定的空间或地区内化学元素含量分布或其他化学指标对正常地球化学模式的偏离。形成大规模地球化学异常的物质来源有 3 类：矿床的点源分散、矿源层风化搬运和高背景岩石，土壤和水系沉积物与岩石地球化学异常有继承关系。

1.1　土壤镉的地球化学高背景特征

土壤是环境介质的一种，是地球陆地表面的脆弱薄层，是各种陆地地形条件下的岩石风化物经过生物、气候等自然要素的综合作用以及人类生产活动的影响而发生、发展起来的，由各种颗粒状矿物质、有机物质、水分、空气、微生物等组成，是人类赖以生存的自然资源（赵其国，1997）。在喀斯特地区的自然环境之中，土壤及其上生长的植被是生态环境中尤为敏感的要素，与非喀斯特地区相比，具有明显的脆弱特征，它们在人为活动等非自然条件的干预下，地表植被覆盖率下降、水土流失、土壤侵蚀，同时也极大地影响了土壤镉的迁移和累积。

以贵州为中心的我国西南地区是全球喀斯特分布面积最大的区域，贵州全省碳酸盐岩约占土地面积的 73%，是典型的喀斯特地区。何邵麟等（2004）通过对贵州省 46965件土壤和水系沉淀物的组合样分析结果统计，发现区域地表土壤和沉积物中镉的地球化学背景值为$0.31×10^{-6}$，是中国水系沉积物和土壤地球化学丰度值的 2.5～3.5 倍，表现出镉地球化学高背景特征，也是我国地球化学背景值最高的省份，在这个区域开展研究，其成果具有很强的典型性和代表性。

1.1.1　重金属镉的元素特征

重金属元素在化学中一般定义为相对密度等于或大于 5.0 的金属，包括 Cu、Pb、Zn、Sn、Ni、Co、Sb、Hg、Cd、Bi 和类金属元素砷（As）等具有生物毒性的元素。尽管 Cu、Zn 等重金属是生命活动所需的微量元素，但是大部分重金属，如 Cd、Pb 等并非生命活动所必需，而且所有重金属超过一定浓度都会危害人体。土壤重金属污染主要指生物毒性显著的 Cr、Cd 和 Pb 以及类金属 As，还包括具有毒性的重金属 Cu、Zn 等（郑喜砷和鲁安怀，2002）。因此，将 Cr、Cu、Zn、As、Cd 和 Pb 称为土壤重金属污染元素，作为本书的研究对象。据统计，世界上约 90% 的污染物（如固体废弃物、有害废水、大气中的有害气体及飘尘等）最终进入土壤中，重金属污染范围广、影响时间长，在土壤中稳定、滞留时间长、不能被微生物降解（赵其国，1998）。土壤中重金属污染会影响土壤的肥力和农产品品质（Vulkan et al.，2002），同时会经大气、水体、农作物等传播途径影响人类健康（Hao et al.，2004），其中通过食物链迁移是主要途径（李志博等，2008）。因此，土壤重金属污染研究越来越受到人们的广泛关注。

Cd 是一种淡蓝而具有银白色光泽的金属，位于元素周期表第五周期第 IIB 族第二族（锌副族）。原子量为 112.41，原子序数为 48，电子构型为 $4d^{10}5s^2$。Cd 的偶次原子结构决定了它易失掉外层电子成 +2 价离子，成为对称结构的钯型稳定离子。Cd 具有电离势较高不易氧化的特点，熔点 321℃，沸点 765℃，密度 8.65g/cm³，电离势 8.99eV，质软耐磨，抗腐蚀。

Cd 在地壳分布相当稀少，平均为 0.15mg/kg，且十分分散，不易形成独立矿物。中国土壤丰度为 $0.09×10^{-6}$，天然水及人类用水中为 $1×10^{-9}～10×10^{-9}$μg/L，植物中的含量为 $0.2×10^{-6}～0.8×10^{-6}$。在世界范围内，通常土壤中含 Cd 为 0.01～2mg/kg，中值为 0.35mg/kg，因土壤类型及区域不同而有所差异（顾继光和周启星，2002）。我国 41 个土类的背景值差异较大，变化范围为 0.017～0.332mg/kg。

在自然环境中，Cd 主要以正二价形式存在，有时为正一价，Cd 的化合物最常见的有卤化镉、$Cd(OH)_2$、$Cd(NO_3)_2$、$CdSO_4$ 等。Cd 主要有类质同象、吸附状态和极少量独立矿物形式。大多数情况下，Cd 以类质同象置换其他相应离子而存在于各种含 Cd 矿物中，其中以闪锌矿的含 Cd 量最高。但是，Cd 又有相当的亲石性，可同时进入氧化物和硫化物中：在硫化物中，Cd 主要进入锌的硫化物内；在氧化物中，Cd 存在于钙及锰的矿物中。Cd 在环境中相当活跃，在很宽的 pH 范围内依然以 Cd^{2+} 存在。有学者估算了 Cd 的天然排放量为 $0.3×10^6$kg/a，人为排放量为 $5.5×10^6$kg/a，约为前者的 18 倍。含 Cd 量高的岩石或含 Cd 矿物经风化氧化可聚集于残积土壤中，在水体作用下（物理或化学的），并次生富集于水系沉积物或受水系浇灌的土壤中。水体中的生物，或是生长在土壤上的植物，吸收其中的有效态 Cd，储存在生物体内，通过食物链进入人体，并在人体中累积，危害人体健康。同时，水系中的 Cd 在外界环境条件下处于动态平衡，水解和沉积随 pH、氧化还原电位（Eh）的变化而变化。火山喷发，有机质燃烧，含 Cd 矿石的开采及海洋的释气作用，都将地球表面的 Cd 以 Cd^{2+} 的颗粒物形式排入大气，同时大气又以酸雨等干湿沉降的方式使 Cd 回到地表（图 1-1）。

全球土壤 Cd 的背景值含量范围为 0.01～2.0mg/kg，中位值为 0.35mg/kg，我国土壤的 Cd 背景值平均水平为 0.097mg/kg，中位值为 0.079mg/kg，低于英国与日本的 0.62mg/kg 和 0.41mg/kg，其中各区域的背景值总体分布状况为西部最大，东部最小（王维薇和林清，2017）。国家"七五"课题"中国土壤环境背景值研究"结果显示，贵州省高居各省级行政区之首，土壤 Cd 平均背景含量为 0.659mg/kg，其次为广西壮族自治区和云南省，分别为 0.267mg/kg 和 0.218mg/kg（图 1-2）；成土母质中沉积石灰岩发育土壤 Cd 的背景值相

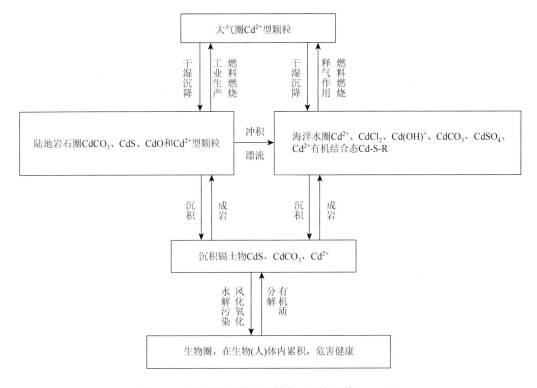

图 1-1　生物圈中镉的迁移转化（孙向平等，2018）

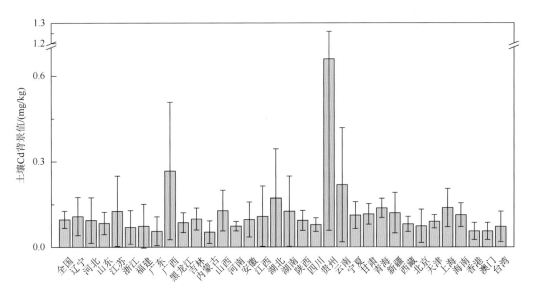

图 1-2　我国各地区土壤 Cd 的背景值（中国环境监测总站，1990）

对最高，为 0.218mg/kg；而在土壤类型中石灰（岩）土背景值最大，为 1.115mg/kg。研究发现，西南喀斯特地区地表土壤和沉积物中 Hg、Cd、Sb、As 元素具有显著的地球化学高背景值（Cheng et al.，2014），人为作用的影响与地球化学高背景叠加，使得西南喀斯特地区土壤 Cd 积累问题变得更为突出与复杂。因此，针对这些地区产生的土壤重金属积累问题，需进行相关地区的土壤安全标准的完善及风险评估。

1.1.2　土壤镉等重金属的生物有效性

生物有效性的概念是基于物理化学的概念提出的，认为它是在水体环境中，污染物在生物传输或生物反应中被利用的程度（Kireta et al.，2012）。后来，这个概念扩展到沉积物、土壤等固体环境中。实际上，生物有效性有一个更宽广的含义，其研究内容包括：不同形态金属与生物膜的反应、金属在外部环境中的形态及数量、金属在生物体内的迁移积累和相应的毒性及风险。而重金属的生物有效性主要指重金属可能被生物吸收或对生物产生毒性的性状，受环境、生物体自身的综合影响，涉及物理、化学、生物学等各个方面。

土壤-植物系统中重金属的生物有效性研究，则直接反映了土壤重金属的污染程度及重金属对人体健康、生态系统的危害，并为重金属污染土壤的修复和当地农业生产提供理论基础。

要全面研究土壤中重金属的含量、赋存形态与植物吸收重金属的关系，需要明确几个概念：一是土壤的背景值；二是土壤的警戒值和临界值，警戒值表示对环境产生不良影响，临界值表示对环境的影响较重到严重。而土壤的全量与其生物有效性并不成正比，因此全量并不能够表达土壤的警戒值和临界值，这就必然联系到土壤重金属的有效态含量。研究表明，生物有效性不仅受环境影响，也受生物体的自身影响，这些影响涉及化学、物理及生物等各个方面。相应地，影响重金属在土壤中生物有效性的因素有很多，如土壤环境条件、植物体特性、污染来源等。其中，土壤环境条件是影响重金属形态的重要因素。生物有效性决定了重金属在环境中可能的迁移和转化行为、潜在毒性和生物活性。因此，必须从重金属形态及影响其形态的作用机制出发，才能正确诠释重金属在环境中的迁移转化规律和长期污染风险。

1.1.3　环境介质中镉的生物地球化学行为研究

关于环境介质中的重金属地球化学行为研究已越来越深入，重金属在环境介质之间的界面过程和效应也受到越来越多科研工作者的关注（赵其国和滕应，2013；Zhang，2014）。重金属在土壤-植物中的迁移转化过程研究，主要集中在土壤/沉积物-植物/藻类介质中的循环过程。土壤或沉积物中的各种重金属在固-液相的分配方式通常会影响重金属的生物有效性以及毒性。除了传统的原位渗析膜采样器法、离心提取法外，通常梯度扩散薄膜技术（diffusive gradients in thin-films，DGT）是被用于研究土壤/沉积物中有效态重金属浓度的重要方法（Teasdale et al.，1995；Amato et al.，2014）。

由于土壤-重金属-生物之间存在着复杂而极其微妙的动态作用，只有部分土壤重金属能被生物所吸收和利用（Oviasogie et al.，2011），重金属的生态环境风险是以生物有效形态为基础的，土壤重金属生物有效性及其风险主要取决于有效态的浓度，而土壤有效态

Cd 浓度主要受土壤全量 Cd、溶解度、吸附解吸等影响（Nomfundo et al.，2016）。重金属 Cd 的毒害作用主要包括对植物的蒸腾作用、光合作用、碳的固定以及对作物产量、品质等各方面的影响（Msilini et al.，2013；杨兴，2015）。而且 Cd 对土壤生态系统有较强的破坏性，通过对土壤中微生物群落特性的影响，降低土壤微生物的数量以及活性，进而对土壤的持续生产能力产生不良影响（Liu et al.，2016）。马彩云等（2013）通过研究 Cd 对土壤酶活性抑制作用的影响发现，不同种类土壤酶的抑制作用有所差异，当土壤 Cd 浓度减少时，土壤酶能够在一定程度上恢复部分活性。有研究表明菜地土壤中有效态 Cd 浓度与小白菜可食部分 Cd 的浓度相关性好于全量 Cd 浓度，用土壤中 Cd 的有效态浓度表征 Cd 的生态风险更准确。杜彩艳等（2015）采用田间试验研究了钝化剂与玉米吸收 Cd 的关联，表明钝化剂与玉米中有效态 Cd 浓度的相关性明显高于与土壤全量 Cd 浓度的相关性。张文等（2016）研究表明，生物炭的使用可以显著改善土壤 pH，并降低蔬菜对土壤中 Cd 的吸收量。

1.2　土壤镉的含量及赋存形态

1.2.1　喀斯特地质高背景区土壤镉的含量

本节以贵州省典型喀斯特地质高背景区土壤为主要研究对象，对该区域 Cd 等重金属及其地球化学元素的含量、Cd 赋存形态及理化性质等进行分析研究，不仅对整个西南喀斯特地区的土壤中 Cd 的地球化学特征研究具有科学意义，而且对保护生态环境、促进区域可持续发展具有突出的现实意义。

1. 研究区域概况

1）地理位置

普定县（105°27′49″E～105°58′51″E，26°26′36″N～26°31′42″N）位于素有"黔之腹，滇之喉"之称的黔中腹地。夜郎湖则位于普定县西北部，距城区 7km，距安顺 35km，蓄水量 4.2 亿 m^3，正常蓄水 3.77 亿 m^3，年均过水量 38 亿 m^3。

2）地质地貌

普定县地处云贵高原向东向南倾斜的斜坡地带，大地构造上为华南台块的一部分，即有相当大活动性的黔中隆起部分。从构造形态上来看，普定县是黔西"山"字形构造体系前面弧黔西褶皱带的转折地段东部，背斜较紧密，向斜较开阔，形成一种复式向背斜特征。县内主要构造有普定向斜和大窑背斜。东北部有一棵树地堑带。在东北、东南部多正断层，西北、西南多高角度冲断层。县内地层从寒武系到第四系，除缺失志留系、侏罗系、白垩系等，共有八个地层出露，其中尤以难溶和弱可溶性碳酸盐类岩石占优势，约占全县总面积的 84.27%。从地形上来看，普定县地形多为高原丘陵和高原山地。二盆河自西向东从中部横穿而过，把全县分为南北两部分，形成南北高、中间低的地势。河流的沟谷切割和水的溶蚀作用使地形崎岖不平，支离破碎，峰林、峰丛、溶洞、暗河、洼地、溶斗、盲谷等岩溶地貌到处可见（邵莹莹等，2014）。

两季土壤中 Cd 含量最大值分别为 3.90mg/kg 和 3.82mg/kg，分布在 10#；最小值分别为 0.24mg/kg 和 0.21mg/kg，分布在 1#。Cd 含量平均值为 1.81mg/kg（冬）和 1.79mg/kg（夏），大约是贵州土壤平均水平（0.659mg/kg）的 3 倍；Cd 最大值则是国家土壤Ⅱ级质量标准（0.60mg/kg）的 6 倍多。我国主要农业土壤中镉的背景值在 0.01～1.34mg/kg，平均为 0.12mg/kg。由此可知，研究区土壤中 Cd 平均含量远高于世界土壤背景值（0.35mg/kg）、我国土壤背景值和我国主要农业土壤背景值。绝大部分土壤样品 Cd 含量都已经超出贵州土壤背景值，且两季超出率都达到了 73%；Ⅱ级土壤标准的超标率分别达到 73%（冬）和 80%（夏），表现出明显的高镉地球化学背景。一般认为变异系数小于 10% 为弱变异，10%～100% 为中等变异，大于 100% 为强变异。变异性越大，该种重金属受人为因素影响的可能性越大，而如果变异性较小，则基本只受自然因素的影响。冬、夏两季土壤样品中 Cd 的变异系数分别为 65%、62%，体现出其受人为因素影响较为严重。

1.2.2　喀斯特地质高背景区土壤镉的赋存形态

土壤重金属形态分析 BCR 连续提取法（简称 BCR 法）可将土壤中的重金属划分为酸可交换态、易还原态（铁锰氧化物结合态）、可氧化态（有机质结合态）和残渣态（如硅酸盐）四个不同形态，为重金属在土壤中的赋存形态提供了更为详细的信息（Luo and Christie，1998）。

BCR 法对研究区土壤两期样品的提取率均在 70%～130%，符合检测要求。土壤中各形态 Cd 含量存在差异。总体来说，冬夏两季土壤中 Cd 均以易还原态为主要赋存形态，所占比例分别为 38.08%～73.29%（平均为 55.10%）和 37.39%～76.18%（平均为 53.10%）（图 1-5）。各形态 Cd 所占比例依次为：易还原态 Cd＞酸可交换态 Cd＞可氧化态 Cd＞残渣态 Cd。

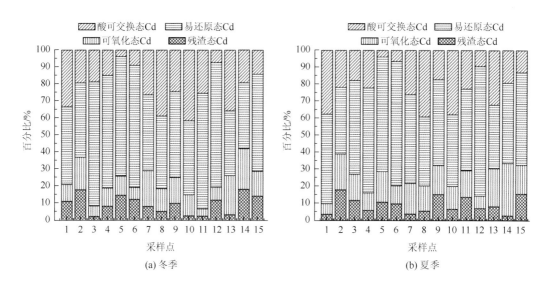

图 1-5　冬季/夏季土壤中各形态镉比例分布（崔俊丽，2017）

重金属赋存形态中，酸可交换态（有效态）的迁移性强，中性或弱酸性条件下可以释放出来。易还原态重金属在 pH 和氧化还原电位下降时可以释放出来。可氧化态在强氧化条件下可产生活性，易还原态和可氧化态称为潜在有效态，酸可交换态、易还原态和可氧化态共称为生物有效态。生物有效态 Cd 在外界环境发生改变时，极有可能再次释放出来，对环境造成二次污染。土壤中的残渣态重金属迁移和生物可利用性都很小，在自然界正常条件下不易释放，能长期稳定在土壤中。

冬夏两季土壤样品中酸可交换态 Cd 平均所占比例分别为 22.15%（3.82%～41.50%）和 21.75%（3.85%～38.97%）。一般而言，土壤中酸可交换态（即生物有效态）指示着土壤中元素的生物可利用性大小，而以生物有效态赋存的 Cd 在表生环境中极易释放出来，并易被农作物吸收和富集。可氧化态 Cd 平均所占比例分别为 13.25%（4.22%～23.99%）和 15.84%（6.25%～30.99%），说明较少量的 Cd 以有机结合态或硫化物的形式存在。残渣态所占质量分数最低，平均所占比例分别为 9.51%（2.26%～18.22%）和 9.30%（2.82%～17.99%）。研究区土壤中生物有效态 Cd 占有很大的比例，其范围分别为 81.78%～97.74%（冬）和 82.07%～97.18%（夏）。

1.3　土壤镉与其他重金属的相关性

1.3.1　喀斯特地区土壤镉的相关伴随元素

对 Cr、Ni 等 11 个元素的含量及相关地球化学参数进行研究，由表 1-1 可知，土壤中重金属及地球化学元素的含量变化很大，最大值与最小值相差数倍甚至数十倍。冬季土壤中 Cr 平均含量与贵州土壤背景值相近，夏季平均含量则是其 1.07 倍；两季土壤中的 Ni 和 Fe 平均含量都较贵州土壤背景值略低；冬季土壤中 Sb 平均含量略低于贵州土壤背景值，夏季则与其相平；两季土壤样品中 Cu、Zn、As、Pb、Mn 平均含量均超过了贵州土壤背景值，分别是贵州土壤背景值的 1.87 倍和 2.08 倍、2.05 倍和 2.15 倍、2.12 倍和 2.30 倍、1.46 倍和 1.73 倍、1.31 倍和 1.73 倍。相对于中国土壤背景值，土壤具有较高的 Cr、Ni、Cu、Zn、As、Pb 和 Mn；Sb 和 Fe 平均含量与全国水平基本一致；Ca 和 Mg 含量变化较大，但均值较低，可能与研究区不均匀的碳酸盐岩分布有关（刘意章等，2013）。与世界土壤背景值相比，土壤中则具有较高的 Cr、Cu、Zn、As、Sb 和 Pb，Ni 略低于世界平均水平，Ca、Mg 明显低于世界平均水平，Mn 则略高于世界平均水平。

表 1-1　土壤中 Cd 伴随元素的相关地球化学参数含量、变异系数（崔俊丽，2017）

	项目	Cr	Ni	Cu	Zn	As	Sb	Pb	Ca	Mg	Fe	Mn
冬季	最大值/(mg/kg)	226.03	73.21	203.04	545.50	191.73	5.42	182.00	6964.32	5497.61	5497.61	1491.63
	最小值/(mg/kg)	10.49	3.62	1.99	26.03	5.63	0.18	2.67	617.30	1084.01	1084.01	800.62
	平均值/(mg/kg)	96.00	32.91	59.72	203.53	42.30	2.36	51.51	2200.82	2503.39	2503.39	1037.64
	中位值/(mg/kg)	99.76	33.79	42.39	138.97	35.31	210	31.30	1181.15	1615.82	1615.82	1004.57

	项目	Cr	Ni	Cu	Zn	As	Sb	Pb	Ca	Mg	Fe	Mn
冬季	标准差/(mg/kg)	67.74	23.40	61.65	162.71	44.02	1.66	54.73	1804.98	1500.04	1500.04	175.74
	变异系数/%	71	71	103	80	104	70	106	82	60	60	17
	超标率/%	0	20	13	27	67	—	0	—	—	—	—
夏季	最大值/(mg/kg)	207.68	71.37	185.24	530.62	202.23	5.34	184.53	5767.30	6651.19	61205.98	1529.19
	最小值/(mg/kg)	20.15	7.14	5.11	35.27	7.58	0.30	9.33	729.85	1143.58	20119.11	1023.57
	平均值/(mg/kg)	102.99	34.09	66.44	214.22	45.98	2.64	61.04	2124.65	2927.64	32124.33	1371.79
	中位值/(mg/kg)	100.93	26.78	54.55	137.95	41.12	2.39	42.74	1420.38	2215.60	26179.71	1442.58
	标准差/(mg/kg)	60.74	20.21	57.24	153.99	45.27	1.66	54.22	1480.38	1405.77	12362.05	139.34
	变异系数/%	59	59	86	72	98	63	89	70	48	38	10
	超标率/%	0	20	27	27	67	—	—	—	—	—	—
	贵州土壤背景值/(mg/kg)	95.9	39.1	32.0	99.5	20.0	2.644	35.2	—	—	41700	794
	中国土壤背景值/(mg/kg)	61.0	26.9	22.6	74.2	11.2	2.24	26.0	15000	—	29400	583.0
	世界土壤背景值/(mg/kg)	70	40~50	30	90	5~6	1.21	35	14994	5005	39869	500~1000

注：超标率是指高于土壤环境质量Ⅱ级标准百分比。变异系数 = 标准差×100%/平均值。

　　通过与各土壤背景值的对比分析可知，土壤发生了明显的 Cr、Cu、Zn、As 和 Pb 富集。将国家土壤环境质量Ⅱ级标准阈值作为评判重金属污染的临界值，土壤各重金属的污染率大小依次是 As＞Zn＞Cu＞Ni＞Cr＞Pb。由此可见，研究区土壤中 Cr、Cu、Zn、Ni、As 和 Pb 富集或污染的问题是比较突出的。土壤中金属元素的变异系数普遍较高，11 种元素的变异系数为 17%~106%（冬）和 10%~98%（夏）。其中，As 的变异系数平均为 101%，属于强变异类型；除 As 以外的几种元素变异系数为 10%~100%，属于中等变异；Cu、Pb 平均变异系数分别约为 95% 和 98%，与 As 接近。一般认为，变异性越大，该种重金属受人为因素影响的可能性越大；而变异性较小，则基本只受自然因素的影响。As、Pb、Cu 的变异系数很明显地体现出它们具有强变异性，即受人为因素影响较为严重。同时也说明个别采样点存在着 Pb、As 和 Cu 污染程度的较大差异，预示着点源性污染的存在。Mn 的变异系数相对最小，平均约为 14%，表明数据分布相对均匀，变异小。故可以推测 Mn 主要受自然因素的作用，受人为因素影响较小。其余几种元素的变异系数说明它们可能受人为因素和自身扰动的长期作用，空间分布差异性较大。这种差异性很大程度上归结为当地的交通、铅锌矿开采等强烈人为活动影响以及土壤成土母质中含量较高的地质原因。

两季土壤中 Cd、Cr 等重金属以及 Fe、Mn 等地球化学元素的含量变化不大，说明土壤中以上几种元素含量在冬夏两季具有相似的分布特征。分析其原因可能是在印度洋季风和东亚季风的影响下，普定全年气候温和，影响金属元素含量的外界条件，如溶解氧浓度、温度、粒径分级、氧化还原电位等，随着季节的变化不会发生明显变化，使得土壤对重金属的吸附和解吸等过程仅受到微弱影响。算术平均值和中位数都是反映元素含量均值的重要参数。Cr、Ni、As、Sb 和 Mn 均值和中位值差异较小，Cu、Zn、Pb、Ca、Mg 和 Fe 则较大，这说明 Cr、Ni、As、Sb 和 Mn 极端数据影响小，而 Cu、Zn 等的极端数据影响较大。除了 Sb 外，其余重金属元素的标准差都较大，说明它们具有较大的离散程度，尤其是 Fe。以上结果表明，研究区土壤已经普遍受到人类活动的干扰。

1.3.2　土壤重金属的相关性分析

1. 土壤理化性质分析

大多数重金属在土壤中相对稳定且难以迁出土体，有研究表明（古一帆等，2009），土壤物理化学性状的改变，尤其是有机质、pH、阳离子交换量（cation exchange capacity，CEC）、土壤质地等的改变可以影响土壤重金属的含量，决定土壤的毒性，并直接影响和制约重金属在土壤环境中的行为。研究区域两季土壤样品的 pH 都介于 8.02～8.33，平均值为 8.08，即贵州碳酸盐岩普遍发育地区土壤呈现石灰性。

通过对土壤样品分析可知，其有机质平均含量分别为 40.14g/kg（冬）和 40.29g/kg（夏），变化区间分别为 25.54～52.03g/kg（冬）和 28.66～51.22g/kg（夏）。根据全国第二次土壤普查推荐的土壤肥力分级标准，冬季 15 个采样点中有机质含量为 1 级（＞40g/kg）的 7 个、2 级（30～40g/kg）的 6 个、3 级（20～30g/kg）的 2 个；夏季有机质含量为 1 级（＞40g/kg）的 7 个、2 级（30～40g/kg）的 5 个、3 级（20～30g/kg）的 3 个。两季所有样品的有机质含量都高于 20.00g/kg。结果显示，研究区土壤有机质含量属于上游水平。这与以往关于石灰岩发育土壤的研究中所得出石灰土普遍含有较高含量有机质的结论相一致（贵州省土壤普查办公室，1994），其原因可能与土壤成土母质的地球化学背景有关（胡省英等，2003）。CEC 大小基本上代表了土壤可能保持的养分数量，可作为评价土壤保肥能力的指标。总体来看，土壤中 CEC 含量较高，各区域之间变化较小。所有样品中 CEC 含量高于 10cmol/kg，说明研究区土壤保肥能力为上游水平。

研究区冬夏两季土壤全氮含量平均值为 1.49g/kg 和 1.44g/kg，按分级标准（陈穗玲等，2014）为 3 级（1.0～1.5g/kg）；两季 15 个采样点中全氮含量为 1 级（＞2.0g/kg）的各 1 个、2 级（1.5～2.0g/kg）的分别有 6 个（冬）和 7 个（夏）、3 级（1.0～1.5g/kg）的各 6 个。有效磷含量平均值为 2.82mg/kg（冬）和 2.86mg/kg（夏），按分级标准为 3 级（0～20mg/kg）且两季土壤样品中有效磷含量都为 3 级（0～20mg/kg）。按分级标准（乔本梅等，2009），两季 15 个采样点中碱解氮含量为 4 级（60～90mg/kg）的各 5 个；5 级（＜60mg/kg）的各 10 个。结果显示，研究区土壤的养分在中下水平。

调查发现，研究区土壤颜色以浅黄色、黄色、灰黄、暗黄色为主。通过粒径分析可知土壤颗粒组成以粉粒和黏粒为主，含有少量砂粒。通过观察变异系数可知，除了 pH 是弱变异之外，其他理化性质指标都属于中等变异，其中锰氧化物的变异系数最大，达到 43.31%（冬）和 42.95%（夏）；其次是总磷，为 38.42%（冬）和 36.50%（夏）。以上说明研究区土壤 pH 受人为因素干扰最少，而锰氧化物和总磷受人为干扰最为强烈（叶华香等，2011）。这种变异性在很大程度上可能与侵蚀、水土流失和土壤本身特性等的不同有关。

2. 土壤镉相关性分析

镉在土壤中的地球化学行为与土壤性质相关，含量同样受土壤理化性质的影响。土壤中 Cd 含量与 pH 呈显著（$r<0.01$）正相关，相关系数为 0.675^{**}（冬）和 0.791^{**}（夏），即在碱性条件下（pH 增大），易使 Cd 形成难溶物，其迁移转化受阻导致土壤中 Cd 累积更为严重，含量升高。Cd 与有机质呈显著（$r<0.01$）正相关，相关系数为 0.718^{**}（冬）和 0.685^{**}（夏），表明有机质具有很强的吸附 Cd 的能力。有机质含量不仅可以决定土壤的生产力大小，还可以决定土壤中 Cd 的有效性，有机质（胶体）对 Cd 离子的吸附/络合作用，可能是土壤 Cd 被固定的重要机制（刘意章等，2013）。土壤 CEC 越高，Cd 的溶解性就越差，土壤吸持的 Cd 也就越多。Cd 含量与 CEC 呈一定正相关性，说明土壤 CEC 的增加，也导致土壤镉含量的增加，但 CEC 不是唯一因素，也非主要因素，土壤镉含量的变化几乎不受控于土壤 CEC。

肥料的施用对重金属也有很大的影响。大量实验证明：氮肥能改变土壤 Cd 的活性，加强对 Cd 的吸收。而对于磷肥而言，有促进对 Cd 吸收的，也有抑制其吸收的。如磷酸盐能促进土壤中 Cd 的吸收，钙镁磷肥却能抑制植物吸收 Cd。Cd 含量与总氮和碱解氮表现出正相关关系，与速效磷表现出负相关关系，但相关性都不显著；与总磷呈显著（$r<0.05$）负相关，相关系数分别为 -0.519^{*} 和 -0.526^{*}。这说明磷肥的施用过程中某些过程可能干扰了 Cd 的行为和活动性，从而降低 Cd 的生物可利用性，抑制了土壤对 Cd 的吸收。

土壤对镉离子的吸附与土壤组分及含量相关。Cd 含量与粉粒含量呈显著（$r<0.01$）正相关，与砂粒含量呈显著（$r<0.05$）正相关，与黏粒含量呈显著（$r<0.01$）负相关。分析原因可能是土壤黏粒与其他组分相比具有大得多的比表面积、丰富的表面电荷和优越的移动性，在一定情况下可能作为载体加速了 Cd 的迁移。

3. 土壤镉赋存形态相关性分析

镉等重金属的环境危害及其迁移积累，除与重金属总量有关外，更取决于它们的有效态部分所占比例，并且不同形态的 Cd 在土壤中的迁移富集及相互作用受许多物理化学因素的制约。为了探究研究区土壤中理化性质对 Cd 形态分布的影响，将 Cd 的各形态含量和理化性质进行相关性分析。

土壤对 Cd 的吸附量与 pH 呈显著正相关关系；而土壤中可交换态 Cd 随 pH 的升高而减少，呈显著负相关，其他各态多呈正相关关系。酸可交换态 Cd 与 pH 在 0.01 检验水平下呈显著负相关，相关系数分别为 -0.691^{**}（冬）和 -0.686^{**}（夏）。这是因为在碱性条件

---

* 表示相关系数达到显著相关水平；**表示相关系数达到极显著相关水平。

下 Cd 与碳酸盐、磷酸盐等形成了难溶化合物，从而大幅降低了 Cd 的有效性。易还原态 Cd、可氧化态 Cd 和残渣态 Cd 与 pH 呈正相关性，说明酸可交换态对 pH 更敏感。

一般认为，土壤有机质对重金属元素具有较强烈吸附作用。4 种形态的 Cd 与有机质含量都呈现正相关，但不显著。Cd 各形态与游离态铁锰氧化物、CEC、氮磷、土壤质地指标都没有明显的正相关或负相关规律，表明研究区 Cd 形态受土壤理化性质影响较小。

1.4　土壤镉的地球化学异常成因

1.4.1　不同小流域土壤镉的地球化学异常成因对比分析

土壤重金属污染可分为两类：内源性污染和外源性污染，内源性污染主要是由土壤母质中重金属背景值高造成的，外源性污染包括大气沉降以及工矿业、农业生产引起的土壤重金属污染。土壤重金属污染主要受自然背景值和人类工农业生产活动等多重因素叠加影响（Yakovlev et al.，2020）。玄武岩的风化可将重金属释放到土壤中（Wang et al.，2020）。发育于我国碳酸盐区的土壤与下伏基岩在矿物学和微量元素方面具有继承性的演化关系。广西典型岩溶重金属地质高背景地区的稻田土壤重金属的富集程度顺序为 Cd＞As＞Pb＞Zn＞Cr＞Cu＞Ni，与广西灰岩中这些重金属的富集程度顺序基本一致，揭示岩溶区地质高背景土壤重金属的富集具有显著的母岩继承性（郭超等，2019）。此外，重金属污染源来源与工矿业的废料排放、交通运输以及农田化肥农药的使用有关。农业和工业活动是土壤重金属累积的主要原因。

对于土壤重金属污染叠加这一问题，国内外一般采用区域土壤背景含量、深层土壤含量或同类介质中的含量近似替代（Nickson et al.，2000）。目前，有基于环境地球化学基线对浙江某农田土壤做出土壤重金属累积特征的研究，很好地区分了土壤重金属自然来源和污染来源（卢新哲等，2019）。地累积指数法能考虑到地质背景所带来的影响，有学者运用地积累指数对贵州万山汞矿的土壤重金属做出污染评价，同时，也有运用相关性分析和主成分分析区分厂区周边重金属的来源，Pierre 等（2019）运用 Hazen 曲线测定土壤重金属元素的背景含量，证实了基于概率曲线确定土壤元素背景含量的有效性。重金属同位素分析测试精度的提高，为重金属源解析提供了重要技术支撑，研究表明，Hg、Cd、Pb、Zn、Cu、Fe 等同位素体系在污染源解析中有着重要的研究意义和广泛的应用前景。虽然目前积累了大量的研究成果，但对地质高背景区土壤重金属的污染叠加过程和作用机制尚不明确，需要进行全面深入的研究，为区域环境污染防治提供理论基础和技术支持。

本书在喀斯特地质高背景区域（威宁彝族回族苗族自治县，简称威宁县）选取两个小流域（污染小流域 MS 和对照小流域 HS）进行试验。对两个小流域内耕地、林地、建筑用地等不同土地利用方式下土壤重金属（Cd、As、Pb、Cu、Zn）进行分析，初步判断地质高背景下土壤重金属污染叠加效应。

1. 研究区域概况

威宁县，隶属于贵州省毕节市，地处贵州省西北部，是贵州的西大门，总面积 6298km²，

续表

区域	土壤指标	最小值/mg/kg	最大值/mg/kg	平均值/mg/kg	标准偏差/mg/kg	土壤背景值/mg/kg	变异系数/%	偏度/mg/kg	峰度/mg/kg
HS	Cd	1.44	12.88	6.55	2.52	0.66	38.56	-0.16	-0.33
	As	9.39	42.93	30.78	8.19	20.00	26.62	-0.64	-0.24
	Pb	33.93	91.75	67.36	13.91	35.20	20.65	-0.42	-0.18
	Cu	15.13	70.37	44.58	10.62	32.00	23.81	-0.49	-0.64
	Zn	90.76	368.8	263.65	69.64	99.50	26.41	-0.78	0.00

变异系数（coefficient of variation，CV）能反映出数据间的离散程度和样本的空间变异性大小。一般认为，变异系数小于10%为弱变异，处于10%～100%为中等强度变异，大于100%为强变异。在MS，土壤Cd、As、Pb、Cu、Zn的变异系数在25.94%～85.07%，均属于中等变异，由此推断，该地区土壤重金属含量不只是受土壤本底值影响，还可能受到周边小型炼锌厂和人为活动的影响。

偏度和峰度是描述数据是否符合正态分布的两个重要指标，当二者都为0时表明数据符合标准的正态分布；当偏度大于0时，表明数据集中分布在左侧，向右延伸；小于0时，集中分布在右侧，向左延伸。当峰度大于0时，整个数据分布形态比标准正态分布高耸，数据集中分布在平均值附近；小于0时，整个数据分布形态比标准正态分布平坦，数据分布较分散。结果显示，在MS小流域，五种重金属的数据分布形态都不是标准的正态分布（表1-2）。

在HS，土壤Cd、As、Pb、Cu、Zn的平均含量值分别为6.55mg/kg、30.78mg/kg、67.36mg/kg、44.58mg/kg、263.65mg/kg，超过贵州省黔西北土壤背景值的2.60～4.84倍。相较于MS，HS土壤重金属超过背景值倍数小。土壤Cd含量范围为1.44～12.88mg/kg，最大值为黔西北土壤背景值0.66mg/kg的19.52倍，较MS低；土壤As含量范围为9.39～42.93mg/kg，最大值是黔西北土壤背景值20mg/kg的2.15倍，较MS低；土壤Pb含量范围为33.93～91.75mg/kg，最大值高于黔西北土壤背景值35.2mg/kg的2.61倍，较MS低；土壤Cu含量范围为15.13～70.37mg/kg，最大值为黔西北土壤背景值32.00mg/kg的2.20倍，较MS低；土壤Zn含量范围为90.76～368.8mg/kg，最大值是黔西北土壤背景值99.50mg/kg的3.71倍，较MS低。在HS，土壤Cd、As、Pb、Cu、Zn的变异系数在20.65%～38.56%，也属于中等变异，但相较于MS，变异系数小，说明该地区土壤重金属含量受到人为活动的影响较小。

1.4.2　典型流域土壤和沉积物镉的地球化学异常成因分析

土壤重金属来源具有复杂性、多成因叠加性。为推断重金属污染的主要来源，经常用统计学的技术方法进行概括分析。重金属来源研究有两种：一种定性判断出重金属来源类型，称为源识别；另一种不仅判断出重金属来源类型，还要定量计算各类排放源的贡献率，称为源解析。近年来，多元统计分析方法在环境科学研究中已经得到广泛应用。一方面，由于土壤污染并非单一因子作用的结果，而是多因子的综合作用结果，多元统计方法正是针对多因子进行分析的一种数理统计方法，因而能有效地应用于土壤污染评价等方面的研究（Zhang et al.，2008；Rékási and Filep，2012）；另一方面，通过多元统计分析，可进一步挖掘数据的结构，以便做进一步的定量分析。本书采用相关性分析和主成分分析对黔中典型流域普定县夜郎水库土壤和沉积物中 Cd 的异常成因进行综合分析。

（1）相关性分析。重金属元素污染源分为人为来源（工农业、生活和交通等）和自然来源（岩石风化），土壤重金属之间的相关性可以推断出重金属的来源是否相同，若它们之间存在相关性，则它们的来源可能相同，否则来源可能不同。土壤样品中 12 种重金属之间的相关性分析结果表明，重金属之间的复合作用会影响土壤的吸附和植物对重金属的吸收。Pb、Zn、As 存在时，有利于土壤 Cd 的解吸与植物的吸收；Cu、Zn、Cd 存在有利于 Pb 的解吸，因而提高了 Cd、Pb 的吸收。复合污染下联合毒性作用比单一污染时强。

土壤中 Cd 与各金属元素间相关性较好。冬季土壤中 Cd、Cr、Ni、Cu、Zn、Pb 之间呈显著正相关；As 与 Cd、Cr、Ni，Sb 与 Ni、Zn，Fe 与 Cu、Sb 在 0.05 检验水平下呈显著正相关；Sb 与 Cd、Sb 与 Pb 在 0.01 检验水平下呈显著正相关。夏季土壤中 Ni、Cu、Zn、Pb 之间呈极显著正相关；Cd 与 Zn、Cd 与 Sb 和 Pb 与 Sb 在 0.01 检验水平下呈极显著正相关；Sb 与 Ni、Cu、Zn，Cd 与 Cr、Ni、Cu、As、Pb，Cr 与 Pb，Mn 与 Mg，Fe 与 Cu、Zn、Sb、Pb 在 0.05 检验水平下呈显著正相关。两季土壤中 Ca 与 Mg 都在 0.01 检验水平下呈显著正相关。Cd、Zn 和 Pb 为亲硫元素，其结构性相近、地球化学性质相似，可能会通过高铅矿石的风化及淋溶进入土壤。Cd、Cr、Ni、Cu、Zn 和 Pb 在土壤中可能有着相同的来源和相似的环境地球化学行为，存在同源关系，表现为协同作用（陈穗玲等，2014）。又由于采样点出现多个元素含量同时增高的现象，呈现复合污染的趋势。Cd 等所有元素都与大量元素 Fe 具有一定相关性，而 Fe 元素属于矿质元素，故推测 Cd 含量异常可能是岩石自然风化与侵蚀的结果，属于自然源。总之，研究区重金属来源控制因素复杂，多种作用叠加交织。

（2）主成分分析。主成分分析（principal component analysis，PCA）是多元统计分析中最常应用的方法之一，它是指通过降维的方法对众多变量进行简化后得到综合指标（综合指标为原先多个变量的线性相关组合），而综合指标间既互不相关，又能够反映原先的观察指标的主要信息。土壤中重金属主要来源于成土母质与人类活动，通过主成分分析方法可以有效判断重金属元素的污染来源。土壤中金属含量为变量进行方差极大正交旋转后得到主成分分析计算结果，见表 1-3。根据特征值大于 1.0 的原则提取因子，所提取的 3 个因子（PC1、PC2 和 PC3）解释了 80.33% 和 76.80% 的总方差。3 个主成分代表原始数据的绝大部分信息，根据因子载荷的数值可以推出各因子中主要的组成元素，进而可推断出土壤中 Cd 的异常成因。第一主成分的贡献率最高，说明该因子对研究区的重金属来源具有决定性的作用。组成第一主成分的元素主要包括 Cd、Cr、Ni、Cu、Zn、Sb、Pb、Fe（冬）和 Cd、Ni、Cu、Zn、Sb、Pb、Fe（夏），其中 Fe 的荷载得分分别为 0.694（冬）和 0.773（夏）。Cd 在该主成分中的荷载得分则分别为 0.794（冬）和 0.664（夏）。

表 1-3　主成分分析提取的载荷因子（朱恒亮，2014）

项目	冬季			夏季		
	PC1	PC2	PC3	PC1	PC2	PC3
Cd	0.794	0.033	0.369	0.664	0.010	0.637
Cr	0.711	−0.006	0.621	0.285	−0.256	0.969
Ni	0.779	−0.059	0.513	0.829	0.025	0.221
Cu	0.831	−0.015	0.286	0.918	0.088	0.083
Zn	0.908	−0.112	0.265	0.919	−0.123	0.188
As	0.235	0.178	0.763	0.067	0.154	0.900
Sb	0.863	0.258	−0.137	0.756	−0.040	0.299
Pb	0.861	−0.313	0.010	0.837	−0.307	0.239
Ca	−0.039	0.837	0.352	0.086	0.867	0.114
Mg	−0.083	0.897	−0.006	−0.067	0.896	0.081
Fe	0.694	0.450	−0.203	0.773	0.310	−0.219
Mn	0.130	0.632	−0.554	−0.024	0.688	−0.308
特征值	5.861	2.234	1.433	5.379	2.356	1.481
贡献率/%	48.85	19.54	11.94	44.83	19.63	12.341
累计贡献率/%	48.85	68.39	80.33	44.83	64.46	76.80

注：分别旋转在 8 次和 5 次迭代后收敛。

经调查，普定周边散布部分煤矿。已有研究表明，在开采煤矿、铝土矿这类沉积岩型矿床的过程中，会加快岩石风化速度，在地表水或者地下水的作用下，导致岩石中 Cd 进入土壤（Yu et al.，2012）。采矿必定会造成岩石的风化加剧，露天开采能够使岩石风化物暴露于地表，在地表水的作用下风化物中的元素容易进入土壤。研究表明，由碳酸盐岩和铅锌矿等岩、矿石风化后所形成的土壤，有利于镉的沉淀、吸附和富集。对贵州碳酸盐岩地区发育土壤的研究表明，土壤 Cd 高含量异常与相应岩石 Cd 含量有着很好的继承性。研究区内广泛分布的石灰土偏碱性，Cd 在碱性环境中不易被植物吸收，残留在土壤中的 Cd 迁移能力较弱，进而导致 Cd 在土壤中富集。结合含量等已有分析数据，说明 Cd 异常具有明显的浓集中心。Fe 是土壤中主要的大量矿质元素，且 Fe 与土壤中所有元素都存在一定的正相关性，同时 Cd、Cr、Ni、Cu、Zn 和 Pb 之间具有较强的相关性，因此可以将该因子作为"成土因子"来看，其代表着金属元素的自然来源部分。所以，第一因子可以解释为"分散的金属矿床点源风化"。

第二个因子（PC2）中作为地球化学元素的 Ca、Mg 和 Mn 具有较大的因子载荷，是该因子中的主要组成元素。碳酸盐岩中地球化学元素的含量与土壤中地球化学元素含量密切相关，喀斯特地区广泛分布着碳酸盐岩，尽管不同纯度的碳酸盐岩风化作用强度不一，碳酸盐岩含钙、镁高，风化成土后土壤钙、镁离子仍多。由相关性分析可知，Ca 与 Mg 在 0.01 检验水平下呈显著正相关，Mg 与 Mn 在 0.05 检验水平下呈显著正相关。因此，第二个因子可以解释为"碳酸盐岩风化"。

第三个因子（PC3）中 As 和 Cr 的因子载荷最高，分别达到 0.763 和 0.621（冬）、0.900 和 0.969（夏）。As 通常被看作煤的标识元素，同时也来源于工农业生产、生活污水排放等。采样点附近居民以渔业捕捞和滩涂养殖为生，渔船排污和养殖排污也是造成该采样点重金属污染加重的原因之一。故推断第三因子为"煤矿开采和网箱养鱼"。

1.5　小　　结

土壤中重金属 Cd 的来源包括自然源和人为源。自然源主要指含 Cd 的成土母质经成土作用后在土壤中沉积，这决定了土壤 Cd 的地球化学背景值。不同母质和成土过程造成的土壤 Cd 含量差异较大，尽管总体含量并不高，但金属成矿带富含重金属的岩石风化沉积可能导致相对较高的含量。与此同时，工业发展过程中的人为污染源，尤其是有色金属开采和冶炼产生的废气、废水和废渣，成为土壤重金属 Cd 超量富集的重要原因。这些废弃物通过大气沉降、污水灌溉和废渣浸染影响土壤，此外，农用化学品（如化肥、农药、农膜等）投入和有机粪肥的施用也是 Cd 污染的重要来源。

喀斯特耕地土壤中 Cd 的赋存形态具有较大差异。地质高背景的土壤中残渣态 Cd 较多，Cd 活性相对较低；而锌冶炼污染土壤中，Cd 的弱酸可提取态占比高，具有较高的生物可用性。两种土壤中的可氧化态和可还原态 Cd 变化不大。喀斯特地区的地表土壤和沉积物中，Hg、Sb、As 等元素也具有显著的地球化学高背景值。除 Hg 外，土壤中的 As、Pb、Zn、Cu 和 Ni 与 Cd 存在良好的相关性。分析表明，除地质源外，外源污染，如矿石开采冶炼、污灌等是区域地球化学异常的重要成因。地球化学高背景的影响与人为污染的叠加，使喀斯特地区土壤中的 Cd 积累问题变得更为突出和复杂。

第 2 章　喀斯特地区土壤镉的外源污染叠加过程及影响机制

中国的喀斯特地区主要集中在以贵州为中心的西南碳酸盐岩地区,是典型的重金属地球化学异常区。区域地形复杂,其中分布有许多河流和山峰,将整个喀斯特地区分割成若干小流域或小盆地。由于各小区域的地质条件、工业活动和历史污染情况等各不相同,各小区域的环境又是相对独立的,在地质高背景的影响下,镉的外源叠加过程及影响机制更加复杂。喀斯特地区矿产资源丰富,煤矿、铅锌矿、铜矿和多金属矿等矿藏丰富,导致这一区域的采矿和金属冶炼等工业活动频繁。黔西北作为最典型土法炼锌活动区(吴攀等,2003),土法炼锌已经有几百年的历史。虽然土法炼锌在2006 年已经被完全取缔,但长期的冶炼活动对区域产生了严重的污染。黔西北地区有超过 2000 万吨的铅锌冶炼废渣,污染土壤超过 1200hm^2(林文杰等,2007)。此外,该区域仍然有许多在产的重点企业,如锌冶炼厂(新工艺)、电厂和炼焦厂等,虽然这些企业在工艺上已经改进,污染物的排放量相比以往大大降低,但这些污染源对土壤镉的叠加作用不可忽略,特别是长时间的累积作用。此外,农村地区长期施用农家肥和历史渣堆的扬尘造成区域农用地土壤镉污染程度加剧。所以,厘清喀斯特地区土壤镉的外源叠加过程及影响机制对区域土壤镉的污染防治和农业生产有重要的指导意义。

2.1　外源污染叠加对土壤镉的累积作用过程

2.1.1　喀斯特地区土壤镉的外源污染叠加过程

镉的外源污染叠加一般以土壤镉的背景值为参考标准,或是以深层土壤镉的含量代替,这样可以评估外源对土壤镉的叠加程度。喀斯特地区碳酸盐岩广泛分布,土壤镉的背景值高于其他区域。贵州和广西是中国典型喀斯特地貌分布区,根据《中国土壤元素背景值》(国家环境保护局,1990),贵州和广西土壤镉的背景值分别达到(0.659±1.4055) mg/kg 和(0.267±0.6407) mg/kg,均明显高于其他省(区、市)。在地质高背景的影响下,喀斯特地区的外源污染叠加对土壤镉的作用过程相对复杂。不同来源的重金属的化学形态和不同的传播方式导致外源重金属的叠加过程各不相同。水流作用和风力作用是土壤重金属迁移的两种主要途径。水流作用分为水平迁移(地表径流)和垂直迁移(淋溶);风力作用使表面土壤产生扬尘,重金属随扬尘进入大气,污染区域土壤,而且影响范围主要与风速、风向和地形等因素有关,因此相对于水流作用，风力作用影响范围更难以预测。就自然源而言，在喀斯特区域，成土母质中的镉含量较高，经过地球化学成土过程后，大部分重金属依然以原生矿物晶格状态存在于土壤中，一般受地表径流和淋溶作用影响较小。喀斯特地区耕地土壤镉的外源主要包括工业源（在产工业源和历史遗留的废气、渣堆）和农业源（农药、化肥和灌溉水），其中工业源主要通过大气和水流作用向周边耕地土壤传播，农业源主要富集于耕层土壤中。

1. 在产工业源

在产工业源是喀斯特地区土壤镉的重要来源之一，电厂、冶炼厂等重点企业主要通过大气排放后再沉降到周边的土壤，而且在主风向传播扩散。从镉的空间分析来看，一般距离工业污染源越近，表层土壤中镉的含量越高。顾小凤（2020）通过对喀斯特区域的两个小流域研究发现，污染小流域（MS）的土壤中镉的含量明显高于非污染小流域（HS），说明工业源污染了区域表层土壤；而且，污染小流域土壤镉的空间分布与距离工业园的远近相关。敖子强（2007）研究也发现污染土壤重金属主要来源于土法炼锌时的大气沉降物，重金属的含量从地表向深处、从距离土法炼锌区由近至远、从主导风向处向周围减少。Jiang 等（2020）和 Zhang 等（2022）研究也表明土壤镉含量主要与工业活动相关，且在空间分布上，随着与工业园区距离的加大，重金属含量有降低的趋势。不同地区，由于外源污染不同，土壤中镉的外源叠加效应不同，表 2-1 列举了国内几个地区土壤中镉的含量及来源。从表中可以看出，不同区域的土壤重金属含量及来源差异较大，但除了工业源以外，交通源和自然（大气沉降）已经成为土壤 Cd 的主要外源。

表 2-1　中国部分工业区土壤重金属镉的含量及来源

地区	含量/(mg/kg)	来源及占比		样本量（n）	参考文献
浙江	1.24	工业	60%	114	Huang et al.，2018
		自然	30%		
		交通	7%		
		其他	3%		
浙江温岭	0.34	自然	12.5%	169	Yang et al.，2019
		工业	79.7%		
		交通	7.8%		
浙江杭州	1.37	农业	86%	182	Xiao et al.，2019
		交通	4%		
		化石燃料燃烧	4%		
		工业	6%		
江苏宜兴	0.57	自然	0	32	Chen et al.，2019
		农业	26.3%		
		工业和交通	73.7%		

续表

地区	含量/(mg/kg)	来源及占比		样本量（n）	参考文献
山东	0.122	工业	74%	100	Zhou et al.，2019
		交通	2%		
		大气沉降	24%		
天津	0.122	污灌	46%	140	Wu J et al.，2020
		混合源	54%		
贵州黔西北	8.71	自然	47.68%	107	Zhang et al.，2022
		农业	30.98%		
		大气沉降	21.34%		

2. 历史工业源

此外，喀斯特地区矿产丰富，大量分布的金属矿产开采和冶炼对区域的土壤造成严重污染，尤其是历史铅锌冶炼废渣对区域土壤重金属污染尤为严重，在淋溶作用下，表层土壤中的镉向下迁移，污染深层土壤和地下水。Peng 等（2021）研究了铅锌废渣覆盖土壤剖面上重金属的含量，发现铅锌废渣覆盖区域的各深度土壤中，镉的含量均明显高于非废渣覆盖区；而且，覆盖的废渣中镉的含量越高，其垂直影响的深度越大，甚至可能污染该区域的地下水。Luo 等（2019）研究了某铅锌冶炼区土壤镉的空间分布及迁移特征，结果表明在水源的影响下，镉易富集于表层土壤，在雨水的淋溶作用下，表层重金属向深层土壤迁移，影响深度达到 80cm，也对该区域的地下水安全造成巨大的威胁。王兴富等（2020）通过对喀斯特地区某废弃的 Ni-Mo 矿周边土壤研究发现，废弃矿周边的耕地土壤中镉的含量远高于当地土壤背景值，说明历史工业活动对区域土壤镉的叠加效应明显。

3. 大气沉降

大气污染物进入地面和水体的过程称为大气沉降，包含大气干沉降和湿沉降两种方式。大气沉降对土壤重金属的叠加效应显著，大气沉降对于大气环境是一个清洁过程（去除污染），但对于陆生系统和水生系统却是一个污染过程。干沉降重金属是颗粒物在碰撞或重力作用下，风与地面相互作用的结果；湿沉降重金属是溶解于雨滴、冰晶或与颗粒物结合吸附其表面的重金属随降雨和降雪沉降到土壤中。因为大气也是污染物的"汇"，包括人为源和自然源。人为源镉进入大气后会以沉降的方式再次进入土壤。有研究表明，中国镉的平均大气沉降通量为 4g/(hm^2·a) [0.4～25g/(hm^2·a)]（Six and Smolders，2014）。全球土壤中 68%～74% 的镉来源于湿沉降，而 25%～33% 通过干沉降进入地球表面环境（Vithanage et al.，2022）。对我国而言，在近十多年时间内，土壤中 50%～93% 的 As、Cd、Cr、Hg 和 Pb 来源于大气沉降（Peng et al.，2019）。Luo 等（2009）研究发现，中国农用地土壤中，35% 的 Cd 来源于大气沉降。Feng 等（2019）对长沙—株洲—湘潭经济区农用地研究发现，土壤中 Cd 的大气沉降来源占总输入量的 38.66% 以上，而且在未来 20 年的时间内大气沉降输入量还会持续增加。Liu 等（2022）研究表明，贵州铜仁万山汞矿区周边土壤中的 Cd 主要来源于大气沉降（占比超过 40%）。区域的气候、重金属的污染源和背景值不同，导致每个区域的重金属的沉降量不同，在人为源污染区，Cd 的沉降通量远高于非污染区（背景区），表 2-2 中列举了国内外一些地区重金属的沉降通量，从整理的数据来看，Cd 的大气沉降通量呈现增大的趋势。而且，由于城区受人为活动影响较大，所以城区的 Cd 沉降通量远高于背景区。

表 2-2　世界一些地区重金属 Cd 的平均大气沉降通量

区域	Cd 沉降通量 /[g/(hm²·a)]	区域描述	取样时间	参考文献
湘潭	11.4	城镇	2016～2018 年	Feng et al.，2019
株洲	21.3	城镇	2017～2018 年	Feng et al.，2019
北京	2.40	大城市	2007～2008 年	Guo et al.，2017
	0.80		1984 年	
广州	3.1	大城市	2010～2011 年	Huang et al.，2014
长三角	4.1	城市群	2006～2007 年	Huang et al.，2009
珠三角	0.7	城市群	2001～2002 年	Wong et al.，2003
贵州黔西北	278	工业区	2017～2020 年	Yu et al.，2022
贵州遵义	1.168	背景区	2020～2021 年	崔姗姗等，2022
地中海地区	0.11	海港	2019～2020 年	Penezić et al.，2021
东京（日本）	3.9	大城市，海港	2001～2002 年	Sakata et al.，2008
大田（韩国）	0.2	城市	2007 年	Lee et al.，2015
孟买（印度）	4.5	大城市	2001 年	Gajghate et al.，2012
马莱维米尔（法国）	1.08	背景区	2010～2012 年	Connan et al.，2013

4. 农业源

农业也是土壤镉的重要来源，主要包括化肥、农药和灌溉。随着科技的发展，化肥和农药已经成为农业生产不可或缺的生产资料，但化肥和农药中含有的镉会在耕层土壤中富集，尤其是磷肥（Wiggenhauser et al.，2019）。此外，在地质高背景区和污染区的农家肥（畜禽粪便、人类尿）和绿肥也可能成为土壤镉的重要来源（Zhang et al.，2022）。因为这些区域土壤中的镉的含量本就很高，造成区域生长的农作物和牧草等植物的镉含量相对较高，人和畜禽食用这些作物后排出的粪尿中也会含有大量的镉，我国的许多农村地区都有施用农家肥的传统，这些粪尿被作为肥料施用于耕地后，同样会对当地土壤造成污染。我国大部分地区都有秸秆还田的习惯，但在高背景区和污染区，农作物收获后，秸秆和根中仍然含有大量的镉，造成区域耕地土壤镉的累积（Zhang et al.，2022）。灌溉水也是农用地土壤镉的主要农业输入源，土壤镉的输入量以及农作物的输出量与灌溉水中镉的含量呈正相关（韩欣笑，2017），此外，封文利等（2018）和石陶然等（2018）

量达到 0.34g/(hm^2·a)（表 2-4）。因此，有机肥（绿肥和畜禽粪便）已经成为喀斯特地区耕地土壤镉的主要输入源之一。

表 2-3 不同肥料中 Cd 的含量（冉晓追，2022）

肥料种类	Cd 含量/(mg/kg)
氮肥	0.18±0.08b
磷肥	0.63±0.23b
钾肥	0.11±0.04b
有机肥	8.31±3.61a
复合肥	0.31±0.24b

注：a、b 表示显著相关水平。

表 2-4 小流域肥料 Cd 的年施用量和输入通量（冉晓追，2022）

肥料种类	年施用量/(kg/hm^2)	Cd 输入通量/[g/(hm^2·a)]
氮肥	186.25	0.03
磷肥	64.07	0.04
钾肥	47.33	0.01
复合肥	148.22	0.05
有机肥	109.49	0.21
总计		0.34

2）大气沉降

大气沉降是土壤重金属污染的主要途径之一，对土壤重金属具有很大的贡献（Peng et al.，2019），其主要受周边工业源、道路交通、秸秆燃烧和燃煤影响。相关研究表明，大气干湿沉降对农田土壤镉的贡献率超过 90%（史贵涛，2009）。冶金、能源、建筑材料生产以及工业、汽车尾气排放等产生的含有大量重金属的气体和粉尘，都会以大气沉降的形式进入土壤。一般来说，工矿企业分布较多的区域的大气沉降中，镉的含量明显高于非工矿企业分布，而且区域的农产品中镉的含量也相对较高（侯佳渝等，2013）。徐火忠等（2021）于 2017～2019 年对松阳县某轻度污染耕地研究得知，大气沉降是镉主要来源之一，贡献率为 34.04%～48.09%；受周边工业源的影响，大气沉降还是江苏南京八卦洲农田土壤重金属的最大来源，占其土壤重金属 33.0%的来源（Hu et al.，2018）；相关研究也发现大气沉降是湖南长沙市、醴陵市和浏阳市土壤镉的主要来源（Yi et al.，2018）。

喀斯特地区土壤镉的背景值较高，因此地面扬尘中镉的含量也相对较高，在外源的叠加影响下，区域的大气沉降中镉的含量会更高。冉晓追（2022）研究了喀斯特地区 LS 和 JZ 两个小流域的大气沉降重金属输入，其中 JZ 为污染小流域，LS 为非污染小流域；结果表明（表 2-5 和表 2-6），非污染区大气干沉降（2019～2020 年）和湿沉降（2018～

2020 年）输入通量分别为 7.43g/(hm²·a) 和 12.63g/(hm²·a)，污染区大气干沉降和湿沉降输入通量为 66.82g/(hm²·a) 和 66.38g/(hm²·a)。因此，污染区镉的大气干沉降和湿沉降通量均高于非污染区，且距离污染源越近，受工业活动影响越大，重金属镉的大气沉降输入通量也越大。

表 2-5　小流域不同年份大气干沉降重金属输入通量（冉晓追，2022）

年份	沉降距离/m	Cd 输入通量/[g/(hm²·a)]
2019	LS	8.06
	JZ（100）	67.14
	JZ（300）	70.75
	JZ（700）	19.55
	JZ（1200）	9.21
2020	LS	6.79
	JZ（100）	66.50
	JZ（300）	73.76
	JZ（700）	20.10
	JZ（1200）	8.59
年均值	LS	7.43±0.90c
	JZ（100）	66.82±0.45a
	JZ（300）	72.26±2.13a
	JZ（700）	19.83±0.39b
	JZ（1200）	8.90±0.44c

表 2-6　小流域不同年份大气湿沉降重金属输入通量（冉晓追，2022）

小流域	年份	Cd 输入通量/[g/(hm²·a)]
LS	2018	10.86
	2019	13.36
	2020	13.67
	2018～2020 年平均	12.63±1.54b
JZ	2018	75.51
	2019	67.79
	2020	55.83
	2018～2020 年平均	66.38±9.91a

2. 土壤镉输出通量

土壤重金属有多种输出途径，农作物收获、地表径流和地下渗流是土壤重金属输出的主要途径（Salman et al.，2017；Shi et al.，2018）。

1）农作物镉输出特征

农作物收获是农田土壤重金属输出最主要的方式（Ahmadi et al., 2016；童文彬等，2020），通常占总输出通量的 60.19%～89.37%（Yi et al., 2018；Fu et al., 2021），由于农作物对镉的吸收能力和最终收获的产量不同，不同农作物或不同地区的农作物镉输出通量不同。土壤重金属能够被农作物吸收并富集，特别是超富集农作物（Wang et al., 2016）。因此，富集在农作物内的重金属元素会随着农作物的收获被带出土壤。我国湖南存在的主要环境健康问题为水稻镉严重污染，表明水稻对该地区的镉吸附能力较强（Wang et al., 2016）。黔西北的农作物存在叶菜类等富集重金属的现象（朱恒亮等，2014），且镉在喀斯特地质高背景区发育的石灰性的吸附能力较强（赵志鹏等，2015），进一步导致富集在农作物中的重金属会通过食物链进入人体，对人体健康产生威胁，如果将收获的农作物作为肥料、饲料、生物质还田等，会造成重金属在耕地土壤重金属中循环利用（Shi et al., 2018；Ahmadi et al., 2016）。封文利等（2018）研究表明，稻田系统中镉的主要输出方式为水稻上部收获，占总输出通量的 50% 以上；石陶然等（2018）研究也表明，作物收获是农田土壤镉的主要输出方式，占总输出通量的 70% 以上。

通过对黔西北两个小流域 LS 和 JZ 的输出通量研究表明（冉晓追，2022），LS 和 JZ 的农作物中 Cd 含量分别为 1.12mg/kg 和 1.78mg/kg（表 2-7）。JZ 的农作物中镉年均含量显著高于 LS（$P<0.05$），为 LS 的 1.59 倍。由此可见，JZ 的农作物重金属含量受该区域工业源以及其他来源影响较大。工业活动会造成周边区域土壤中镉含量高于非工业区，同时，工业区的大气沉降会通过植物叶片的气孔等进入植物体内。因此，工业区农作物重金属含量通常高于非工业区（Uzu et al., 2010；Yang et al., 2017）。进一步计算两个小流域的输出通量，结果见表 2-8，LS 和 JZ 的农作物镉的输出通量分别为 35.64g/(hm²·a) 和 63.37g/(hm²·a)，说明 JZ 的农作物对其他元素输出量均显著大于 LS（$P<0.05$）。

表 2-7 小流域不同年份农作物重金属含量分布（冉晓追，2022）

小流域	年份	Cd 含量/(mg/kg)
LS	2018	0.98
	2019	1.05
	2020	1.32
	2018～2020 年平均	1.12±0.18b
JZ	2018	1.26
	2019	1.88
	2020	2.21
	2018～2020 年平均	1.78±0.48a

表 2-8　小流域农作物重金属输出通量（冉晓追，2022）

小流域	均产量/[kg/(亩·a)]	年份	Cd 输出通量/[g/(hm²·a)]
LS	2128	2018	31.28
		2019	33.52
		2020	42.13
		2018～2020 年平均	35.64±5.73b
JZ	2369	2018	44.77
		2019	66.81
		2020	78.53
		2018～2020 年平均	63.37±17.14a

注：1 亩≈666.67m²。

2）地表径流和地下渗流输出

地表径流和地下渗流也是土壤重金属输出的重要途径。颗粒物是重金属的重要载体，附着有大量的重金属在其表面。地表径流中的重金属会附着于土壤颗粒物，形成重金属复合体、颗粒态重金属和溶解态重金属，并以地表径流和地下渗流的形式流出，减少土壤中的重金属（Borris et al.，2016），所以土壤颗粒越多，镉的输出量越小，反之亦然。降水对地表径流和地下渗流的土壤镉输出影响较大，土壤镉含量越大，输出量相应越大（张昱等，2017；Xia et al.，2014），此外，镉的输出量还与土壤重金属的形态分布密切相关。地表径流输出还与农作物的种植密度和种类有关，地表农作物能有效降低地表径流镉的输出通量（韩欣笑，2017）。冉晓追（2022）通过对两个小流域的地表径流中镉含量的长期监测表明，污染小流域（JZ）的地表径流中镉的含量显著高于非污染小流域（LS）（表 2-9），基于此计算两个小流域地表径流输出通量（表 2-10），LS 镉的平均地表径流输出通量为 0.25g/(hm²·a)，而 JZ 镉的平均地表径流输出通量达到 0.60g/(hm²·a)，说明污染小流域镉的地表径流输出通量显著高于非污染小流域。

表 2-9　小流域不同年份地表径流重金属含量分布（冉晓追，2022）

小流域	年份	Cd 含量/(μg/L)
LS	2018	2.01
	2019	2.79
	2020	1.90
	2018～2020 年平均	2.23±0.49b
JZ	2018	4.98
	2019	6.79
	2020	4.21
	2018～2020 年平均	5.33±1.32a

表 2-10　小流域不同年份地表径流重金属输出通量（冉晓追，2022）

小流域	年份	Cd 输出通量/[g/(hm²·a)]
LS	2018	0.23
	2019	0.31
	2020	0.21
	2018~2020 年平均	0.25±0.05b
JZ	2018	0.56
	2019	0.76
	2020	0.47
	2018~2020 年平均	0.60±0.15a

　　镉的地下渗流与土壤密度、分配系数、土壤含水量、对流速度和弥散速度都有关（谢婷，2016）。一般来说，相同时间内，对流速度越快，重金属污染物运移范围越广；弥散速度越快，重金属污染物运移范围越广；土壤含水量越大，重金属污染物运移范围越广；分配系数越大，重金属在土壤中运移距离越小；土壤密度越大，重金属运移范围越小，反之亦然。熊安琪等（2016）对重庆市城郊菜地的土壤重金属输入输出通量平衡研究表明，该地土壤重金属的输出通量最大途径为地下渗流。石陶然等（2018）的研究也表明，作物收获和地下渗流是耕地土壤镉的主要输出方式。

2.3　小　　结

　　喀斯特地区耕地土壤 Cd 的外源污染叠加一般是以区域土壤 Cd 的地球化学背景值为参考标准，或是以深层土壤 Cd 的含量为基准，评估外来污染源对土壤 Cd 的污染叠加程度。外源污染主要包括工业源（在产工业源和历史遗留的废气、渣堆）和农业源（农药、化肥、有机肥和灌溉水）。工业源 Cd 主要通过大气沉降和水流作用向周边耕地土壤传输，而农业源主要富集于耕层土壤中。外源污染对耕地土壤 Cd 累积的影响因素主要是污染源的强度，在黔西北 Cd 地质高背景与锌冶炼污染叠加区的研究发现，大气沉降对土壤 Cd 累积的贡献达到 21.34%，而农业源的贡献率高达 30.98%，自然源占比不到 50%，外源污染对耕地土壤 Cd 累积具有显著的叠加效应。

　　影响土壤 Cd 迁移转化的内在因素有土壤 pH、有机质、阳离子交换量、黏土矿物和氧化物含量等。外源作用会提高耕地土壤 Cd 的活性和迁移性，而磷肥和有机肥的使用则在一定程度上降低了土壤 Cd 的活性和迁移性。

　　喀斯特地区耕地土壤 Cd 的输入主要包括农业输入（肥料、农药、灌溉水等）和大气沉降（工业烟尘、地面扬尘、交通源和生物质燃烧等）输入，输出途径主要包括地表径流、地下渗流和农作物收获。农业输入通量与输入源中 Cd 的含量和施用量相关，而大气沉降输入通量受周边工业源、道路交通、秸秆燃烧和燃煤的影响。地表径流输出通量主要受地形、坡度、土壤颗粒和地表植物种植密度等因素的影响；地下渗流通量受土壤密度、分配系数、土壤含水量、对流速度和弥散速度的影响；农作物收获输出通量则与农作物对 Cd 的吸收能力和收获产量有关，吸收能力越强、产量越高，Cd 的输出通量越高。在喀斯特地质高背景与锌冶炼污染叠加区的污染小流域和非污染对照小流域的研究结果表明，污染小流域土壤 Cd 输入输出通量达到 48.56g/(hm²·a)，表现为净输入，而非污染小流域 Cd 的通量为–15.50g/(hm²·a)，表现为净输出，说明在没有外源污染叠加条件下，喀斯特地区耕地土壤 Cd 含量存在逐年降低的趋势。

第3章　土壤镉的源解析技术方法

近年来，随着我国工业化和城市化的发展，工业污水排放、污水灌溉、矿山开采、汽车尾气等使得土壤重金属污染状况日益严重。有研究表明，我国耕地土壤重金属污染比例占到我国耕地面积的1/6，其中 Cd 的污染占比达到 25.20%，远远超过其他重金属（宋伟等，2013）。镉具有高毒性，其在人体中的半衰期很长，所以会对肾脏、骨骼、呼吸和生殖系统产生毒害作用（Godt et al.，2006；Wiggenhauser et al.，2021）。镉具有较强的活性，容易迁移至植物体中，镉进入人体的方式主要为摄入含镉较高的食物，如谷物（米、小麦）、蔬菜等（Bracher et al.，2021；Wiggenhauser et al.，2021）。而食物中的镉主要来源于土壤，因此为了降低食物中的镉，就需要尽可能降低土壤中的镉或降低植物对土壤镉的吸收效率（降低镉的迁移转化）。降低植物对土壤镉的吸收效率，可以通过农艺调控，如水分调控、施加调理剂和调整农业种植结构（如种植低积累的品种）等；也可以对土壤进行土壤修复，相对于农艺调控，这种方法更为彻底。当前对耕地土壤镉的主要修复方法有物理法、化学钝化和植物修复等（韦朝阳和陈同斌，2001；魏树和等，2003；Singh et al.，2003）。不论用何种方式修复或进行农艺调控，前提都要首先进行源控，如果无法控制源，其他的控制方法都没有意义。

所以，有必要进行土壤镉的源解析，从源头控制污染源的扩散。目前，土壤镉的主要来源包括地质源、工业源、农业源、生活源、交通源和大气沉降等（Cloquet et al.，2006；Huang et al.，2018；Wang L et al.，2021），但不同区域土壤镉的来源和各源的贡献率各不相同。其中，地质源主要与地层和岩性有关，通常在碳酸盐岩发育的土壤中镉的背景值较高，这是因为在方解石中镉容易替换其中的钙（类质同象）（Wen et al.，2016）。此外，由于在成矿过程中镉会替换铅锌矿和磷灰石中的钙，所以铅锌区和磷矿区（磷灰石）都会出现当地土壤中镉的背景值较高的现象（Wen et al.，2016；Wiggenhauser et al.，2019）。土壤镉的工业源主要来源于铅锌矿的冶炼（Cloquet et al.，2006；Peng et al.，2021）、磷化工（Jiao et al.，2012）、电力生产（Cheng W et al.，2020）等；农业源主要包括化肥、农药、畜禽粪便和绿肥等，其中，畜禽粪便在某些区域作为重要肥料，可能会对镉在土壤中的累积有重要作用；生活源主要包括生活污水和垃圾，其中，生活污水中重金属的含量相对较低，对土壤镉的贡献较小；交通源主要与汽车有关，通过燃烧汽油或柴油等释放其中的重金属。此外，汽车的三元催化器和刹车片及其他金属零部件的磨损都有可能造成周边土壤重金属富集（Taghvaee et al.，2018）。当前对于重金属源解析的方法主要有定性分析和定量分析两种。其中，定性分析只是对重金属的可能来源进行定性的描述，通常包括对污染源的定性排查分析、相关分析、聚类分析和空间变异成因分析（Bi et al.，2006b；Zhang Q et al.，2019；Xuan et al.，2018）。定量分析的方法主要有排放清单法（基于污染源投入通量分析）、受体模型（化学质量平衡模型、正定矩阵模型、UNMIX 模型和主成分-多元回归分析等）（Cheng N et al.，2020；Davis et al.，2019；Huang et al.，2018；Li et al.，2020）和重金属稳定同位素法（Wang P et al.，2019）。各种源解析方法都有各自的优缺点，单一的源解析方法可能存在较大的误差，多种源解析方法共同分析和相互论证可以大大提高源解析的准确性。因此，本章详细介绍了土壤镉的源解析技术方法，同时就各个方法及其之间配合运用的可能性和实际应用进行介绍。

3.1　土壤镉的源解析方法

3.1.1　基于污染源镉输入通量的解析方法——排放清单法

输入输出通量的计算首先基于前期的基础调查和实地踏勘，根据各区域可能存在输入输出，分别按照以下输入输出方法计算。

1. 大气沉降

大气沉降输入通量：

$$Q_{A,i} = C_{i,j} \times m \times 10 / S$$

式中，$Q_{A,i}$ 为重金属元素 i 每年随大气沉降输入的通量[g/(hm²·a)]；$C_{i,j}$ 为降尘样品 j 中重金属元素 i 的测试浓度（mg/kg）；m 为每年大气沉降的固形物总质量（kg/a），包括上清液、沉淀物和悬浊液中固形物总质量；S 为沉降缸面积（m²）。

2. 灌溉水

灌溉输入通量：

$$Q_{I,i} = \sum_{j=1}^{n} C_{i,j} \times W_j \times 10$$

式中，$Q_{I,i}$ 为重金属元素 i 每年随灌溉输入的通量[g/(hm²·a)]；$C_{i,j}$ 为灌溉水样品 j 中重金属元素 i 的测试浓度（μg/kg）；n 为作物种类数量；W_j 为作物 j 单位面积的灌溉水量[m³/(m²·a)]；数据可通过咨询当地农业部门或调研访谈获取，也可参照区域或所在省（区、市）水资源公报等资料中统计的亩均灌溉用水量确定。

3. 农业投入品

农业投入品输入通量：

$$Q_{F,i} = \sum_{j=1}^{n} (C_{i,j} \times q_j \times 10)$$

式中，$Q_{F,i}$ 为区域重金属元素 i 每年随化肥农药输入的通量[g/(hm²·a)]；$C_{i,j}$ 为重金属元素 i 在农业投入品 j 中的浓度（mg/kg）；n 为农业投入品的数量；q_j 为单位面积农业投入品 j 的年施用量[kg/(m²·a)]；数据可通过咨询当地农业部门或调研访谈获取，也可参照区域或所在省（区、市）统计年鉴等资料中的肥料用量及种植面积估算。

4. 畜禽粪污

畜禽粪污输入通量：

$$Q_{M,i} = \sum_{j=1}^{n} C_{i,j} \times q_j \times (1-w)$$

式中，$Q_{M,i}$ 为区域重金属元素 i 每年随畜禽粪污输入的通量[g/(hm²·a)]；$C_{i,j}$ 为重金属元素 i 在畜禽粪污 j 中的浓度（mg/kg）；q_j 为单位面积畜禽粪污 j 的年施用量[kg/(m²·a)]；w 为粪便含水率（%）。

5. 作物移除

作物移除输出通量：

$$Q_{C,i} = \sum_{j=1}^{n} (C_{i,j} \times Y_j) + (S_{C_{i,j}} \times S_{Y,j})$$

式中，$Q_{C,i}$ 为重金属元素 i 的作物移除输出通量[g/(hm²·a)]；$C_{i,j}$ 为重金属元素 i 在作物 j 籽粒中的浓度（mg/kg）；Y_j 为籽粒的单位面积年产量[kg/(m²·a)]；$S_{C_{i,j}}$ 为重金属元素 i 在作物 j 秸秆中的浓度（mg/kg）；$S_{Y,j}$ 为作物 j 中秸秆的单位面积年产量[kg/(m²·a)]；n 为作物种类数量。

6. 地表径流

地表径流输出通量：

$$Q_{S,i} = C_i \times I_j \times (1-w)$$

式中，$Q_{S,i}$ 为重金属元素 i 的地表径流输出通量[g/(hm²·a)]；C_i 为地表径流样品中重金属元素 i 的浓度（μg/L）；I_j 为农作物 j 的单位面积灌溉定额[m³/(m²·a)]；w 为耗水率（%）；如缺失灌溉定额及耗水率数据，可利用区域多年平均径流量确定。

7. 地下渗漏

地下渗漏输出通量：

$$Q_{L,i} = \frac{V_s}{A_s} \times C_{i,j} \times P_h / P$$

式中，$Q_{L,i}$ 为重金属元素 i 的地下渗滤输出通量[g/(hm²·a)]；V_s 为每年渗流样品的体积（L/a）；A_s 为收集装置口的面积（mm²）；$C_{i,j}$ 为重金属元素 i 在土壤渗流样品 j 中的浓度（μg/L）；P、P_h 分别为采样期间的降水量（mm）、全年降水量（mm），可用来外推渗流通量。

8. 各输入途径贡献率

分别计算各途径的输入通量[g/(hm²·a)]，包括大气沉降输入通量（$Q_{A,i}$）、灌溉输入通量（$Q_{I,i}$）、农业投入品输入通量（$Q_{F,i}$）、畜禽粪污输入通量（$Q_{M,i}$）与总输入通量（$Q_{A,i} + Q_{I,i} + Q_{F,i} + Q_{M,i}$）的比值，结果即为各污染来源对农用地重金属的贡献率。

9. 累积通量及趋势预测

累积通量 $Q[\text{g}/(\text{hm}^2 \cdot \text{a})]$ 为输入通量（包括大气沉降输入通量 $Q_{\text{A},i}$、灌溉输入通量 $Q_{\text{I},i}$、农业投入品输入通量 $Q_{\text{F},i}$、畜禽粪污输入通量 $Q_{\text{M},i}$）与输出通量（作物移除输出通量 $Q_{\text{C},i}$、地表径流输出通量 $Q_{\text{S},i}$ 及地下渗漏输出通量 $Q_{\text{L},i}$）的差，计算公式为

$$Q_i = (Q_{\text{A},i} + Q_{\text{I},i} + Q_{\text{F},i} + Q_{\text{M},i}) - (Q_{\text{C},i} + Q_{\text{S},i} + Q_{\text{L},i})$$

当 $Q_i > 0$ 时，即输入农用地的重金属元素含量大于输出量，土壤重金属含量呈累积状态；当 $Q = 0$ 时，即输入农用地的重金属元素含量等于输出量，土壤重金属含量呈平衡状态；当 $Q < 0$ 时，即输入农用地的重金属元素含量小于输出量，土壤重金属含量呈削减状态。

土壤累积趋势预测公式为

$$C_{\text{Soil},i+n} = C_{\text{Soil},i} + Q_i/W_{\text{Soil}}$$

式中，$C_{\text{Soil},i+n}$ 为第 $i+n$ 年土壤重金属元素含量（mg/kg）；$C_{\text{Soil},i}$ 为第 i 年中土壤重金属的含量。第 $i+n$ 年土壤重金属元素含量（mg/kg）根据第（i）年的重金属净累积通量（g/hm²）和第 i 年的土壤重金属浓度计算得出，其中 W_{Soil} 为耕层土壤质量，按每公顷土壤 2250t 计算。

3.1.2　基于污染源和土壤镉元素组成的解析方法——化学质量平衡模型

化学质量平衡（chemical mass balance，CMB）法为美国国家环境保护局（Environmental Protection Agency，EPA）推荐使用的污染来源解析方法。该方法基于质量守恒原理构建一组线性方程，通过每种化学组分的受体浓度与各类排放源成分谱中化学组分的含量值，计算各类排放源对受体污染物含量的贡献率。本方法需要对污染源成分谱进行检测，且需通过检测较多的污染源和土壤样品化学组分，识别土壤污染物和相应的贡献率。

化学质量平衡（CMB）模型是应用于大气污染源管理的几种受体模型中的一种。模型由 Miller、Firedlander 和 Hidy 等于 1972 年第一次提出，并由 Cooper 和 Waston 在 1980 年正式命名为化学质量平衡法。由该方法建立起来的 CMB 模型是目前在大气颗粒物源解析实际工作中研究最多、应用最广的受体模型。模型的基本原理是质量守恒。假设存在对环境受体中的大气颗粒物有贡献的若干种排放源类，并且满足以下假设：①各污染排放源的化学组成在源样品采集及从源到受体的传输过程中相对稳定；②各源类所排放的颗粒物的化学组分之间没有相互作用，即它们是线性加入；③各源类对受体颗粒物的贡献是肯定的，所排放的颗粒物的化学组成有明显的差别；④各排放源成分谱相对独立，不存在共线性；⑤源的数目小于或等于源中化学组分的数目；⑥测量不确定度是随机、独立的，且服从正态分布。

在受体点测量的总物质浓度，即每个源贡献浓度值的线性加和，公式如下：

$$c = \sum_{j=1}^{p} S_j$$

式中，c 为受体点的总质量浓度（mg/kg）；S_j 为每种源贡献的质量浓度（mg/kg）；p 为源的数目；$j = 1, 2, \cdots, p$。

设重金属 i 的浓度为 c_i，则上面的公式就可以写成

$$c_i = \sum_{j=1}^{p} F_{ij} S_j \quad (i = 1, 2, \cdots, m)$$

式中，c_i 为受体点 i 种重金属的浓度（mg/kg）；F_{ij} 为第 j 种源贡献中 i 重金属的含量（mg/kg）；p 为源的数目；$j = 1, 2, \cdots, p$；m 为重金属的种类（数量），$i = 1, 2, \cdots, m$。

污染源 j 对受体的贡献率（η_i）为

$$\eta_i = S_j c \times 100\%$$

根据 CMB 模型源贡献值拟合优度诊断指数，回归系数 R^2 应在 0.8～1，且越接近 1 说明拟合度越好，残差平方 χ^2 应小于 1，且越接近 0，说明拟合度越好。此外，百分比质量 MASS% 在 80%～120%，说明解析结果可以接受，且越接近 100% 越好。

杨妍妍等（2015）利用 CMB 模型解析北京市大气中 $PM_{2.5}$ 的来源，结果表明观测期间大气环境 $PM_{2.5}$ 的来源主要包括：一次来源机动车（16%）、燃煤（15%）、土壤尘（6%）、二次硫酸铵和硝酸铵（36%）、有机物（20%）和其他未识别来源（7%）。Cheng N 等（2020）利用 CMB 模型结合源清单解析出浙江沿海三个海滨城市（舟山、台州和温州）大气中 $PM_{2.5}$ 的主要来源为交通源、电力生产源和工业生产源。由于 CMB 模型的源谱是根据监测各来源中镉的含量来建立的，所以会存在源谱之间共线的可能性。此外，由于源谱的建立需要大量的监测数据，所以在一定程度上限制了其在实际工作中的运用。

3.1.3　基于土壤镉等元素组成的解析方法——多元统计模型

多元统计的基本思路是利用土壤中各种物质（元素）的相互关系研究源成分谱或暗示重要排放源，主要包括因子分析法及其相关技术和多元回归法等。

1. 因子分析

污染物来源解析中，通常采集大量的样品（N），从每一样品中分析出若干化学成分的浓度（M），这构成了一个包含 $N \cdot M$ 的数集。由于同一环境样品的组成并不相互独立，来自同一源的成分之间存在较强的相关性。

1）相关分析

相关性的大小根据相关系数（r）的大小来进行判断，r 为正则呈正相关，r 为负则呈负相关，且 $|r|$ 越接近 1，相关性越高。相关性的系数有三种：Pearson、Spearman 和 Kendall 相关系数，不论哪一种相关系数都是用于描述两者之间的相关性。Zhao K 等（2020）使用相关分析表明，土壤中 Cd 与 Cu、Ni、Zn 和 Cr 具有较高的相关性，说明 Cd 与这些重金属元素可能具有相同的来源。Wang 等（2019a）对北京某流域土壤中的重金属进行相关分析，结果发现 Cd、Cu、Pb 和 Zn 之间的相关性均较高，说明它们可能有某一个共同来源。Zhou 等（2021）利用相关分析分析了大气沉降中 Pb 的来源，结果表

明 Pb 与其他重金属元素的相关性均不明显,而其他的重金属元素之间均有较强的相关性,说明 Pb 与其他重金属有不同的主要来源。

2)聚类分析

聚类分析是根据重金属元素之间的相似性进行分类,相似性越高,说明两者之间的同源性越高;一些元素在特定的区域有特定的来源,就可以根据镉与其他元素的聚类分析,从而定性地判断土壤中镉的可能来源。从某种意义上来说,聚类分析是在相关分析上进行的进一步分析,多与主成分分析(principal component analysis,PCA)联用。苟体忠和阮运飞(2020)利用聚类分析与主成分分析法解析了万山汞矿区重金属的主要来源,其中,Cu、Ni、Cr 主要源于自然活动,As、Pb、Zn 主要源于燃煤和交通运输污染,Cd 主要源于农业污染,Hg 主要源于汞冶炼污染。Hossain 等(2014)利用聚类分析与主成分分析法解析出马来西亚格宾工业城的土壤中重金属存在人为源叠加的情况。

3)主成分分析

主成分分析(PCA)是一种常用的基于数学的数据处理方法。其原理是根据降维的思想,将多个变量转换为几个综合变量(Islam et al.,2019;Wang et al.,2019a)。所有的主成分都是初始数据的正交线性组合,它可以反映原始变量的大部分信息,而没有叠加(Taati et al.,2020)。主成分分析可以表达为(Marrugo-Negrete et al.,2017)

$$Z_{ij} = \alpha_{i1}X_{1j} + \alpha_{i2}X_{2j} + \alpha_{i3}X_{3j} + \cdots + \alpha_{im}X_{mj}$$

式中,Z 为成分的分值;X 为变量计算值;i 为成分编号;j 为样品编号;m 为总变量数;α 为成分载荷。对分析数据进行主成分分析,获得主要特征的可视化表示,并提取特征值的主成分(>0.5)。该方法多与多元回归联用。

2. 多元回归

不同污染源排放的污染物的含量差别很大,其中由某一类排放源决定的元素(物质)就称为示踪元素。测量受体的物质浓度,并对示踪元素的浓度进行多元回归,回归系数用于计算各示踪元素对应的排放源对受体中该物质的贡献。示踪元素之间必须相互独立,否则容易存在共线问题,通过因子分析(旋转)来避免共线问题。与化学质量平衡(CMB)模型相比,多元回归不用事先假设排放源的数量和类型,排放源的判断相对客观,研究者只需对排放源的组成有大致的了解,而不需要准确的源成分谱数据。当然,该方法也存在明显的局限性,首先,该方法不是对具体的数值进行分析,而是对偏差进行处理,如果某些重要的排放源比较恒定,而其他源具有较大排放强度变异,这就可能会忽略排放强度较大且恒定的排放源。其次,需要大量的土壤监测数据;如果排放源的个数过多(大于 10 个),该方法就不适用。当前许多方法结合多元回归和主成分分析,发展处理多种受体模型,常用的包括主成分-多元线性回归(PCA-MLR)分析和绝对主成分-多元回归(APCS-MLR)分析。

1)主成分-多元线性回归分析

主成分-多元线性回归(PCA-MLR)分析基于假设污染物浓度与各来源贡献的总和相等。因为来源于不同源的传播随距离增加而减少,所以源贡献可以通过源与采样点的距离来量化。此外,该模型要基于完整的排放清单和对区域社会经济活动的详细调查。在该模型中，主成分分析用于识别潜在源，源贡献可以通过重金属的含量和与污染源的距离来进行多元线性回归分析得出：

$$X_{ik} = \sum_{j=1}^{p} \boldsymbol{B}_{in} D_{nk}$$

式中，$j = 1, 2, \cdots, i$；X_{ik} 为第 i 种元素在第 k 个采样点中的含量；D_{nk} 为采样点到污染源的距离；$\boldsymbol{B}_{in}$ 为到污染源距离的线性回归系数矩阵；n 为污染源的个数。

陈锋等（2016）应用主成分-多元线性回归（PCA-MLR）模型对松花江水体中的多环芳烃进行了来源解析，结果表明松花江全流域为化石和石油燃料的复合 PAHs 污染，水体环境中 PAHs 首要污染源为化石燃料燃烧和交通污染，合计贡献率为 63.1%，第二大污染源为工业和民用燃煤污染，合计贡献率为 36.9%，沿江的石化、石油基地、大型焦化厂、电厂都是 PAHs 的主要来源。

2）绝对主成分-多元线性回归分析

绝对主成分-多元线性回归（APCS-MLR）分析是基于假设污染物浓度与各来源贡献的总和相等，该模型的算法如下：

$$\boldsymbol{Z}_{ik} = \frac{X_{ik} - C_i}{\sigma_i}$$

$$\boldsymbol{Z}_{ik} = \sum_{j=1}^{p} \boldsymbol{W}_{ij} \boldsymbol{P}_{jk}$$

$$(\text{APCS})_{jk} = \boldsymbol{P}_{j0} - \boldsymbol{P}_{jk}$$

$$X_{ik} = \sum_{j=1}^{p} \boldsymbol{A}_{ij} (\text{APCS})_{jk}$$

式中，X_{ik} 为第 i 种元素在第 k 个采样点中的含量；C_i 为平均含量；σ_i 为标准偏差；$\boldsymbol{Z}_{ik}$ 为元素含量标准化后的矩阵；j 为因子数量；$\boldsymbol{W}_{ij}$ 为每个因子与其元素含量组成的系数矩阵；$\boldsymbol{P}_{jk}$ 为因子得分矩阵，定义为第 j 个源在每个采样点 k 上源成分值；$\boldsymbol{P}_{j0}$ 为"零"污染点的因子得分矩阵，这个点的所有重金属含量均为 0；$(\text{APCS})_{jk}$ 为绝对主成分分值；$\boldsymbol{A}_{ij}$ 为 j 因子的 i 元素的线性回归系数矩阵。每个源的贡献是通过 $\boldsymbol{A}_{ij}$ 和 $(\text{APCS})_{jk}$ 计算的。

Cao 等（2020）利用绝对主成分-多元线性回归（APCS-MLR）分析、正定矩阵因子分解（positive matrix factorization，PMF）模型和地统计学共同解析了中国东部某典型的工业和采矿城市土壤中潜在有毒元素的来源，结果表明重金属 Cd 主要来源于自然源（母质）、农业活动、污染物排放（工业、采矿业和交通）和煤燃烧的大气沉降。后希康等（2021）利用绝对主成分-多元线性回归（APCS-MLR）分析解析了沱河中污染物的主要来源，城镇生活与城市径流是影响沱河水质的主要因子，其贡献率达 24.7%，随后依次为环境背景值、农村生活源、畜禽养殖业 + 河道内源、种植业，其贡献率分别为 19.6%、9.9%、8.8% 和 7.6%。

3. 其他受体模型

除以上受体模型外，当前常用的受体模型还包括 PMF 和 UNMIX 模型。

PMF 是由美国国家环境保护局推荐的根据污染源的组成和指纹特征来定量计算各污染源贡献率的数学模型，它是一种多变量因子分析工具，将样本数据矩阵分解为因子贡献（G）和因子分布（F）进行数据处理，其主要作用就是解决物质种类浓度和源分布之间的化学物质平衡问题（USEPA，2014）。通过以下公式来计算测定浓度和源谱之间的化学平衡问题：

$$x_{ij} = \sum_{k}^{p} g_{ik} f_{kj} + e_{ij}$$

式中，x_{ij} 为 j 种样品中 i 种污染物的浓度；f_{kj} 为污染物 j 在源 $k(k = 1, 2, \cdots, m)$ 中的质量分数，代表源的组成；g_{ik} 为 k 种源因子中第 i 种元素的源谱；e_{ij} 为不确定度或源组成的标准偏差，p 为总因子数量。而每个源的贡献和其对应的源贡献谱是通过正定矩阵模型最小化目标函数 Q（USEPA，2014）得出的：

$$Q = \sum_{i=1}^{n} \sum_{j=1}^{m} \left[\frac{x_{ij} - \sum_{k=1}^{p} g_{ik} f_{kj}}{u_{ij}} \right]$$

式中，u_{ij} 为对应的不确定度；Q 为 PMF 模型的关键因子，在模型中 Q 有两个值，其中，Q(true)为计算拟合优度参数（包括所有的点），Q(robust)表示计算拟合优度参数（排除与模型不匹配和不确定度残差大于 4 的点）（USEPA，2014）。不确定度（Unc）按照以下公式计算：

（1）如果浓度低于或等于方法检测限（method detection limit，MDL），则确定的方法检测限（MDL）用于计算不确定度（Unc）：

$$Unc = \frac{5}{6} \times MDL$$

（2）如果浓度高于方法检测限（MDL），则不确定度由浓度和方法检测限（MDL）共同确定：

$$Unc = \sqrt{(error \times concentration)^2 + (0.5 \times MDL)^2}$$

式中，error 为相对标准偏差；concentration 为重金属的浓度。

目前，该模型已经被广泛运用于大气、土壤、水和沉积物等的污染物源解析。该方法不用剔除异常数据，可以保留样品数据最大信息，从而防止信息遗漏，但也容易造成解析结果错误，导致解析出的源过多，与实际情况不匹配，无法确定各因子代表的源。一般认为，如果解析出的污染源超过 5 个，则认为解析结果不可用。Wang Y 等（2021）用 PMF 模型解析出土壤中的 Cd 主要来源于母质、化肥和混合源（工业活动和粪肥），其贡献率分别为 46.44%、31.37% 和 22.19%。Zhuo 等（2019）利用该模型解析山东发展区土壤中重金属的来源，结果表明土壤中重金属的来源包括工业源、大气沉降源和交通源。

UNMIX 模型是由美国国家环境保护局的科学家开发的一种数学实体模型，它为开发和审查空气及水质标准、暴露研究和环境取证提供了科学支持。UNMIX 模型把每个受体点的每个样品当作一个多维空间进行处理，每一维度代表一类源污染物，通过主成分分析降维求解。降维的方法采用边缘侦测技术鉴别"边"，通过寻找"边"确定单纯形的超平面，各超平面之间相交的顶点就代表了某一污染源，即找到了顶点就确定了源的组成。本方法适用于已经明确污染源排放信息的土壤污染成因分析（USEPA，2014）。

UNMIX 模型建立在以下几个假设的基础上：①未知组分源对受体点的贡献是各个污染源组分的线性组合；②源中各组分对受体点的贡献是非负值；③有一些对样品的贡献很少或没有贡献。利用目标污染物在受体点的浓度数据估算源数目、组成和贡献率。基于上述假设，来自 m 个源 N 个样品中各污染物的浓度可以表示为

$$C_{ij} = \sum_{k=1}^{m} f_{kj}S_{ik} + E$$

式中，C_{ij} 为第 $i(i = 1, 2, \cdots, N)$ 样品中第 $j(j = 1, 2, \cdots, n)$ 类污染物的浓度；f_{kj} 为污染物 j 在源 $k(k = 1, 2, \cdots, m)$ 中的质量分数，代表源的组成；S_{ik} 为源 k 在 i 个样品中的总量，代表源贡献；E 为不确定度或源组成的标准偏差。

源贡献值拟合优度诊断通过模型拟合相关系数 Min Rsq 和信噪比 Min Sig.Noise 来判断。Min Rsq 是物种浓度计算值与测量值间的相关系数，推荐 Min Rsq＞0.8，否则认为源贡献的拟合值与测量值相关性较低。信噪比的推荐值为 Min Sig.Noise＞2，否则模型结果不能接受。

模型最终得出最优因子方案，每个因子代表一种污染源。将因子最大载荷污染物与污染源特征污染物比，因子最大载荷污染物与某种污染源特征污染物相同，则认为该因子为相应污染源。

当前 UNMIX 已被用于土壤重金属源解析，刘昭玥等（2021）利用 UNMIX 模型和空间分析，解析了湖南省汝城县土壤重金属的来源，结果表明重金属的含量主要受到自然源、大气沉降与工业直接排放混合源、污水源和工业直接排放源的影响，贡献率分别为41.87%、33.10%、13.27%和11.76%。其中，自然源对 Cr 和 Ni 的贡献率较大，大气沉降与工业直接排放混合源主要影响 Cd 和 Pb，污水源和工业直接排放源分别对 Hg 和 As 的贡献最大。Li 等（2021）利用 UNMIX 解析出鄱阳湖区农业土壤中 Cd 主要来源于自然源、铜矿尾矿、农业活动、大气沉降和工业活动，它们的贡献率分别为7%、13%、20%、29%和31%。当然，UNMIX 也存在天然的缺陷，当个别污染源的贡献水平不能忽略时，可能会导致解析结果不准确，遗漏重要污染源。而且，UNMIX 模型默认只有 r^2 大于 0.8 的结果可以用，则难免存在解析出的结果与实际情况有偏差的情况。此外，在进行源解析时有可能解析出多个源，要根据区域的具体情况进行判断，同时也可能出现无法进行源识别的情况，这就要求测定的指标足够多，特征因子足够特殊。

3.1.4 基于土壤镉元素组成和空间关系的解析方法——空间分析法

土壤重金属分布和含量不仅与环境土壤中重金属本身的性质有关，还与土壤类型、

成土母质、地形地貌、交通运输、产业布局和用地类型等因素有关，这些因素可以分为两大类：自然因子和人为因子。一般来说，自然因子对区域重金属的分布特征影响较小，地形地貌主要与水流传输和大气沉降有关；土壤类型与成土母质和土地利用方式有关；成土母质与区域地质条件有关系。而人为因子对重金属的分布特征有较大的影响，会造成局部区域重金属含量异常，这与区域人为因子影响有关。因此，可以对土壤镉的空间分布进行分析，探究其空间分布规律与区域人为因子的耦合关系，从而定性判断土壤镉的可能来源。

此外，通过半方差函数可以定性判断人为因子和自然因子对镉空间分布的影响，利用 GS + 软件对土壤重金属元素含量进行半方差分析，对土壤重金属数据模拟不同类型的半方差模型，以选取最佳模型。在选取拟合模型时，为了能更加充分地展示变量的变化规律，通常需要确定出最优的拟合模型并根据半方差模型的相关参数（决定系数 R^2 和残差值 RSS）决定，决定系数越接近 1，残差值数值越小时拟合度越好，由此选择最优的半方差模型。其中，C_0 为块金效应，也称块金值，表示当空间滞后距离 h 很小时，样点的变异情况；C 为偏基台值，表征区域化变量在研究尺度范围内空间变异的总强度；$C_0 + C$ 为基台值，也称拱高或结构方差，表示非随机原因形成的变异；A 为变程，表征区域化变量在空间上具有空间相关性的距离范围。块金系数[$C_0/(C_0 + C)$]也称空间相关度，是块金值与偏基台值的比值，表征在整体的空间变异中，随机因素所导致的空间变异所占的比重。当块金系数小于等于 25%时，表明土壤属性具有强烈的空间相关性，空间异构随机因素作用效果不显著，结构性因素作用占比大，土壤属性的空间变异主要受结构性因素，如土壤类型、植被类型、种植制度、土壤养护、地形、气候等的影响；当块金系数大于 25%且小于等于 75%时，表明土壤属性具有中等强度的空间相关性，数据的空间异构由随机因素和结构因素共同起作用；当块金系数大于 75%时，表明土壤属性空间相关性很弱，空间异构性主要受随机因素（人为因素）的影响。

Zhao K 等（2020）通过研究重金属在研究区的空间分布特征发现，靠近矿区的土壤中的重金属 Cd、Cu、Ni、Zn 和 Cr 的含量均高于其他区域，而 Pb 却未表现出不同的分布特征，说明区域土壤中 Cd、Cu、Ni、Zn 和 Cr 的含量较高可能与当地的采矿活动有关，而 Pb 可能存在其他外源的影响。顾小凤（2020）通过对两个小流域重金属空间分布研究，发现污染小流域耕地土壤中 Cd 的含量远高于非污染区，同时发现在污染小流域的耕地土壤中的重金属（Cd、Pb、Zn 和 Cu）含量明显高于林地和荒地，说明工业源和农业源的叠加造成了污染小流域重金属含量较高。王雪雯等（2022）也对该污染区土壤镉的空间分布进行了研究，发现在靠近铅锌冶炼厂和该冶炼厂的下风向，Cd 的含量均较其他区域高，说明工业源对该区域土壤产生一定的污染。张孝飞等（2005）研究发现在炼焦厂周边土壤中 Zn 的含量较高，在磷肥厂周边土壤中 Cd、Pb 和 Cu 含量较高，钢铁厂周边则是 Cd、Pb 和 Hg 的含量较高。

3.1.5　基于镉同位素分馏的源解析方法——同位素示踪法

Cd 有八种稳定同位素：^{106}Cd（1.2%）、^{108}Cd（0.9%）、^{110}Cd（12.5%）、^{111}Cd（12.8%）、

^{112}Cd（24.1%）、^{113}Cd（12.2%）、^{114}Cd（28.7%）和 ^{116}Cd（7.5%）（Wang L et al.，2021）。通常用 ^{114}Cd 和 ^{110}Cd 的比值来描述 Cd 同位素的变化。Cd 同位素的变化主要受蒸发/冷凝和生物作用的影响（Barraza et al.，2019）。因此，在煤燃烧或金属冶炼过程中 Cd 同位素会发生变化，这样就可以通过 Cd 同位素的变化识别出相应的污染源（Fouskas et al.，2018；Gao et al.，2013）。自然状况下（矿石），Cd 同位素的变化很小（Wombacher et al.，2004），由于工业处理过程引起 Cd 同位素的分馏，千分之几的 ^{114}Cd/^{110}Cd 同位素比值能够被检测出来，使得利用 Cd 同位素进行污染源解析成为可能（Wombacher et al.，2008）。因此，不同环境中各同位素的组成至关重要，Cd 同位素的组成用 $\delta^{114/110}$Cd 表示，其表达式如下（Sieber et al.，2019）：

$$\delta^{114/110}\text{Cd} = \left[\frac{(^{114}\text{Cd}/^{110}\text{Cd})_{\text{sample}}}{(^{114}\text{Cd}/^{110}\text{Cd})_{\text{standard}}} - 1 \right] \times 1000$$

耕地土壤中镉的主要来源包括地质源、工业源、农业源、生活源、交通源和大气沉降等（Cloquet et al.，2006），因此区分不同来源的 Cd 同位素组成是利用元素同位素进行源解析的前提，以下总结了部分文献中不同环境样本的 $\delta^{114/110}$Cd 值，详见表 3-1，其分布区间见图 3-1。

表 3-1　不同环境样本中镉的同位素组成（$\delta^{114/110}$Cd）

样品	$\delta^{114/110}$Cd/‰	SD	备注
闪锌矿 1（黑色）	+0.12	0.08	Zhu et al.，2013
闪锌矿 2（棕褐色）	+0.16	0.23	Zhu et al.，2013
方铅矿	−0.6	0.1	Zhu et al.，2013
硫酸铅矿	−0.57	0.03	Zhu et al.，2018
水锌矿	+0.26	0.01	Zhu et al.，2018
粒状闪长岩	+0.04	0.14	Zhu et al.，2018
黏土矿物	−0.01	0.06	Zhu et al.，2018
化工厂烟尘	−0.06	0.01	Yan et al.，2021
玻璃厂烟尘	−0.08	0.03	Yan et al.，2021
汽车尾气	−0.21	0.03	Yan et al.，2021
冶炼厂烟尘 1	−0.11	0.01	Yan et al.，2021
冶炼厂烟尘 2	−0.568	—	Zhong et al.，2021
冶炼厂烟尘 3	−0.74	—	Cloquet et al.，2006
冶炼厂烟尘 4	−0.57	—	Shiel et al.，2010
冶炼废渣（炉渣）1	+1.042	—	Zhong et al.，2021
冶炼废渣（炉渣）2	+0.26	—	Cloquet et al.，2006
冶炼废渣（炉渣）3	+0.425	0.08	Shiel et al.，2010
复合肥	−0.43	0.03	Yan et al.，2021
磷肥	−0.15	0.04	Yan et al.，2021

注："—"表示无数值。

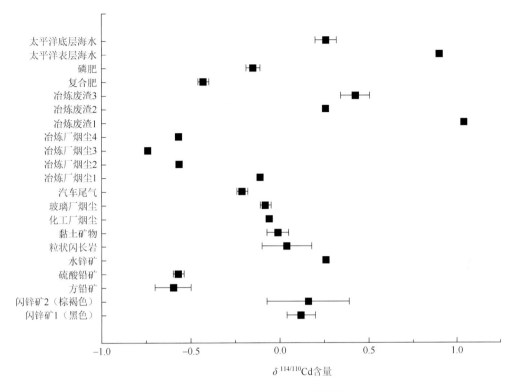

图 3-1　不同环境样品中镉同位素的组成（$\delta^{114/110}$Cd）分布（‰）

Cloquet 等（2006）研究法国北部 Pb-Zn 矿区表层土壤 Cd 同位素 $\delta(^{114}$Cd/^{110}Cd)值的变化，从而得出冶炼厂附近土壤中的污染主要来自冶炼厂；Wang 等（2019）通过分析发现江汉平原土壤中 $\delta(^{114}$Cd/^{110}Cd)的值与冶炼厂和焚烧炉飞灰中的值相似，这就说明冶炼和精炼工业是该区域表层土壤 Cd 的主要来源；Wen 等（2020）利用 Cd 同位素比值研究了中国某典型铅锌矿区土壤的特征，通过与未污染土壤 [$\delta(^{114}$Cd/^{110}Cd)<0] 比较发现，靠近矿区附近的土壤中 $\delta(^{114}$Cd/^{110}Cd)值大于 0。此外，相关研究还说明，除了工业污染外，肥料的施用也会引起农田土壤中 Cd 同位素特征发生变化（Salmanzadeh et al.，2017）。尽管外源 Cd 的输入会引起 Cd 同位素比值的变化，但由于矿物和有机物的吸附以及生物作用都会在一定程度上引起 Cd 同位素比值的变化，所以就会存在与外源 Cd 输入的信号反应重叠，从而增加污染源识别的难度。此外，两个同位素的比值只能定性地识别污染源而不能定量地确定相应的贡献率，所以有相关研究通过增加测定土壤中 ^{111}Cd、^{112}Cd 和 ^{114}Cd 含量，在保证测量准确度的同时定量计算各污染源的贡献率（吴呈显，2013）。在知道不同源的镉同位素组成的条件下，通过以下公式进行计算（Yan et al.，2021）：

$$\delta_M = f_A\delta_A + f_B\delta_B + \cdots + f_N\delta_N$$
$$1 = f_A + f_B + \cdots + f_N$$

式中，f_A，f_B，…，f_N 为不同污染源的贡献率；δ_A，δ_B，…，δ_N 为污染源的同位素组成；δ_M 为

均低于 0.8，各元素间相关程度介于弱—低—中度之间。Cd 与其他元素间均有显著相关性，Pb 和 Zn 的相关性系数超过 0.5，而 Cr-Pb 呈现显著负相关（$P<0.01$），Ni 和 Cr 的相关性系数达 0.48（$P<0.01$）（表 3-2），综上所述，As、Cd、Pb、Zn、Cu 可能有相同的来源，Ni 和 Cr 可能有相同来源。

表 3-2　西江流域农田土壤重金属相关性分析（宋波等，2018）

	Cd	Pb	Cu	Zn	Ni	Cr
As	0.224**	0.253**	0.335**	0.331**	0.060**	0.011**
Cd		0.218**	0.145**	0.282**	0.205**	0.109**
Pb			0.381**	0.673**	0.163**	−0.087**
Cu				0.298**	0.289**	0.144**
Zn					0.205**	−0.024
Ni						0.480**

**表示在 0.01 水平（双尾）上显著相关。

根据污染物浓度提取了 3 个主成分因子，主成分因子的累积贡献率为 70.17%（表 3-3），可以反映 7 种污染物的污染情况。第一主成分的贡献率为 35.38%（表 3-3），在 Zn、Pb 的含量上的载荷较高，分别为 0.875、0.894，且二者的相关性较高，结合 Pb、Zn 的重金属含量分布状况，二者高值出现在南丹县以及武宣县的矿床周边农田。第一主成分中两种重金属可能受到相同的污染源影响。而研究区刁江流域上中游及大环江流域上游坐落着众多大中型采矿场、选矿厂等，以锡-多金属及铅锌矿矿床居多，最为人所熟知的有南丹县大厂矿床、河池市五圩矿床及环江县北山矿床，其中南丹县大厂矿床已有 1000 余年的开采历史，是世界上公认最大的锡-多金属矿床之一，伴生砷、镉、铅、锌、铜含量高，尾矿中部分重金属品位甚至达到了国家工业品位指标，位于武宣县的重要铅锌矿产地，广西武宣县盘龙—古立—朋村铅锌矿等中型铅锌矿，矿业活动频繁。将影响西江流域农田土壤重金属的第一因子视为"工矿业因子"较为合理。第二主成分的贡献率为 56.27%，Ni、Cr 的载荷均高达 0.8 以上，这两种元素在 0.01 水平上呈显著相关，结合 Ni、Cr 的含量分布状况发现，Ni 总体小于 40mg/kg，Cr 含量总体小于 50mg/kg，即未超过国家土壤环境 Pb、Cr 含量限值二级标准。有研究发现，Cr、Ni 含量主要受成土母质的影响，因此，将第二主成分视为"成土因子"较为合理。第三主成分中 As、Cu 的载荷较高，且具有显著的相关性，根据西江流域 As、Cu 空间分布可以看出，As、Cu 主要高值出现在刁江以及红水河沿岸农田中，洪涝易发的季节，堆放的尾矿库溃坝，这使得尾矿中部分重金属随着水流迁移，并污染流域周边农田土壤。位于流域上游的河池地区享有"有色金属之乡"的美誉，流域上游频繁的矿业活动催生了繁忙的交通运输业，特别是重型车辆，在河池地区较为常见，车辆经过的地方扬尘较大，南丹县某矿区矿石开采及运输过程所致的扬尘与矿屑是当地土壤重金属 As、Cd、Cu 复合污染的主要污染源，可见矿业活动通过影响交通运输、污水灌溉等，以大气、水体为载体，间接影响着流域内土壤重金属的含量分布。故将第三主成分视为"污染和交通源因子"较为合理。Cd 在三个成分中均有相当的载荷，Cd 的来源受 3 个主成分共同影响，第三主成分中的因子系数高于第二主成分。可见，污灌和大气沉降等人为活动较地质背景对 Cd 含量的影响更为突出。

表 3-3　西江流域农田土壤重金属含量因子分析（宋波等，2018）

项目	第一主成分	第二主成分	第三主成分
As	0.078	−0.119	0.895
Cd	0.227	0.316	0.418
Pb	0.894	0.001	0.199
Cu	0.282	0.239	0.627
Ni	0.231	0.833	0.052
Zn	0.875	0.058	0.197
Cr	−0.188	0.848	0.085
特征值	2.477	1.462	0.896
累积贡献率/%	35.38	56.27	70.17

3.2.3　贵州土壤镉的源解析及应用案例

1. 区域概况

金钟镇位于威宁县城东南部，地理位置为 104°19′E～104°33′E，26°37′N～26°52′N，总面积 143.47km²。平均海拔 2210m，无霜期 178d，平均日照 187h，年平均气温 11.1℃，降水量 1100mm。整个调查区域地势东高西低，夹在南北两座高山之间，总体地势平坦，是典型的喀斯特地貌区。该调查区域涉及农用地 3314 亩，地层为上石炭统黄龙组及下石炭统摆佐组，主要土壤类型为黄棕壤和黄壤。

历史调查数据表明（表 3-4），调查区域存在严重的土壤 Cd、Pb、Zn 污染，含量分别为 7.81mg/kg、320.4mg/kg、483.5mg/kg，Cd、Pb 含量分别为国家标准（GB 15618—2018）中筛选值的 26.03 倍和 2.67 倍。因此，该调查区域土壤 Cd 污染最严重，需要开展该区域土壤重金属污染成因排查与分析。

表 3-4　调查区域表层土壤 Cd、Pb、Zn 历史数据表

指标	采样点位数/个	最小值/(mg/kg)	中位值/(mg/kg)	最大值/(mg/kg)	算术平均值/(mg/kg)	国家标准/(mg/kg)	超标倍数
Cd	11	3.45	7.83	12.01	7.81	0.3	26.03
Pb	11	159	230.29	872.03	320.4	120	2.67
Zn	6	346	471	637	483.5	—	—

注："—"表示无数据。

通过现场勘探、调查、收集资料以及调查问卷发现，该区域在 20 世纪 80~90 年代土法炼锌盛行，调查中发现了 14 处大型的铅锌冶炼废渣堆场，农用地及水库周边随处可见零散的废渣。调查区域及周边现存有 2 家锌粉厂、1 家水泥厂和 1 家黑色金属铸造厂（图 3-3）。经初步排查与分析，历史上土法炼锌大气沉降和废渣堆置及其造成的扬尘应该是土壤重金属的主要来源，属于历史成因；在产锌粉厂排放的烟尘，原辅材料的不规范运输、堆存、卸载、转运等产生的扬尘可能对周边土壤产生影响，是主要疑似污染源。土法炼锌渣场周边大量"渣土"混合物可能是扬尘最主要来源，其也会随水土流失污染周边土壤；水库和灌溉水渠的水系沉积物可能在洪水泛滥时对周边土壤产生污染。农业投入品的使用以及周边 1.5km 范围内的铅锌渣堆场产生的扬尘和在产重点企业排放烟尘，也可能是该调查区域土壤重金属的污染来源。

(a) 在产锌粉厂   (b) 在产水泥厂

(c) 区域内水库周边冶炼废渣堆放

图 3-3   调查区域内在产工业企业和零散土法炼锌渣堆放图

2. 污染源的确定

土壤中 Pb、Zn、As、Cd、Cu 的富集是由矿业活动、交通和污水灌溉等人为因素引起的，Ni 和 Cr 则受成土母质等自然因素影响较大。

3. 污染源强度分析与评价

通过对样品检测和数据统计分析得表 3-5。调查区域大气沉降、铅锌废渣、"渣土"混合物、原矿（低品位）和水系沉积物中重金属 Cd、Pb、Zn 含量高，尤其是废渣和原矿。统计分析表明，大气沉降量为 1.120t/(km^2/30d)，其 Cd、Pb、Zn 的含量分别为 23.70mg/kg、3469mg/kg、3806mg/kg，分别是调查区域土壤 Cd、Pb、Zn 均值的 2.72 倍、10.41 倍、5.63 倍，土壤背景值的 21.45 倍、99.04 倍、27.38 倍以及国家标准（GB 15618—2018）（pH = 6.843）管制值的 7.90（Cd）倍、4.96（Pb）倍。

表 3-5　调查区域污染源样品重金属 Cd、Pb、Zn 含量评价表

源样品	重金属	含量均值 /(mg/kg)	土壤重金属均值/(mg/kg)	超标倍数	土壤重金属背景值/(mg/kg)	超标倍数	国家标准 /(mg/kg)	超标倍数
大气沉降	Cd	23.70	8.71	2.72	1.105	21.45	3	7.90
	Pb	3469	333.1	10.41	35.025	99.04	700	4.96
	Zn	3806	676.4	5.63	139.00	27.38	—	—
在产铅锌废渣	Cd	13.91	8.71	1.60	1.105	12.59	3	4.64
	Pb	7447	333.1	22.36	35.025	212.62	700	10.64
	Zn	5283	676.4	7.81	139.00	38.01	—	—
历史上法炼锌废渣	Cd	124.0	8.71	14.24	1.105	112.22	3	41.33
	Pb	22328	333.1	67.03	35.025	637.49	700	31.90
	Zn	83273	676.4	123.11	139.00	599.09	—	—
原矿（低品位）	Cd	136.0	8.71	15.61	1.105	123.08	3	45.33
	Pb	25935	333.1	77.86	35.025	740.47	700	37.05
	Zn	69573	676.4	102.86	139.00	500.53	—	—
无烟粉煤	Cd	1.560	—	—	1.105	1.41	3	0.52
	Pb	250.0	—	—	35.025	7.14	700	0.36
	Zn	570.2	—	—	139.00	4.10	—	—
"渣土"混合物	Cd	24.50	—	—	1.105	22.17	3	8.17
	Pb	1532	—	—	35.025	43.74	700	2.19
	Zn	3395	—	—	139.00	24.42	—	—
水系沉积物	Cd	17.10	—	—	1.105	15.48	3	5.70
	Pb	823.0	—	—	35.025	23.50	700	1.18
	Zn	2449	—	—	139.00	17.62	—	—

源样品	重金属	含量均值 /(mg/kg)	国家标准/(mg/kg)	超标倍数
灌溉水/(mg/L)	Cd	0.0248	0.01	2.48
	Pb	0.0154	0.2	0.077
	Zn	0.5676	2	0.28

续表

源样品	重金属	含量均值 /(mg/kg)	国家标准/(mg/kg)	超标倍数
化肥	Cd	0.0620	10	0.006
	Pb	1.2630	150	0.0084
	Zn	29.75	500	0.0595
猪粪	Cd	11.38	3	3.79
	Pb	291.2	50	5.82
	Zn	929.9	—	—
牛粪	Cd	8.980	3	2.99
	Pb	302.0	50	6.04
	Zn	834.3	—	—
鸡粪	Cd	6.043	3	2.01
	Pb	164.1	50	3.28
	Zn	437.7	—	—
人粪便	Cd	ND	3	—
	Pb	0.0479	50	0.0010
	Zn	0.6269	—	—
农药	Cd	ND	—	—
	Pb	0.3150	—	—
	Zn	6.396	—	—
马铃薯秸秆	Cd	14.46	1，3	14.46，4.82
	Pb	11.32	30，50	—
	Zn	160.0	—	—

注：ND 表示未检出；—表示无标准。

农业投入品（源样品列左侧合并单元格内容）

　　在产铅锌废渣 Cd、Pb、Zn 含量很高，锌粉厂铅锌冶炼废渣 Cd、Pb、Zn 的含量分别为 13.91mg/kg、7447mg/kg、5283mg/kg，是土壤重金属均值的 1.60 倍、22.36 倍、7.81 倍，土壤背景值的 12.59 倍、212.62 倍、38.01 倍以及 Cd、Pb 为管制值（GB 15618—2018）的 4.64 倍、10.64 倍。历史上法炼锌废渣 Cd、Pb、Zn 含量分别为 124.0mg/kg、22328mg/kg、83273mg/kg，是土壤重金属均值的 14.24 倍、67.03 倍、123.11 倍，土壤背景值的 112.22 倍、637.49 倍、599.09 倍，Cd、Pb 为管制值（GB 15618—2018）的 41.33 倍、31.90 倍。

　　"渣土"混合物和水系沉积物 Cd、Pb、Zn 的含量也较高，"渣土"混合物 Cd、Pb、Zn 含量分别为 24.50mg/kg、1532mg/kg、3395mg/kg，水系沉积物分别为 17.10mg/kg、823.0mg/kg、2449mg/kg。"渣土"混合物 Cd、Pb、Zn 含量是土壤背景值的 22.17 倍、43.74 倍、24.42 倍以及 Cd、Pb 为管制值（GB 15618—2018）的 8.17 倍、2.19 倍；水系

沉积物 Cd、Pb、Zn 含量分别为土壤背景值的 15.48 倍、23.50 倍、17.62 倍以及 Cd、Pb 为管制值（GB 15618—2018）的 5.70 倍、1.18 倍。

调查区域内的灌溉水 Cd 含量为 0.0248mg/L，为国家标准（GB 5084—2021）的 2.48 倍，Pb、Zn 不超标。化肥、人粪便、农药 Cd、Pb、Zn 未超过参考标准，但畜禽粪便 Cd、Pb、Zn 超标，其中，猪粪 Cd、Pb、Zn 的含量分别为 11.38mg/kg、291.2mg/kg、929.9mg/kg；牛粪为 8.980mg/kg、302.0mg/kg、834.3mg/kg；鸡粪为 6.043mg/kg、164.1mg/kg、437.7mg/kg。猪粪的 Cd、Pb 含量分别为行业标准（NY/T 525—2021）的 3.79 倍、5.82 倍，牛粪分别为 2.99 倍、6.04 倍，鸡粪分别为 2.01 倍、3.28 倍。

4. 土壤重金属输入输出通量和源解析

重金属的输入输出通量能够表征该调查区域重金属含量的趋势变化，金钟镇土壤重金属的输入途径为大气沉降和农业投入品（农药、肥料）。由表 3-6 可见，大气干沉降、大气湿沉降、农药和肥料的 Cd 输入量分别为 2.488g/(hm²·a)、5.753g/(hm²·a)、未检测到和 0.0307g/(hm²·a)，其中，大气干沉降、大气湿沉降对 Cd 的总输入量为 8.241g/(hm²·a)，相当于欧盟年均值［0.35g/(hm²·a)］的 23.55 倍。Pb 的大气干沉降、大气湿沉降和肥料输入量分别为 258.5g/(hm²·a)、124.0g/(hm²·a) 和 0.6260g/(hm²·a)，农药输入量为 0.2351g/(hm²·a)，中期大气干沉降、大气湿沉降对 Pb 的总输入量为 382.5g/(hm²·a)，低于德国标准［912.5g/(hm²·a)］。Zn 的大气干沉降、大气湿沉降和肥料输入量分别为 397.2g/(hm²·a)、434.8g/(hm²·a) 和 14.75g/(hm²·a)，农药输入量为 4.774g/(hm²·a)。调查区域土壤中 Cd、Pb、Zn 的输出途径包括农作物收获和地表径流，农作物收获为主要的途径。农作物收获 Cd、Pb、Zn 的输出量分别为 1.300g/(hm²·a)、0.9446g/(hm²·a)、66.17g/(hm²·a)。地表径流对 Cd、Pb、Zn 的输出量分别为 2.979g/(hm²·a)、1.843g/(hm²·a) 和 68.11g/(hm²·a)。因此，该区域耕地土壤重金属 Cd、Pb、Zn 均为净输入，输入量分别为 3.993g/(hm²·a)、380.3g/(hm²·a)、712.5g/(hm²·a)。因此，若不对该调查区域土壤重金属输入途径进行管控，就会加剧金钟镇土壤重金属 Cd、Pb、Zn 的污染。

表 3-6　调查区域重金属 Cd、Pb、Zn 输入输出通量表

	重金属	Cd	Pb	Zn
输入量	大气干沉降/[g/(hm²·a)]	2.488	258.5	397.2
	大气湿沉降/[g/(hm²·a)]	5.753	124.0	434.8
	农药/[mg/(hm²·a)]	—	0.2351	4.774
	肥料/[g/(hm²·a)]	0.0307	0.6260	14.75
输出量	农作物收获/[g/(hm²·a)]	1.300	0.9446	66.17
	地表径流/[g/(hm²·a)]	2.979	1.843	68.11
	输入输出通量/[g/(hm²·a)]	3.993	380.3	712.5

注：“—”表示无数值。

对金钟镇调查区域土壤重金属 Cd、Pb、Zn 利用模型进行源解析，最终得到各来源对该区域土壤 Cd、Pb、Zn 贡献占比（表 3-7）。该调查区域土壤 Cd、Pb、Zn 来源于农业源、地质源、在产工业源、历史工业源和大气沉降，其对土壤 Cd 的来源占比分别为 0.0%、30.5%、9.1%、57.2%、3.1%；Pb 的来源占比分别为 2.9%、2.1%、26.2%、51.7%、17.1%；Zn 的来源占比分别为 19.4%、5.2%、26.6%、42.8%、5.9%。

表 3-7　调查区域重金属 Cd、Pb、Zn 污染来源贡献比（%）

重金属	农业源	地质源	工业源		大气沉降
			在产工业源	历史工业源	
Cd	0.0	30.5	9.1	57.2	3.1
Pb	2.9	2.1	26.2	51.7	17.1
Zn	19.4	5.2	26.6	42.8	5.9

5. 污染源确定

基于前期对疑似污染源的详细排查以及后期对数据的分析发现，金钟镇调查区域内的大气沉降、铅锌废渣、铅锌冶炼原矿、"渣土"混合物、水系沉积物和畜禽粪便 Cd、Pb、Zn 含量都高于参考标准，特别是铅锌废渣和原矿。经对大气沉降进行二次解析，金钟镇调查区域大气沉降 Cd、Pb、Zn 主要来源于工业排放和扬尘，工业排放对大气沉降 Cd、Pb、Zn 的贡献分别为 74.2%、60.5%、81.9%，扬尘对大气沉降 Cd、Pb、Zn 的贡献分别为 19.5%、23.2%、6.8%。大气沉降是金钟镇调查区域土壤 Cd、Pb、Zn 的来源之一，因此，需要对工业排放大气沉降进行管控。调查区域存在历史土法炼锌和废渣还田，因此也解析出历史工业源为最主要的 Cd、Pb、Zn 来源，目前调查区域内仍有零散的渣堆以及"渣土"混合物等，其随水土流失和产生的扬尘会对周边土壤产生污染，是重要的污染来源。调查区域内的水系沉积物 Cd、Pb、Zn 含量较高，在泛洪时被带入周边土壤会对其带来重金属污染。农业投入品中，畜禽粪便（猪粪、牛粪、鸡粪）的 Cd、Pb 含量超出行业标准，作为有机肥施入农田会对其造成污染。

因此，最终确定金钟镇调查区域土壤重金属污染外源为在产工业源、历史工业源、农业源和大气沉降。在产工业源主要是大气沉降污染、在产铅锌废渣及工矿原材料，历史工业源主要是历史土法炼锌和废渣还田以及遗留废渣堆，农业源则主要是猪粪、牛粪、鸡粪等有机肥的施用。

3.2.4　多种源解析方法联合运用案例

各种源解析方法各有优缺点，需要多种方法和模型相互配合、相互验证才能保证解析结果准确。镉同位素是源解析的热门方法，其分析结果准确，但镉在土壤中的含量较低，各源的镉同位素在环境中容易受到植物、微生物和水化学反应的影响，从而导致该方法的定量分析仍然存在问题，需要检测技术进一步发展和相关理论的继续补充及完善。所以，在今后较长一段时间内，农用地土壤镉的源解析仍然以各种模型之间的相互配合运用为主。这里以贵州省威宁县金钟镇小流域（JZ）为研究对象，利用多种源解析方法进行分析对比，直观地体现多源解析方法联合运用的优点，为各种源解析方法在实际中的联合运用提供参考。

1. 基于 CMB 模型土壤重金属源解析

将 CMB 源谱中的大气沉降重金属含量作为在产工业源的源谱含量进行计算（大气沉降为该小流域在产工业向周边排放污染物的唯一途径），将采集的历史遗留铅锌废渣作为历史工业源的源谱（该区域存在历史土法炼锌废渣还田现象），基于此，将书中小流域的工业污染分为在产工业源和历史工业源，最终的污染小流域土壤重金属来源如下。

1）农用地

JZ 农用地重金属来源于大气沉降（交通源、扬尘源、在产工业源）、地质源、历史工业源和农业源（图 3-4）。交通源和扬尘源贡献小，在产和历史工业源贡献大。同一来源中，相较于其他重金属，在产工业源对 Cd、Hg、Pb、Zn 的贡献较大，其贡献分别为 14%、17%、20%、22%；地质源对 Cr、Ni 贡献较大，贡献率分别为 37%、54%；历史工业源对 Cd、Hg、As、Pb、Cu、Zn 贡献均较大，贡献率分别为 47%、63%、55%、55%、50%、46%；农业源贡献较低。JZ 以往存在土法炼锌和土法炼锌废渣还田现象，导致该区域重金属含量偏高，因此，历史工业源对 JZ 农用地重金属贡献最大。Cr、Ni 主要由母质发育而来，因而地质源对 Cr、Ni 贡献则较高。

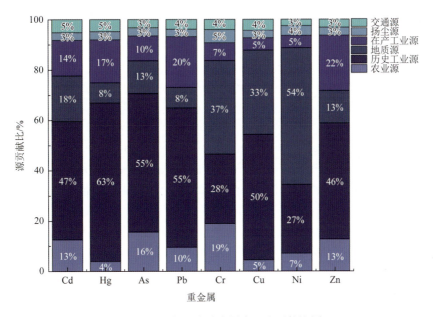

图 3-4　JZ 农用地重金属来源和贡献比图

2）荒地

与农用地重金属来源一样，JZ 荒地重金属也主要来源于大气沉降（交通源、扬尘源、在产工业源)、地质源、历史工业源和农业源(图3-5)。交通源和扬尘源贡献低,在产和历史工业源、地质源贡献大。

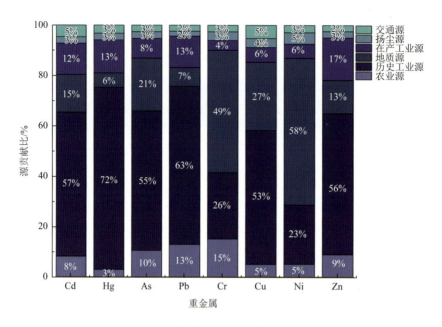

图 3-5 JZ 荒地重金属来源和贡献比图

同一来源中,相较于其他重金属,在产工业源对 Cd、Hg、Pb、Zn 贡献较大,贡献率分别为 12%、13%、13%、17%;地质源对 Cr、Ni 贡献明显大于其他重金属,贡献率分别为 49%、58%;历史工业源对 Cd、Hg、As、Pb、Cu、Zn 贡献均较大,贡献率分别为 57%、72%、55%、63%、53%、56%;农业源贡献则均较低。可见,JZ 区域受历史和现存工业源的影响最大。JZ 荒地为弃耕地,且多与农用地接壤,具有少量的农业来源。

3)林地

JZ 林地重金属主要来源于大气沉降(交通源、扬尘源、在产工业源)、历史工业源、地质源(图3-6)。交通源和扬尘源贡献低,历史工业源和地质源贡献最大。同一来源中,相较于其他重金属,在产工业源对 Pb、Zn 贡献较大,贡献率分别为 18%、18%;地质源对 As、Cr、Cu、Ni 有较大的贡献占比,贡献率分别为 52%、62%、47%、58%;历史工业源对 Cd、Hg、Pb、Cu、Zn 贡献大,贡献率分别为 67%、71%、59%、42%、52%。整体看来,林地土壤重金属主要来源于历史工业源和地质源。由此可见,历史工业对锌粉的冶炼对整个 JZ 小流域不同土地利用方式的重金属均有不同程度的影响。

2. 基于 PCA 分析的土壤重金属源解析

1)农用地

JZ 农用地土壤重金属的相关性分析结果显示(图3-7),JZ 农用地 Cd、Hg、Pb、Zn 间具有显著的强相关性($P < 0.05$),相关性系数均在 0.9 以上;Cr、Ni 间也有显著的相

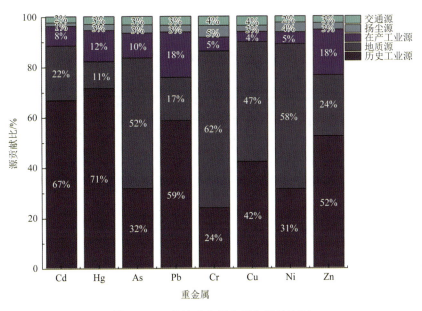

图 3-6　JZ 林地重金属来源和贡献比图

关性（$P<0.05$）。由 PCA 结果可知（表 3-8），JZ 农用地重金属可解析出 4 个来源，共可以解释 82.6% 的累积方差贡献率。因子 1 的主要载荷因子为 Cd、Hg、As、Pb、Zn，具有明显的工业污染特征。工业重金属冶炼，往往会通过"三废"的形式排放出含有 Cd、Hg、Pb、Zn 等污染物（Zhong et al.，2014；陆平等，2020）。JZ 历史上存在土法炼锌废渣还田现象，因此，因子 1 为历史工业源。因子 2 的主要载荷因子为 Cr、Ni，Cr、Ni 主要来源于母质（Sun et al.，2019；吕建树和何华春，2018），则因子 2 为地质源。因子 3 的主要载荷元素为 Cd、Hg、Pb、Zn，工业排放大气沉降通常含有这些元素，且 JZ 现存锌粉厂原料含有大量 Pb、Zn，因此，因子 3 为大气沉降。Cd、Cu 为因子 4 的主要载荷元素，农业投入品的施用是农用地 Cd、Cu 的重要来源（王士宝等，2018），则因子 4 为农业源。

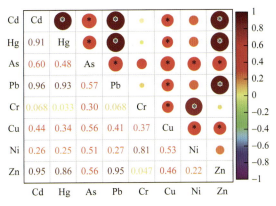

图 3-7　JZ 农用地重金属相关性分析图

*表示显著性差异，$P<0.05$

表 3-8　JZ 农用地重金属 PCA 旋转成分矩阵表

元素	因子 1	因子 2	因子 3	因子 4
Cd	0.748	−0.042	0.701	0.612
Hg	0.872	0.026	0.613	−0.015
As	0.807	0.262	0.421	0.513
Pb	0.854	0.123	0.754	0.245
Cr	−0.010	0.821	−0.031	−0.011
Cu	0.576	0.370	0.318	0.643
Ni	0.162	0.844	0.256	0.143
Zn	0.910	0.066	0.812	0.415

2）荒地

JZ 荒地 Cd、Hg、As、Pb、Zn 两两之间显著相关（$P < 0.05$），其中，Cd 与 Hg、Zn 相关性较强，相关系数分别为 0.89、0.92；Cr 与 Ni 也达到显著的相关性（$P < 0.05$），相关系数为 0.97（图 3-8）。JZ 荒地重金属 PCA 解析为 3 个来源（表 3-9），其累积方差贡献率为 78.0%。Cd、Hg、As、Pb、Zn 为因子 1 的主要载荷因子，JZ 历史土法炼锌废渣含有大量的 Cd、Hg、As、Pb、Zn 等元素，存在废渣还田现象。因此，因子 1 为历史工业源。因子 2 的主要载荷因子为 Cr、Ni，是地质源的标识性元素，则因子 2 为地质源（吕建树和何华春，2018）。因子 3 的主要载荷元素为 Cd、Pb、Zn，工业大气沉降排放是这些元素的主要来源（赵靓等，2020），JZ 现存的锌粉厂排放的大气沉降含有较多的 Cd、Pb、Zn 元素，因此，因子 3 为大气沉降。

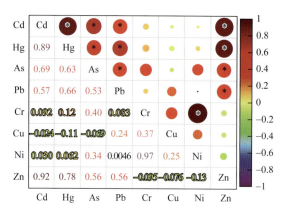

图 3-8　JZ 荒地重金属相关性分析图

*表示显著性差异，$P < 0.05$

表 3-9　JZ 荒地重金属 PCA 旋转成分矩阵表

元素	因子 1	因子 2	因子 3
Cd	0.858	0.041	0.735
Hg	0.908	−0.024	0.572

续表

元素	因子 1	因子 2	因子 3
As	0.780	0.363	0.224
Pb	0.637	−0.121	0.637
Cr	0.104	0.900	−0.201
Cu	−0.229	0.430	0.493
Ni	−0.005	0.788	0.277
Zn	0.905	−0.099	0.775

3）林地

JZ 林地 Cd、Hg、As、Pb、Cu、Zn 两两之间显著相关（$P<0.05$），且多数重金属间相关性较强，相关系数达 0.69 以上；Cr、Ni 显著强相关（$P<0.05$），相关系数为 0.93（图 3-9）。JZ 林地重金属主要有 3 个来源（表 3-10），共可以解释 79.5%的累积方差贡献率。因子 1 的主要载荷因子为 Cd、Hg、As、Pb、Cu、Zn，其是工业排放特征元素（Zhang et al.，2022），JZ 历史上炼锌废渣还田导致这些元素进入土壤。因此，因子 1 为历史工业源。因子 2 的 Cr、Ni 对其载荷较高，主要来源于地质，则因子 2 为地质源（Sun et al.，2019）。因子 3 的主要载荷元素为 Cd、Pb、Zn，主要来自工业排放污染物（赵靓等，2020），JZ 锌粉厂冶炼锌粉，其排放出的烟尘含有较多的 Cd、Pb、Zn 元素，因此，因子 3 为大气沉降。

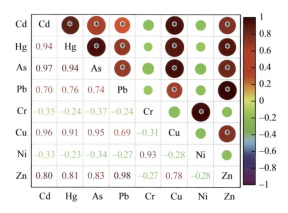

图 3-9　JZ 林地重金属相关性分析图

*表示显著性差异，$P<0.05$

表 3-10　JZ 林地重金属 PCA 旋转成分矩阵表

元素	因子 1	因子 2	因子 3
Cd	0.751	0.410	0.657
Hg	0.893	0.350	0.503

续表

元素	因子 1	因子 2	因子 3
As	0.841	0.473	0.588
Pb	0.869	−0.010	0.834
Cr	0.146	0.964	−0.110
Cu	0.878	0.362	0.291
Ni	0.156	0.964	−0.207
Zn	0.962	−0.001	0.867

3. 基于 PMF 模型的土壤重金属源解析

采用 PMF 模型对污染小流域土壤重金属来源进行解析，解析出两个工业源。调查研究发现，该小流域存在成片的历史土法炼锌废渣还田的现象，且还田量较大，在产工业源的污染途径仅为大气沉降，且大气沉降的重金属含量和排放量远低于历史铅锌废渣还田量和重金属含量，结合 CMB 模型解析结果，将贡献率大的工业源划分为历史工业源，次之为在产工业源。

1）农用地

JZ 农用地土壤重金属来源解析结果见图 3-10，主要有 4 个来源。因子 1 的特征元素为 Cd、As、Cr、Ni，农用地中 Cd 可来自肥料输入，且农业投入品中也含有 As、Cr、Ni 等（董骥睿等，2015），因此因子 1 为农业源。因子 2 中 As、Cr、Ni 为其主要特征元素，As、Cr、Ni 可来自母质发育（Chen et al.，2016），则因子 2 为地质源。Cd、Pb、Cu、Zn 在因子 3 中占比较高，通常来源于工业活动（刘巍等，2016），JZ 以前存在历史土法炼锌，存在废渣还田现象，土法炼锌所采用的原矿和冶炼废渣中含有大量 Cd、Pb、Zn，因此，因子 3 为历史工业源。因子 4 的特征元素为 Cd、Hg、Pb、Cr、Zn，JZ 的大气沉降中含有较高的 Cd、Pb、Zn，工业排放的大气沉降含有较多的 Cd、Hg、Pb、Zn 等元素（杨子鹏等，2020；Ni and Ma，2018），该区域周边大气沉降主要来自锌粉厂，因此，因子 4 为大气沉降。

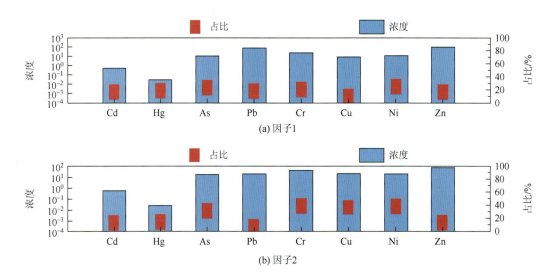

(a) 因子1

(b) 因子2

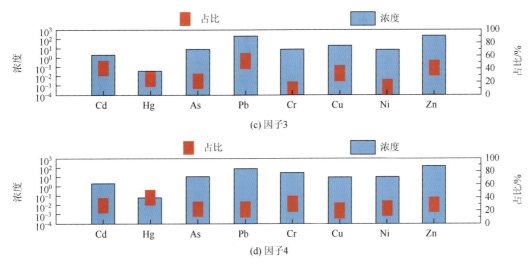

(c) 因子3

(d) 因子4

图 3-10 JZ 农用地因子分析图

由图 3-11 可知，JZ 农用地重金属来源为农业源、地质源、历史工业源和大气沉降（交通源、扬尘源、在产工业源）。交通源和扬尘源贡献较低，在产和历史工业源以及地质源贡献较大。同一来源对不同重金属贡献中，在产工业源对 Cd、Hg、Pb、Zn 贡献较大，分别为 18%、28%、17%、23%；历史工业源对 Cd、Hg、Pb、Cu、Zn 贡献较大，分别为41%、25%、52%、34%、41%。As、Cr、Ni 主要来自地质源，其贡献占比分别为 32%、40%、39%。农业源对 As、Cr、Ni 贡献较大，分别为 23%、20%、25%。

2）荒地

JZ 荒地重金属主要有 4 个来源（图 3-12）。因子 1 的重金属占比均较低，其主要特征

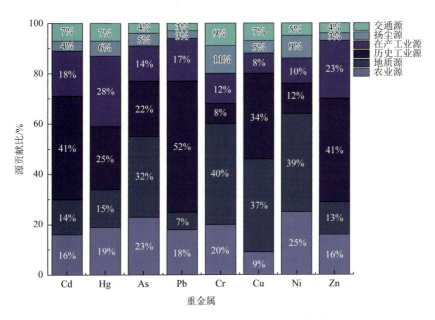

图 3-11 JZ 农用地重金属来源和贡献比图

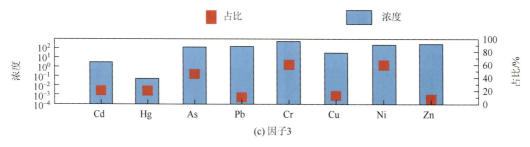

(c) 因子3

图 3-14　JZ 林地因子分析图

与现存锌粉厂所用原矿一致，且均为锌冶炼，受工业活动影响大，因此因子 2 为历史工业源。因子 3 的特征元素为 As、Cr、Ni，主要来源于母质发育，因此为地质源（Chen et al.，2016）。

　　在产和历史工业源对 JZ 林地重金属贡献较大。相较于其他元素，大气沉降（交通源、扬尘源、在产工业源）对林地 Cd、Hg、Pb、Cu、Zn 贡献较大，分别为 25%、24%、23%、31%、30%。历史工业源对林地 Cd、Hg、Pb、Cu、Zn 贡献大，分别为 54%、55%、66%、56%、62%。地质源则主要对林地 As、Cr、Ni 贡献较大，分别为 46%、60%、60%（图 3-15）。因此，整体看来工业源对 JZ 林地重金属贡献大。

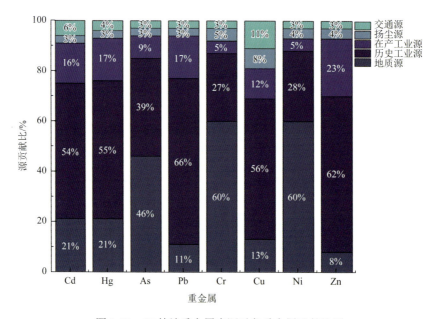

图 3-15　JZ 林地重金属来源对各重金属贡献比图

4. 源解析结果验证和不确定性分析

　　采用不同模型对土壤重金属进行解析，其解析结果有所差异。本书采用 CMB 结合 PCA、PMF 模型对 CMB 模型解析结果进行辅助验证，PCA 分析只能定性分析出来源，可作为前期 CMB 和 PMF 模型解析辅助验证，因此本部分只对能够定量解析出结果的

CMB 和 PMF 模型结果进行对比,见表 3-11。从表中可见,CMB 模型和 PMF 模型对 JZ 的解析结果差异略大,主要因为 JZ 土壤重金属来源较复杂,两个模型解析方式不同,CMB 模型对历史工业源的解析结果较大,但两个模型解析出的最主要来源结果一致。CMB 模型可以从污染源角度出发,其算法成熟,能间接地检测出是否存在遗漏内容,解析结果更加接近现实情况。

表 3-11 金钟镇小流域不同模型土壤重金属来源解析结果对比(%)

	模型	土地利用方式	农业源	历史工业源	地质源	在产工业源	扬尘源	交通源
JZ	CMB	农用地	8.5	42.5	20.1	18.7	5.9	4.3
		荒地	6.3	45.7	24.4	15.5	4.7	3.4
		林地	0.0	47.5	33.6	13.8	3.7	1.4
		均值	4.9	45.2	26.0	16.0	4.8	3.0
	PMF	农用地	21.8	29.6	24.9	11.6	7.0	5.1
		荒地	10.3	32.3	32.8	12.0	7.3	5.3
		林地	0.0	48.6	30.1	10.4	6.3	4.6
		均值	10.7	36.8	29.3	11.3	6.9	5.0

不同模型均有其优缺点,资源分配的不确定性主要来自数据采集的随机性、模糊性和不确定性。此外,不确定性也可能来自受体模型本身,包括模型的结构不稳定性和参数的敏感性。CMB 模型结果的可靠性依赖于有较为详尽的污染成分谱调查,本书缺少对工业排放烟尘、汽车尾气排放颗粒物等的具体源谱,用大气沉降二次解析来进行计算,具有一定的不确定性,其结果可能有所偏差。但结合 PCA 和 PMF 模型解析结果辅助验证可知本试验 CMB 模型解析结果较为可靠。

3.3 小 结

喀斯特耕地土壤 Cd 的地质源与相对复杂的外源污染叠加,使得土壤 Cd 含量高而活性强,具有较强的农作物超标和环境污染风险,对人体健康和生态环境质量产生不利影响。因此,有必要对耕地土壤 Cd 进行源解析,在充分识别污染源及其污染途径的基础上,对污染源进行源头控制。当前,土壤 Cd 源解析技术可分为定性分析和定量分析,定性分析可通过相关分析、聚类分析和空间分析实现;而定量分析可以通过源排放清单法、化学质量平衡(CMB)模型、正定矩阵因子分解(PMF)模型、UNMIX 模型、主成分分析(PCA)及其改进模型和稳定同位素等方法实现。各种源解析方法各有优缺点,需要多种方法和模型相互配合、相互验证才能保证解析结果准确。

源排放清单法:源排放清单法通过收集和分析不同源头的排放数据,计算不同污染源对环境中污染物贡献的相对比例。这种方法需要大量的数据支撑,包括工业生产数据、农业活动详情、车辆使用情况等,以确保计算结果的准确性和可靠性。

化学质量平衡模型:化学质量平衡模型是基于质量守恒原理,结合污染物在环境介质中的浓度和可能的污染源，使用数学建模来解析污染源贡献。这需要详细的关于污染物及其潜在源的化学特征数据。

多元统计模型：通过统计分析手段，如主成分分析和聚类分析，来辨识主要污染源和评估它们的贡献。这些方法依赖于大数据集，并要求对数据有较高的处理能力，以揭示数据间的潜在关系。

稳定同位素法：稳定同位素技术通过测定土壤中元素的同位素比率，可以追踪污染物的来源。这种方法可以提供关于污染过程以及源的具体信息，对于理解污染物的生物地球化学循环特别有效。Cd 同位素是源解析的热门方法，其分析结果准确，但 Cd 在土壤中的含量较低，各源的 Cd 同位素在环境中容易受到植物、微生物和水化学反应的影响，从而导致该方法的定量分析仍然存在问题，需要检测技术进一步发展和相关理论的继续补充和完善。因此，在今后较长一段时间内，农用地土壤 Cd 的源解析仍然以各种模型之间的相互配合运用为主。

综上，现有源解析技术方法各有优势和限制，通常需要结合使用才能获得最可靠的源分析结果。在实际应用中，要根据地区的具体环境特征和可用资源选择合适的技术方法进行源解析，从而为土壤 Cd 污染的防治提供科学依据。

第 4 章 喀斯特耕地土壤镉的分布及迁移转化

据第一次全国土壤污染状况调查结果显示，我国土壤重金属超标率已经达到 19.4%，土壤重金属都有不同程度的超标，镉污染尤为严重，超标率为 7.0%。由于土壤重金属具有毒性、隐蔽性、生物富集性、不可降解性以及弱移动性等特点，且相较于大气污染和水污染，土壤重金属污染还具有累积性、隐蔽性、难可逆性和滞后性，因此土壤重金属污染修复、治理难度大大增加。工业革命以来，随着工业发展，工业废水、废渣、废气等排放，以及人们对一系列含有重金属的无机肥料的施用和农药的喷施等，致使周边环境（包括水环境、土壤环境和大气环境）遭受不同程度的重金属污染。进入土壤中的重金属会影响农作物的生长发育，并最终通过食物链进入人体，在人体内累积，从而危及人类的健康。

黔西北是最具代表性的喀斯特地区，其碳酸盐岩面积占贵州省面积的 1/3。该区域属于重金属地质高背景区，其 Cd、Pb、Ni、Zn、Mn 等重金属元素背景值高（Wen et al.，2020），且矿产资源丰富，拥有较长的矿物开采和重金属冶炼历史（朱恒亮等，2014），冶炼过程中释放的污染物会造成周边土壤等重金属的叠加污染（Lee et al.，2020）。黔西北由于地质高背景和污染叠加，已经造成该区域严重的土壤重金属污染，带来突出的环境问题。

4.1 喀斯特耕地土壤镉的空间分布特征

4.1.1 基于 GIS 的耕地表层土壤镉的空间分布特征

地理信息系统（geographic information system，GIS）技术是近些年迅速发展起来的一种空间信息分析技术，具有强大的空间分析功能，能够在可视化环境下对土壤重金属污染数据进行分析，集成与土壤污染评价和预测相关的各种数据及用于评价和预测的各种模型，并以图形等多种方式输出结果，适合作为土壤污染甚至其他环境质量的现状评价、趋势预测和辅助决策工具。在土壤空间变异和土壤重金属污染评价方面，我国虽研究起步较晚，但也完成了许多工作。20 世纪 80 年代中期以来，我国一些学者针对土壤的某些特性，采用半方差图和克里金插值法进行土壤特性空间分布的研究。随着国家精准农业的开展，土壤特性空间变异的统计学和地理信息的研究方法与手段得到了进一步的发展，主要表现为 GIS 与地统计学的有效结合，由此极大地促进了土壤特性空间变异性研究的发展。

半方差函数模型可以描述区域化变量在二维平面上的空间变异结构，揭示区域化变量在空间上的分布和变异规律，是进行区域化变量空间变异结构解释的有效工具，可运用此函数进行土壤重金属污染研究，如陶美霞等（2017）将 GIS 运用在土壤重金属污染评价与预测预警方面。有学者应用统计学分析，结合 GIS 的克里金插值法，研究了湖南省稻田土壤养分与重金属空间分布和变异格局，分析了土壤养分与重金属的相关关系。运用 GIS 可分析土壤重金属当前含量水平及其历史变化趋势等。插值方法有很多，应当根据插值精度、插值结果的数据统计和空间表达，具体选择合理的插值方法。王历等（2017）采用投影寻踪聚类（projection pursuit classification，PPC）模型和潜在生态风险指数（risk index，RI）法对土壤重金属污染进行综合评价。还结合正矩阵因子分解（PMF）模型分析和克里金插值，比较了重金属的污染特征（Yang et al.，2020）。近年来，越来越多的研究者开始利用地统计学对受重金属污染的土壤进行评价，其中地统计学方法中的克里金插值为土壤特性的空间预测提供了一种无偏最优估值方法。运用地统计学方法对重金属空间分布的结构特征进行定量描述，并在此基础上进行最优的空间插值，可进一步探索空间变量的分布规律。可以预测，基于 GIS 技术的耕地污染评价与安全利用研究将成为环境保护、生态建设和国土整治领域技术发展的重要生长点。

1. 基于 GS + 的表层土壤重金属空间相关性分析

当变量符合一定的概率分布，且取值存在一定的规律性时，称为一般的随机变量；但当变量与空间位置有关，且存在一定的空间分布时，此时的变量则为区域化变量，它是位置的函数。在实际分析中，常采用抽样的方式获得区域化变量在某个区域内的值，即此时区域化变量表现为空间点函数。半变异函数也称为半方差函数，是用来描述土壤性质空间变异的一个连续函数，反映土壤性质与不同距离观测值之间的变化，半方差函数表示为

$$r(h) = \frac{1}{2N(h)} \sum_{i=1}^{N(h)} [Z(X_i) - Z(X_i + h)]^2$$

式中，$r(h)$ 为半方差函数；h 为样点空间间隔距离，也称为步长；$N(h)$ 为间隔距离为 h 的样点数；$Z(X_i)$ 和 $Z(X_i + h)$ 分别为区域化变量 $Z(X)$ 在位置 X_i 和 $X_i + h$ 的实测值。

根据不同的空间距离，采用上式计算出相对应的半方差函数，以间隔距离（简称"间距"）为横坐标，半方差函数为纵坐标，绘制相对应的半方差函数图，运用曲线模型进行拟合，进而选出拟合度最高的理论半方差函数图及相关参数，为差值做理论上的准备。

对于不同数值的间距，每一个 h 值都对应唯一的半方差函数值 $r(h)$，以间距为横坐标，半方差函数值为纵坐标，把所有的 $r(h)$ 值在图中显示，这些空间散点并非杂乱无章，而是可以用数学模型进行拟合，拟合后即可得到需要的拟合模型。这种模型能够把区域化变量的空间自相关性进行定量化的展示，给我们一个更加直观的参数，从而为下一步的克里金插值提供数据前提。地统计学用到的数学模型分成三大类：一类是有基台值模型，包括指数模型、高斯模型、球状模型、线性有基台值模型和纯块金效应模型；第二类是无基台值模型，包括线性无基台值模型、幂函数模型、抛物线模型；第三类是孔穴效应模型。土壤重金属含量存在明显的空间自相关性，所以对于样本变异函数的拟合模型应该选择第一类有基台值模型。

本节在地质高背景区域黔西北威宁县选取两个点位金钟镇（污染小流域 MS）和炉山镇（对照小流域 HS）进行试验，以下简称（MS 和 HS）。对两个小流域内农用地、林地、

荒地三种不同土地利用方式下土壤重金属（Cd、As、Pb、Cu、Zn）的水平分布、形态分布和垂直分布作对比分析，并结合 GS + 与 GIS 软件做出的空间分布图，初步判断地质高背景条件下土壤重金属的污染叠加效应。威宁县金钟镇表层土壤镉点位分布及浓度空间分布见图 4-1 和图 4-2。

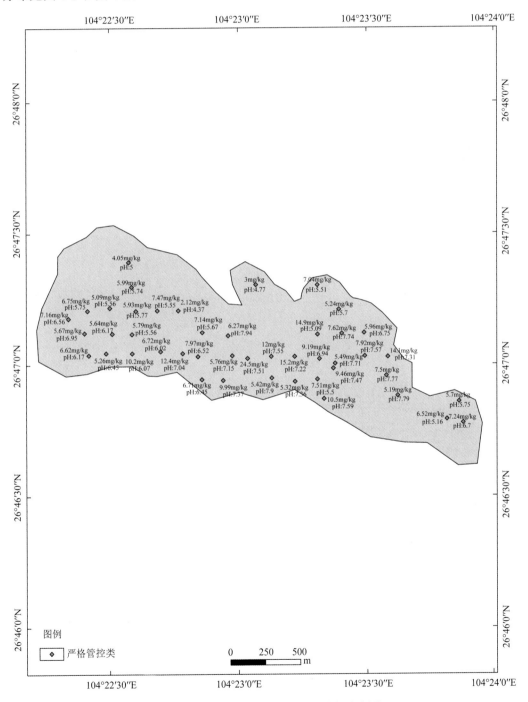

图 4-1　威宁县金钟镇表层土壤镉点位分布图

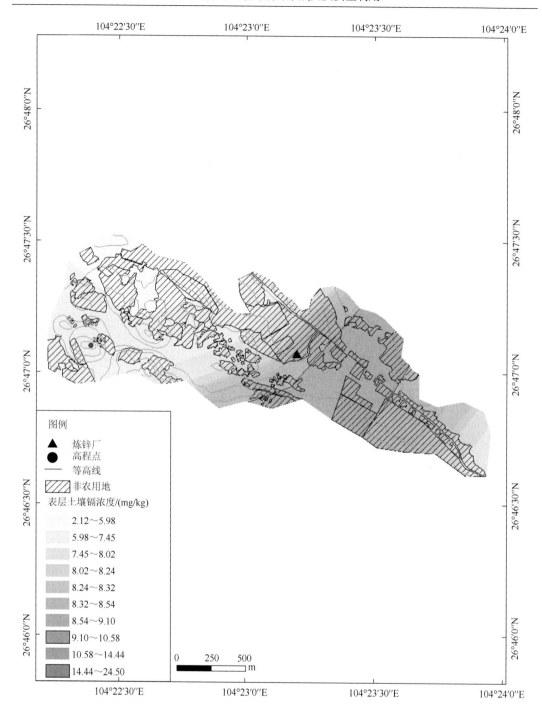

图 4-2 威宁县金钟镇表层土壤镉浓度空间分布图

利用 GS + 软件对土壤重金属元素含量进行半方差分析, 对土壤重金属数据模拟不同类型的半方差模型, 以选取最佳模型。在选取拟合模型时, 为了能更加充分地展示变量的变化规律, 通常需要确定出最优的拟合模型, 并根据半方差模型的相关参数(决

定系数 R^2 和残差值 RSS，决定系数越接近 1，残差值数值越小，拟合度越好），选择最优的半方差模型，进而绘制半方差图。图 4-3 显示的是 MS 小流域土壤 Cd 经 lg 转换后的半方差图，可以看出，在 MS 小流域，土壤重金属 Cd 的最优模型是线性模型。其中，C_0 代表块金效应，也称块金值，表示当空间滞后距离很小时，样点对的变异情况；C 代表偏基台值，表征区域化变量在研究尺度范围内空间变异的总强度；$C_0 + C$ 代表基台值，也称拱高或结构方差，表示非随机原因形成的变异；A_0 代表变程，表征区域化变量在空间上具有空间相关性的距离范围。块金系数 $[C_0/(C_0 + C)]$ 也称空间相关度，是块金值与偏基台值的比值，表征在整体的空间变异中，随机因素所导致的空间变异所占的比重。当块金系数小于等于 25% 时，表明土壤属性具有强烈的空间相关性，空间异构随机因素作用效果不显著，结构性因素作用占比大，土壤属性的空间变异主要受结构性因素，如土壤类型、植被类型、种植制度、土壤养护、地形、气候等的影响；当块金系数大于 25% 且小于 75% 时，表明土壤属性具有中等强度的空间相关性，数据的空间异构由随机因素和结构因素共同起作用；当块金系数大于等于 75% 时，表明土壤属性空间相关性很弱，空间异构性主要受随机因素的影响，结构性因素作用效果较小；块金系数接近于 1，则表明土壤属性在研究区范围内越具有恒定的变异强度（Coble et al.，2018）。

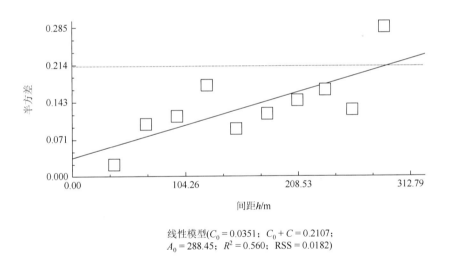

线性模型($C_0 = 0.0351$；$C_0 + C = 0.2107$；
$A_0 = 288.45$；$R^2 = 0.560$；RSS $= 0.0182$)

图 4-3　MS 土壤 Cd 经 lg 转换后的半方差图（涂宇，2020）

在 MS 小流域，重金属 Cd 的块金系数均小于 25%，根据实地观测，推断很大部分是当地的种植习惯与当地易把废渣倒入田地导致土壤结构产生变化所致。

图 4-4 显示的是对照小流域 HS 土壤重金属的半方差图，从对照小流域 HS 土壤 Cd 的半方差函数理论模型及主要参数可以看出，在 HS 土壤重金属 Cd 的最优模型分别是高斯模型。在 HS，土壤 Cd 块金系数小于 25%，数据的空间异构由随机因素和结构因素共同起作用。

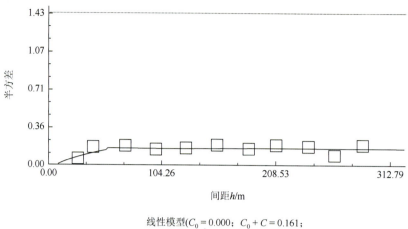

线性模型($C_0 = 0.000$；$C_0 + C = 0.161$；
$A_0 = 31.50$；$R^2 = 0.445$；RSS = 0.0111)

图 4-4　HS 土壤 Cd 的半方差图（涂宇，2020）

注：h 表示空间滞后距离。

2. 小流域 MS 和 HS 土壤重金属镉的空间分布特征

前期将数据进行处理总结后，为了更直观地看出两个小流域表层土壤重金属的分布规律及进一步探究重金属来源，做出两个小流域重金属污染叠加对比分析图，根据前部分得出的最佳半方差模型，运用 GIS 软件，进行克里金插值，得到 MS 和 HS 两个小流域各重金属的空间分布规律的分布图。从图 4-5 和图 4-6 可以看出，污染小流域 MS 土壤重金属含量均高于对照小流域 HS，且在 MS 小流域土壤重金属空间格局的突出特征分布斑块大、分布规律明显，HS 小流域土壤重金属分布较集中。

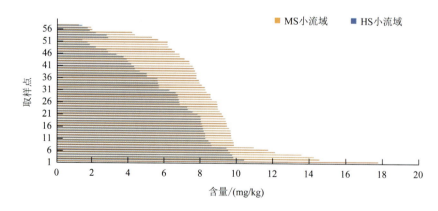

图 4-5　土壤重金属 Cd 含量对比（顾小凤，2020）

可以明显看出，MS 小流域各样点重金属含量明显高于 HS 小流域，MS 小流域土壤 Cd 在以炼锌厂往东北方向及靠近南方水泥厂污染最严重，整体呈现东北部高、西北部低的趋势；污染土壤重金属主要来源于土法炼锌时的大气沉降物，重金属的含量从地表向

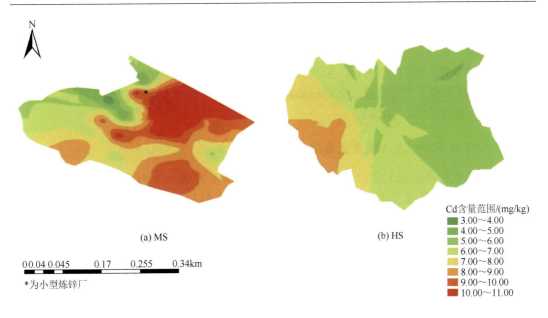

（a）MS　　　　　　　　　　　　　　　　　（b）HS

0 0.04 0.045　0.17　0.255　0.34km

Cd含量范围/(mg/kg)
- 3.00～4.00
- 4.00～5.00
- 5.00～6.00
- 6.00～7.00
- 7.00～8.00
- 8.00～9.00
- 9.00～10.00
- 10.00～11.00

*为小型炼锌厂

图 4-6　土壤重金属 Cd 空间分布（涂宇，2020）

深处，从距离土法炼锌区由近至远，从主导风向处向周围减少。表层土壤 Cd 含量主要与工业活动相关（Jiang et al.，2020）。在空间分布上，随着与工业园区距离的增大，重金属含量有降低的趋势。同时，人为活动对工业园区和周边土壤均产生了重金属增加的效应。HS 小流域土壤 Cd 含量整体呈现由东向西逐渐升高的趋势，从空间分布可以看出，HS 小流域的耕地大部分集中于西部。

在 MS 小流域，土壤重金属高浓度大部分集中在炼锌厂的东北方向，而 HS 小流域，土壤重金属空间分布较杂乱，规律性不清。这是因为土壤重金属具有明显的空间格局特征，土壤重金属的高浓度区主要集中在工业区、交通活动频繁区域的位置（吴攀等，2002）。土壤重金属含量在距离人类活动较近区域较高、较远区域较低。结合相关性分析，可以初步断定，该研究区土壤重金属 Cd、Cu、Zn、As 和 Pb 存在同源性，这可能与研究区域东北部具有小型炼锌厂有关，具体风险来源有待进一步研究。对照区域 HS 土壤重金属空间格局的分布规律不强，结合之前的相关性分析，可以初步断定，该研究区域土壤重金属的同源性较弱，土壤重金属含量高的原因推测是地质高背景带来的影响。As、Cd、Cr、Cu、Ni、Pb、Zn 含量的高值区主要集中于中部城区和东南部，而 Hg 的高值区集中于西南部和东北部，说明工农业活动和交通排放加剧了当地土壤的重金属污染（于元赫等，2018）。此外，矿业活动通过影响交通运输、污水灌溉等，以大气、水体为载体，间接影响着流域内土壤重金属的含量分布。土壤中 Pb、Zn、As、Cd、Cu 的富集是由矿业活动、交通和污水灌溉等人为因素引起的，Ni 和 Cr 则受成土母质等自然因素影响较大（宋波等，2018）。

在 HS 小流域，空间分布图显示出在非耕地区域，土壤重金属含量也高。农业活动在一定程度上能够影响土壤重金属含量，但并不是造成地球化学异常区土壤重金属含量偏高的主要原因，特别是 Cd 元素。研究区地层发育时代齐全，构造性质复杂，矿床种类繁

1. 不同类型土壤重金属镉的垂直分布特征

如图 4-8 所示，在 MS 小流域，农用地土壤 Cd 含量在 0～20cm 处最高，且随着剖面深度的增加而减小；林地土壤 Cd 的变化趋势与农用地一致；荒地土壤 Cd 的含量也是 0～20cm 处最高，在 20～100cm 土层，大致呈现出土壤 Cd 含量随着土壤剖面深度增加而减少的趋势，在 80～100cm 处达到最低值。在 HS 小流域，农用地变化规律与 MS 小流域农用地一致，土壤 Cd 的含量均是在 0～20cm 处最高，且随着剖面深度的增加而减小；林地土壤 Cd 呈现出与 MS 小流域相反的变化趋势，40～80cm 土壤 Cd 含量随着土壤剖面深度的增加而增加，在 60～80cm 处达到最高；荒地土壤 Cd 的含量在 0～20cm 处最高，在 40～100cm 土层，呈现出土壤 Cd 含量随着土壤剖面深度增加而增加的趋势，但增加幅度不大。

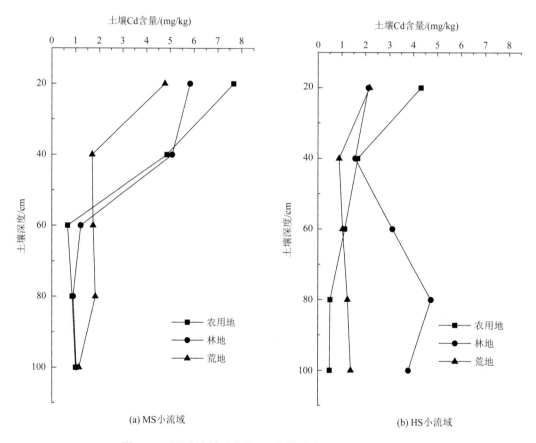

(a) MS 小流域　　　　　　　　　　　　　　(b) HS 小流域

图 4-8　不同小流域下土壤 Cd 含量对比（顾小凤，2020）

MS 小流域和 HS 小流域的农用地土壤 Cd 含量变化规律呈现出相同的趋势，说明在农用地土壤中，土壤重金属含量受到人为活动的影响比较大。此外，MS 小流域存在小型炼锌厂，土壤重金属富集更加严重，所以 MS 小流域农用地土壤 Cd 含量远高于 HS 小流域。在林地土壤中，MS 小流域和 HS 小流域呈现出相反的变化趋势，MS 小流域林地土壤 Cd

含量在 0～20cm 处达到最高，且含量随着深度增加而减小，而 HS 小流域在 60～80cm 处含量最高，说明在有污染源的情况下，林地枯枝落叶和大气沉降的长期积累，会对土壤重金属产生影响。在荒地土壤中，MS 小流域和 HS 小流域也呈现出相反的变化趋势，MS 小流域呈现出随着土壤剖面深度增加而减小的趋势，HS 小流域则呈现出土壤 Cd 含量随着土壤剖面深度增加而增加的趋势，进一步说明外来污染源会影响荒地土壤重金属含量。

　　表层土壤存在重金属向下迁移的现象，但迁移深度有限（吴彦瑜等，2013b）。喀斯特地区农用地土壤 Cd 含量在垂向剖面上具有一致性，Cd 元素在表生环境中发生了富集作用，并且表层农用地土壤在一定程度上容易受人为因素的叠加。随着深度的递增，人为因素的影响减小，深层土壤中 Cd 可能是继承其母岩风化过程中的 Cd 元素，其含量则与地质背景、岩石矿物组成及其风化程度有关。

2. 7 个地区耕地土壤镉的垂直分布特征

　　在黔北、黔西北、黔西南、黔南、黔中、黔东和黔东南 7 个地区采集了 7 个土壤剖面，用以研究 Cd 在土壤中的垂直分布特征。如图 4-9 所示，7 个地区土壤剖面均表现出较为明显的表层土壤 Cd 富集特征。其中，黔西北剖面 Cd 浓度最高，为 7.19～16.63mg/kg，各土层 Cd 浓度均远远超过贵州省土壤背景值，具有十分明显的 Cd 地球化学高背景和人为活动污染叠加效应的特征；黔南剖面 Cd 浓度其次，为 0.39～2.63mg/kg；而黔西南和黔北剖面 Cd 浓度分别为 0.08～0.63mg/kg 和 0.10～0.44mg/kg，以上 4 个剖面均表现出 Cd 浓度随着土层深度增加而逐渐降低的趋势。黔中、黔东和黔东南剖面的 Cd 浓度分别在 0.21～0.73mg/kg、0.70～1.31mg/kg 和 0.14～0.27mg/kg，黔东和黔东南剖面 Cd 浓度均在中段 80～100cm 处有所上升，而黔中则在该处有所下降，黔中剖面在 140cm 处达到最低，之后又有上升趋势，表明该地区 Cd 浓度虽然相对较低，但随着土层深度的增加，Cd 浓度有升高富集的趋势；黔东南作为对照点位，该地区基本没有 Cd 污染，各土层 Cd 浓度也均未超过 0.3mg/kg，而土壤剖面整体来看也有先降低后增加的趋势。这表明较深层土壤虽受人为因素影响较小，但与成土母岩的风化过程中继承的 Cd 元素有关，说明以 Cd 地球化学高背景为主因。

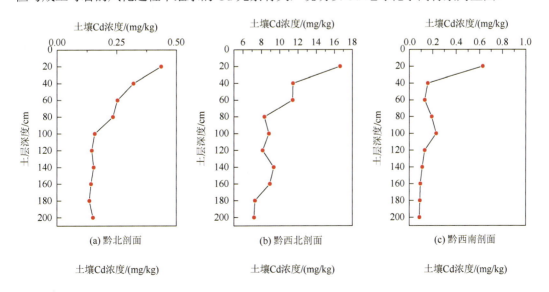

(a) 黔北剖面　　　　　　(b) 黔西北剖面　　　　　　(c) 黔西南剖面

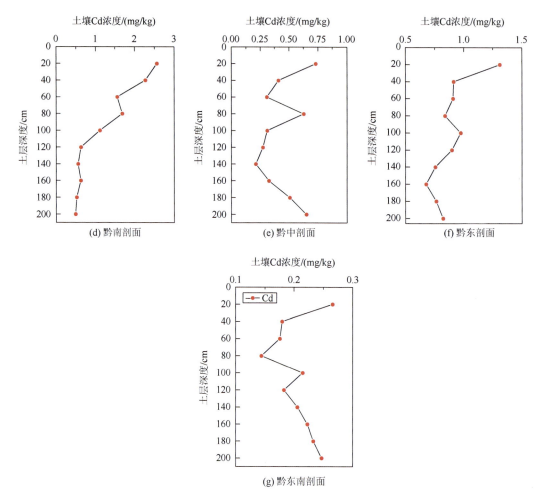

图 4-9　土壤剖面全量 Cd 的垂直分布特征（罗凯，2020）

　　有学者对黔西北土法炼锌区土壤剖面研究发现，该地区剖面 30cm 内的 Cd 富集较为明显，之后 Cd 浓度逐渐减小（彭益书，2018）。自然土壤中的 Cd 基本来源于成土母岩，受母岩风化过程的影响，剖面表层土壤 Cd 有富集现象，而矿业活动及大气沉降作用则加剧了 Cd 在表层土壤的富集作用，这在黔西北地区尤为突出。黔中和黔东南地区土壤剖面 Cd 在垂直分布上有随着土壤深度增加而上升的趋势，表明两地区以成土母岩风化作用控制的地球化学成因为主，而大气沉降等因素对两地区剖面表层土壤作用并不明显。

　　邢丹等（2010）对黔西北土法炼锌区研究发现，随着土壤 pH 的升高，土壤重金属 Cd 和 Pb 的有效性显著降低。也有学者认为，影响土壤剖面 Cd 垂直分布的因素主要为土壤 pH 和底部滞水层等（龙家寰等，2014）。7 个土壤剖面的 pH 和有机质的含量垂直分布特征见图 4-10。从土壤剖面的 pH 变化可以看出，除了黔东南剖面具有较明显的酸性特征外，黔南、黔中和黔东剖面为偏酸性土壤，而黔北、黔西北和黔西南为偏碱性土壤，土壤 pH 整体垂直分布情况为略有减小或者无明显变化趋势。而土壤 pH 与 Cd 在土壤剖面中的垂直分布趋势几近相反，说明土壤的酸化与 Cd 在土层的积累是同步的，这与 Wu

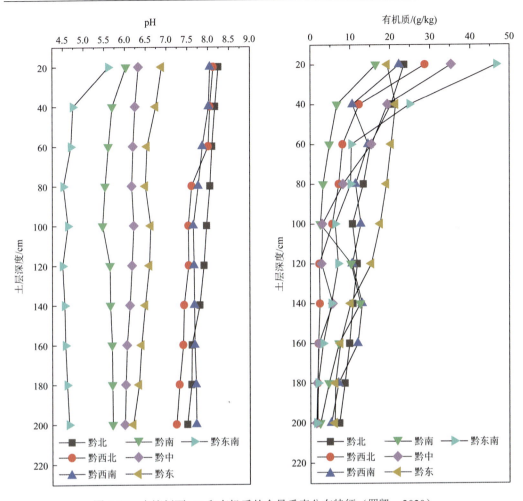

图 4-10　土壤剖面 pH 和有机质的含量垂直分布特征（罗凯，2020）

等（2014）的研究结果相一致。土壤有机质整体表现为随着土层深度的增加而降低的趋势，而黔南、黔中和黔西南有先降低后升高，最后再降低的趋势，0～20cm 土层有机质含量大小为黔东南＞黔中＞黔西北＞黔北＞黔西南＞黔东＞黔南，其中，黔东南范围在 1.58～46.73g/kg，降低趋势最为明显。

4.2　喀斯特耕地土壤镉的迁移转化及影响因素

4.2.1　耕地表层土壤镉的形态分布及影响因素

1. 土壤重金属镉的形态分布

在表 4-1 中，污染小流域 MS 土壤 Cd 的全量最大值为 8.41mg/kg，最小值为 0.80mg/kg，平均值为 4.75mg/kg，可还原态平均含量最高，可氧化态平均含量最低；各形态平均含量在全量中的分配比例为：可交换态 31.16%，可还原态占比 40.84%，可氧化态占比 9.05%，残渣态占比为 19.16%。各形态变异系数为 32.33%～46.00%，均属于中等变异。在对照小流域 HS 中，土壤 Cd 全量平均值为 3.87mg/kg，可交换态平均含量最高，达到 1.49mg/kg，占全量的 38.50%，可氧化态平均含量最低，低至 0.15mg/kg，占全量的 3.88%，可还原态平均含量为 1.24mg/kg，占全量的 32.04%，残渣态平均含量为 0.94mg/kg，占全量的 24.29%。各形态变异系数比 MS 小流域稍高，变异系数范围为 35.25%～57.51%，也都属于中等变异。

表 4-1　小流域土壤 Cd 形态含量统计分析（顾小凤，2020）

	形态	最小值/(mg/kg)	最大值/(mg/kg)	平均值/(mg/kg)	标准偏差/(mg/kg)	变异系数/%	偏度/(mg/kg)	峰度/(mg/kg)
MS	可交换态	0.14	3.01	1.48	0.68	46.00	0.11	0.12
	可还原态	0.30	3.22	1.94	0.74	38.39	−0.67	−0.05
	可氧化态	0.08	0.91	0.43	0.20	45.28	0.45	0.11
	残渣态	0.28	1.88	0.91	0.40	44.18	0.50	−0.17
	全量	0.80	8.41	4.75	1.54	32.33	−0.35	0.86
HS	可交换态	0.16	3.27	1.49	0.72	47.87	0.00	−0.19
	可还原态	0.07	2.72	1.24	0.71	57.51	0.28	−0.70
	可氧化态	0.03	0.32	0.15	0.08	53.74	0.37	−0.52
	残渣态	0.30	1.91	0.94	0.41	43.49	0.10	0.54
	全量	1.59	6.04	3.87	1.37	35.25	−0.14	−1.20

注：表中数据有四舍五入。

MS 土壤样品中可还原态所占比例最大，为 30%～45%，大小顺序为可还原态＞可交换态＞残渣态＞可氧化态；HS 土壤可交换态所占比例最大，为 28%～47%，大小顺序为可交换态＞可还原态＞残渣态＞可氧化态，两个区域不同的是 MS 可还原态大于可交换态，而 HS 是可交换态大于可还原态，可还原态高是因为土壤中的铁锰氧化物（Fe_2O_3、MnO_2）较多，比表面积较大，容易吸附或者沉淀阴离子，和土壤中的细颗粒以离子键的形式相结合（陆建衡，2019），该形态反映人类活动对土壤环境的影响，MS 土壤 Cd 的可还原态最高，说明了工业生产不仅向土壤中输入 Cd 元素，其带入土壤中的 Fe^{2+} 等影响了土壤 Cd 的赋存形态。而 HS 由于人为干扰较弱，其 Cd 形态和大多数研究一致，可交换态较高（张晨晨等，2015），表明 HS 土壤 Cd 具有较高的迁移性。

两个小流域的残渣态均相对较高，残渣态的 Cd 主要存在于原生矿物或硅酸盐的土壤晶格中（金皋琪等，2019），表层土壤 Cd 元素残渣态较高，与地质背景和成土母质有关（刘智峰等，2019），也说明了研究区地质高背景特点。可氧化态重金属是与有机物螯合形成的，反映出该地水质情况和含有机污染物的废水排放情况。MS 土壤 Cd 的可氧化态远高于 HS，表明当地水受到外源有机物的污染，可能与锌厂和水泥厂的存在有关。

表 4-2 为 MS 小流域土壤 pH 与 Cd 不同形态相关性分析，结果显示，pH 与残渣态和全

量呈显著正相关关系,与可交换态为负相关;可交换态与可还原态和可氧化态呈显著正相关;可还原态与残渣态呈显著正相关;可氧化态与和残渣态与全量呈显著正相关($P<0.05$)。

表 4-2　MS 土壤 pH 与 Cd 形态相关性分析（顾小凤，2020）

	pH	可交换态	可还原态	可氧化态	残渣态	全量
pH	1					
可交换态	−0.39	1				
可还原态	0.28	0.75**	1			
可氧化态	0.21	0.35*	0.22	1		
残渣态	0.44*	0.32	0.61**	0.23	1	
全量	0.42**	0.24	0.07	0.46*	0.61**	1

注：*在 0.05 水平（双侧）上显著相关；**在 0.01 水平（双侧）上显著相关，下同。

　　在 HS 土壤中（表 4-3），可交换与可还原态和全量呈显著正相关（$P<0.05$），与 pH 呈负相关;可还原态与全量呈显著正相关;可交换态和可还原态与残渣态呈负相关关系,其余形态间相关性不强。

表 4-3　HS 土壤 pH 与 Cd 形态相关性分析（顾小凤，2020）

	pH	可交换态	可还原态	可氧化态	残渣态	全量
pH	1					
可交换态	−0.091	1				
可还原态	0.612	0.758**	1			
可氧化态	0.482	0.182	0.217	1		
残渣态	0.161	−0.101	−0.028	0.235	1	
全量	0.194	0.893**	0.603*	0.253	0.225	1

　　土壤 pH 与 Cd 不同形态相关性分析表明,两个小流域 pH 与可交换态都呈负相关关系,因为 pH 降低,Cd 在土壤溶液中的溶解性增大,酸可溶态含量增加（王逸群等,2018）,在 MS 土壤中,pH 与残渣态和全量都呈显著正相关,可能是因为土壤受到碱性铅锌矿渣的污染,土壤 pH 升高的同时 Cd 元素也在表层富集,其中,伴随的铁锰氧化物致使可还原态含量增加,也解释了可还原态与残渣态呈显著正相关。从两个小流域比较来看,MS 土壤 Cd 各形态之间相关性更加显著,原因是 MS 土壤中污染因子较多,人为干扰较大。

　　具有外来污染源的 MS 小流域,区域内土壤重金属 Cd 和 Pb 的可还原态含量占比最高,Zn 的可氧化态含量占比最高,土壤 Cd 处于重污染状态,Pb 处于中污染状态,Zn 处于轻污染状态。重金属、全量土壤质地、有机质、酸碱度、氧化还原电位、阳离子交换量、土壤微生物等对重金属形态分布起着重要作用（刘群群等,2017）。重金属污染可能是以下几种因素共同作用的结果:一是黔西南地区土壤重金属元素的背景值偏高;二是之前大量开采遗留的尾矿堆、煤矸石等在自然环境的作用下导致该区域耕地土壤受到了壤多为旱地土。这两处 Cd 污染主要来源于采矿过程中产生的大量含 Cd 烟尘的大气沉降以及废弃矿渣，两处土壤剖面上的 Cd 含量呈现出表层高的分布特征，两者土壤剖面中 Cd 的垂直分布属于一个类型；六盘水市-AL 土壤表层 Cd 含量较毕节市-HZ 高出 1 倍，而六盘水市-AL 的 Cd 酸可交换态所占比例较毕节市-HZ 高，这是由于毕节市-HZ 的平均 pH 较六盘水市-AL 低，土壤中的 Cd 易于迁移；六盘水市-AL 两种形态各占其总量的 20%和 45%，而毕节市-HZ 则占全量的 21%和 62%，两个采样点剖面土壤中 Cd 的酸可交换态和易还原态均占有很大比例。重金属元素的酸可交换态、易还原态、可氧化态更容易随着外界土壤环境的变化发生迁移和转化，能够被生物所吸收利用（赵中秋等，2005），因此，毕节市-HZ 和六盘水市-AL 两处土壤中的 Cd 易被植物吸收从而发生迁移，有一定的危害性。

都匀市-BG 存在独立的 Cd 矿藏，且有丰富的铅锌矿资源，Cd 的背景值相对较高，该地区土壤 pH 的平均值为 6.76，属于中性偏碱土壤。该地区剖面土壤的垂直分布呈现出底层高甚至底层高于表层的现象，在深 1.4m 处 Cd 的含量高达约 25mg/kg。该采样点位于黔南，高温多雨，所采土样为石灰土，pH 相对较高，深度 1.0m 以上时，土壤中 Cd 的酸可交换态和易还原态两者所占比例仅 40%~50%，以残余态为主；由于耕作方式的影响，该地土壤为水田且土壤长期处于水淹条件下，Cd 会向下淀积至滞水层，不仅 Cd 含量增加，易还原态所占的比例也有所增加，能达到 60%左右。该样点和贵阳市花溪区-EG 样点土壤中 Cd 的残渣态所占比例均不低，残渣态金属一般存在于硅酸盐、原生和次生矿物等土壤晶格中，它们来源于土壤矿物，性质较为稳定，在自然界正常条件下不易被释放，能长期稳定在土壤中，不易为植物吸收，故在整个土壤生态系统中对食物链的影响较小。

另外，所有 47 个剖面土壤样品中，仅 3 个样品可交换态 Cd 的含量小于 50%，有一半以上样品可交换态 Cd 的含量超过 80%。其中，酸可交换态的 Cd 含量占全量的 10%~30%，易还原态的 Cd 含量约占全量的 50%。土壤中人为活动引入的 Cd 在不同程度上增加了除残渣态以外的其他形态 Cd 的含量，其中，酸可交换态和易还原态的含量增加幅度较大，而残渣态 Cd 的相对含量则降低。可见，这些土壤都具有较高的化学活性，作为农用土壤使用时，Cd 的可交换态部分会随着环境的改变被植物吸收，进入食物链而在人体内累积。因此，研究区的土壤在农业生产中均存在一定的潜在危害性。

4.2.2　镉在耕地土壤剖面的迁移转化及影响因素

土壤 pH、有机质、土壤阳离子交换容量、黏土矿物含量和氧化物含量是土壤吸附镉最重要的影响因子。pH 可以通过制约重金属在土壤溶液中的溶解度来改变其迁移强弱。有机质对土壤中重金属的活性有着很大的影响，进入环境中的重金属离子会与土壤中的有机质发生物理或化学作用而被固定、富集，从而影响它们在环境中的形态和迁移特性。土壤中氧化物（尤其是铁锰氧化物）可形成胶膜，其具有很大的比表面积，且其表面化学活性可以使其吸附众多的重金属、非重金属元素，在很大程度上控制元素在土壤中浓度、形态和迁移转化。

选择贵州省具有代表意义的几个区域的耕地土壤作为研究对象。贵阳市花溪采样点（QY）位于贵阳市花溪区青岩镇二关村附近的坡地，该采样点没有明显的外部污染源。采样区域内有不少起伏小山坡，大多数采样点位于采样区域内地势较低的山谷中，土壤主要以三叠系灰岩地层分布区发育的灰化黄壤为主，土壤较湿润且质地黏重，作物结构以玉米、水稻和蔬菜为主。贵阳市乌当区（WD）采样点位于贵阳市乌当区新庄路小谷龙村的菜地，采样点周围不到100m处坐落有一污水处理厂；该采样点长期利用养殖废水和生活污水进行灌溉，且灌溉频率高，用水量大。采样区域内地势较为平坦，土壤以三叠系灰岩地层分布区发育的灰化黄壤为主，土壤肥沃、质地均匀，作物结构以蔬菜为主。毕节市赫章县采样点（YMC）位于毕节市赫章县野马川镇车浪村一组，该地是省内较早的铅锌矿开采区，本身具有较高的Cd背景值，采样点分布在不同高程的梯田，附近有多台冶炼铅锌矿的设备。土壤以二叠系石灰地层分布区发育的灰化黄壤为主，作物结构以玉米、蔬菜为主。都匀市坝固村采样点（DY）位于都匀市坝固村境内，该地区处于湘西—黔东铅锌成矿带，属于贵州境内已发现的Cd背景值普遍较高的独立Cd矿床带。采样点位于一处锌矿开采区附近，偶有堆砌的矿渣。该采样点土壤以震旦系地层分布区发育的棕色石灰土为主，土壤较为湿润且颗粒均匀，作物结构以蔬菜为主。六盘水市大湾采样点（DW）位于六盘水市安乐村境内，安乐村所在的钟山区大湾镇藏有丰富的煤炭资源，尤其是采样点所在的临钟山一矿，周围随处可见新近的煤矸石堆及其浸出液的地表痕迹。该采样点土壤以二叠系石灰地层分布区发育的黄壤为主，土壤较为湿润且颗粒均匀，作物结构以玉米和蔬菜为主。在采样点以蛇形布点的方式采集多个表层土样品以及以20cm为一个样本的2m深的剖面。贵阳市清镇采样点（QZ）位于清镇百花社区石关村境内，其位于贵阳市与清镇市中间，该地区以农业耕地为主，无明显点源污染。

1. 喀斯特地区土壤镉含量特征

在研究区域所采集的大多数表层耕地耕作土壤，重金属镉的浓度都超过了我国土壤环境标准。其中，受矿业活动影响区域的重金属镉的浓度非常高。作为背景的青岩二关村耕地表层土壤，重金属镉的浓度为0.46mg/kg；乌当小谷龙耕地表层土壤重金属镉的浓度为0.78mg/kg；赫章野马川地区耕地重金属镉的浓度为1.57mg/kg；大湾安乐村耕地土壤重金属镉的浓度为5.07mg/kg；污染最严重的是都匀坝固矿区表层土壤，其镉浓度最高值达到162.4mg/kg，平均值达到23.36mg/kg。

5个剖面重金属镉的分布如图4-12所示。在乌当地区，重金属镉在耕地土壤表层累积，并在剖面底层有所升高，整个剖面中镉的浓度为0.16～0.63mg/kg。在野马川以及大湾这两个矿业活动导致的镉污染地区，耕地土壤表层镉的浓度分别达到了1.73mg/kg和3.26mg/kg。野马川和大湾两个地区耕地土壤剖面都表现出随着深度增加，土壤中重金属镉浓度降低的趋势。然而对于大湾剖面，在80～100cm重金属镉的浓度出现了小幅增高，从0.45mg/kg升高到1.11mg/kg。

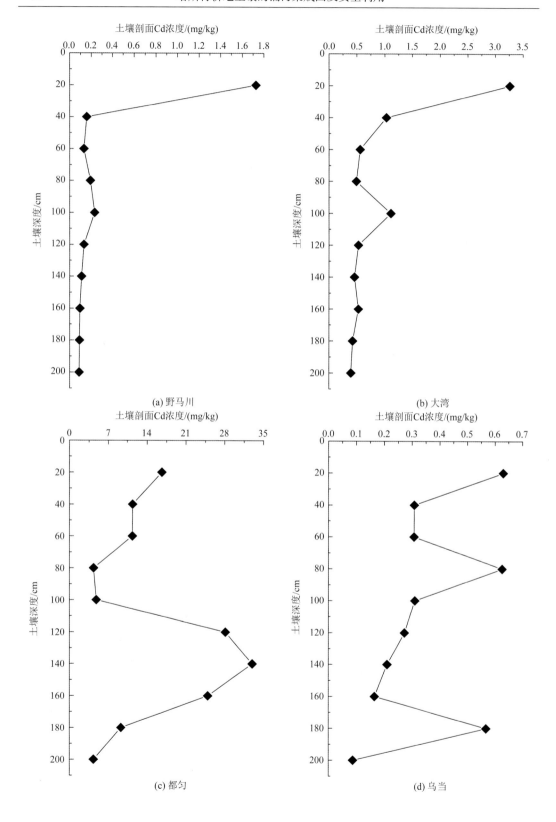

(a) 野马川

(b) 大湾

(c) 都匀

(d) 乌当

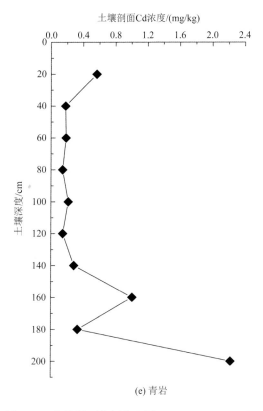

(e) 青岩

图 4-12 土壤剖面总镉分布图（Luo et al.，2019）

都匀坝固的剖面与前三个地区的剖面有所不同，其重金属镉的污染十分严重。剖面各层镉的浓度为 4.29～32.97mg/kg，表现出表层高中间低，而又在底层集聚累积的现象，其表层镉的浓度为 16.63mg/kg，而在 100～140cm 深度剖面 Cd 浓度急剧上升，达到 25mg/kg 以上，最高达到 32.97mg/kg。青岩二关村作为背景点，周围无明显污染源，其在土壤上层重金属镉浓度较低，基本上小于 0.5mg/kg，但是重金属镉却在土壤剖面的底部极度累积，达到了 2.22mg/kg。

重金属镉主要在土壤剖面的表层以及底部累积。在矿石开采和加工中产生的大量粉尘、废气、污水、尾矿矿渣以及污水灌溉是导致重金属镉在这些土壤剖面表层积累的主要原因（刘元生等，2003；Zhang，2014）。Neupane 和 Roberts（2009）研究表明，重金属在土壤剖面向下迁移的速度为 0.5cm/a，而在森林区域其向下迁移速度可以达到 2cm/a。本节研究结果表明，表层的重金属镉会通过淋溶作用向下迁移，最终在土壤剖面底部累积。淋溶作用可能会使浅层地下水也受到重金属镉的污染威胁。

2. 喀斯特地区土壤镉的吸附解析特征

在 Cd 溶液浓度由 0mg/L 逐步升高到 300m/L 的过程中，石灰土吸收溶液中 Cd 的浓度变化基本上呈一条直线，在这一过程中土壤中 Cd 的浓度从 0mg/kg 逐步升至 2626mg/kg（图 4-12a），石灰土的吸附率在溶液中 Cd 浓度在 10mg/L 以下时可达 100%，随着溶液中 Cd 浓度的升高，石灰土的吸附率缓慢下降，在溶液浓度达到 300mg/L 时，石灰土的吸附率降到 84.74%，依旧达到 80%以上，并逐步趋于平稳（图 4-13b）。相对于石灰土而言，黄壤对重金属 Cd 的吸附效果较差。Cd 溶液浓度由 0mg/L 逐步升高到 100mg/L 左右时，黄壤对重金属 Cd 的吸附量呈线性增长，但当溶液中 Cd 的浓度由 100mg/L 增加到 300mg/L 时，黄壤对重金属 Cd 的吸附量的增长趋势变缓，黄壤吸收的 Cd 的浓度从 0mg/kg 一直增加到 1507mg/kg（图 4-13a）。

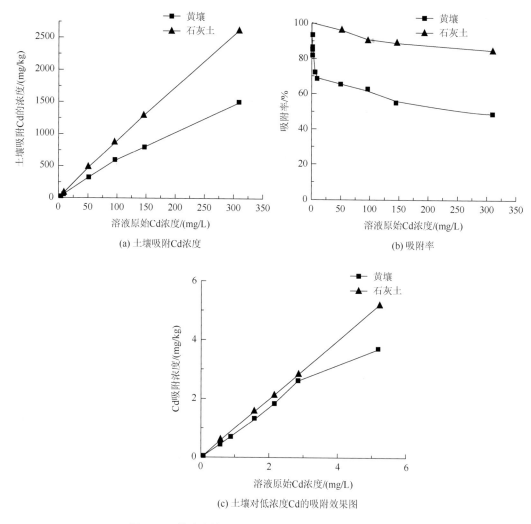

图 4-13　供试土壤对镉的吸附特征（赵志鹏等，2015）

　　与石灰土对重金属 Cd 的吸附率相比较，黄壤对重金属 Cd 的吸附率相对较低，在镉溶液浓度低于 3mg/L 时黄壤对重金属 Cd 的吸附率在 90%左右，随着浓度的增加，黄壤对 Cd 的吸附率有个急剧下降的过程，随后下降趋势逐渐减缓，稳定在了 50%左右。该实验结果与郑顺安等的研究相比，两种土壤对 Cd 的吸附趋势与其他土壤一致，但最终的吸附率相对于其他土壤对 Cd 的吸附率区间 30%～98%处于较低的水平，这主要是因为贵州省土壤的 pH 较低，且前人研究中设计的初始溶液 Cd 浓度最大值较低，并不能准确得到土壤对 Cd 的最大吸附量（图 4-13c）；而本实验特意将实验初始 Cd 溶液浓度的最大值调高，以至于在溶液 Cd 浓度高的情况下，土壤对 Cd 的吸附率相对于前人研究的结论较低。

　　土壤表面存在着高结合能点位和低结合能点位两类不同的吸附点位。当溶液中重金属初始浓度低时，重金属离子首先与土壤中的高结合能点位结合，由于结合能较高，且吸附密度低，离子之间的斥力较小，此时重金属浓度的变化对吸附率的影响很小；而当溶液中初始浓度增大时，高结合能点位逐渐得以饱和，此时就会出现吸附率的最大值，随着溶液中初始浓度的进一步增大，重金属离子开始被低结合能点位吸附，由于吸附密度增大，离子间的斥力也相应增加，因此吸附率随着初始浓度的增加而开始下降。

　　土壤对 Cd^{2+} 的热力学吸附行为可以通过一些等温方程进行拟合和表征（林玉锁，1994）。为评估重金属污染物在土壤中的吸附行为，采用亨利（Henry）、朗谬尔（Langmuir）、费罗因德利希（Freundlich）和特姆金（Temkin）4 种模型对吸附等温曲线进行拟合。

$$\text{Henry：} \quad q = k_{\mathrm{H}} xC$$

$$\text{Langmuir：} \quad C/q = C/q_{\mathrm{m}} + 1/(q_{\mathrm{m}} x k_{\mathrm{L}})$$

$$\text{Freundlich：} \quad \lg q = \lg k_{\mathrm{F}} + (1/n) \cdot \lg C$$

$$\text{Temkin：} \quad q = a \ln C + b$$

式中，q 为吸附量（mg/kg）；q_{m} 为最大吸附量（mg/kg）；C 为溶液平衡浓度（mg/L）；k_{H}、k_{L}、k_{F}、n、a、b 为吸附常数。拟合结果见表 4-4 和图 4-14。

表 4-4　供试土壤镉吸附等温线拟合（赵志鹏等，2015）

类型	Henry		Langmuir			Freundlich			Temkin		
	k_{H}	R^2	q_{m}	k_{L}	R^2	k_{F}	n	R^2	a	b	R^2
黄壤	9.68855	0.96376	1810.92	0.019	0.75726	39.22383	1.39385	0.96308	159.07676	171.19093	0.71669
石灰土	59.45251	0.95616	2788.51	0.114	0.75292	473.5981	2.95003	0.93457	169.54343	947.70825	0.550859

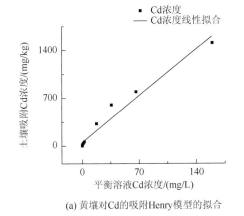

(a) 黄壤对Cd的吸附Henry模型的拟合

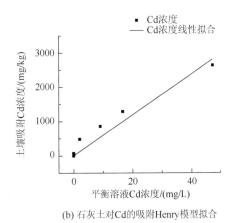

(b) 石灰土对Cd的吸附Henry模型拟合

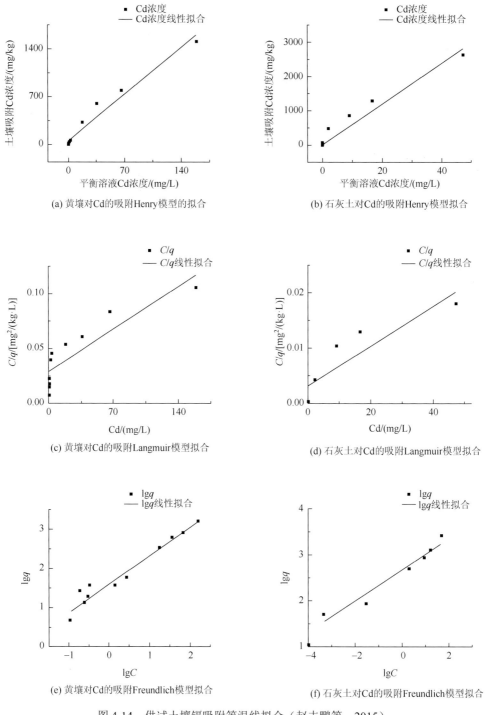

图 4-14　供试土壤镉吸附等温线拟合（赵志鹏等，2015）

如图 4-14 所示，Freundlich 和 Henry 方程对贵州省黄壤、石灰土中重金属 Cd 的吸附拟合结果较好，其 R^2 都在 0.95 以上。而 Temkin 方程以及 Langmuir 方程的拟合结果一般。这与郑顺安（2010）和王金贵（2012）等得出的 Freundlich 和 Langmuir 方程能较好地拟合我国多种土壤稍有区别,即黄壤与石灰土的等温吸附曲线不适合用 Langmuir 方程拟合。这可能是因为实验中初始溶液 Cd 浓度的设置相对于前人的研究更高。

用 Freundlich 模型模拟异质性表面的固体对重金属的吸附,通常是一个有用的方法。研究土壤对阳离子或阴离子的吸附时,Freundlich 模型已经不断地被证明优于 Langmuir 模型。Freundlich 模型中 k_F 可以大致表示吸附能力的强弱,$1/n$ 值也可作为土壤对重金属离子吸附作用的亲和力指标,$1/n$ 值越小,表示土壤对重金属离子的吸附作用力越大(Kaur et al.,2022)。石灰土的 k_F 值大于黄壤,这也同时佐证了石灰土对重金属 Cd 的吸附能力强于黄壤。然而石灰土的 $1/n$ 值大于黄壤,说明了石灰土对 Cd 的吸附作用的亲和力小于黄壤,这也就说明土壤对重金属 Cd 的吸附能力强,并不意味着对重金属的亲和力也大;而土壤对重金属 Cd 的亲和力大也并不意味着对重金属的吸附量也大。

如图 4-15 所示,随着 Cd 溶液浓度的增加,土壤吸附的 Cd 浓度上升,且解吸出的溶液 Cd 浓度也逐渐升高。黄壤中吸附的 Cd 溶液浓度在 0～150mg/L 的过程中,解

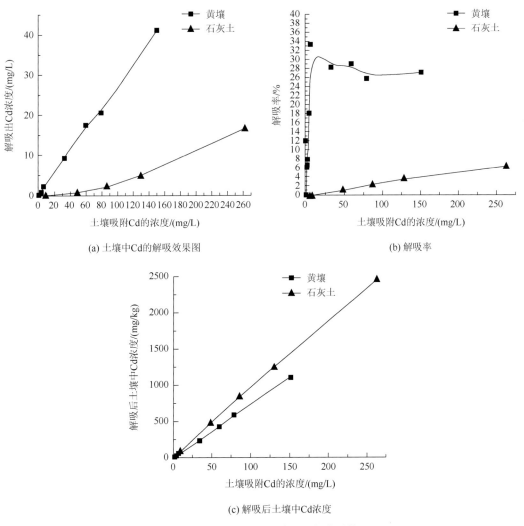

图 4-15　供试土壤对 Cd 的解吸特征(赵志鹏等,2015)

吸出的 Cd 浓度从 0mg/L 逐步增加到 41mg/L，随着吸附在黄壤中的 Cd 增加，Cd 的解吸量的增加速率小幅提高。最终残留在黄壤中的 Cd 依旧从 0mg/kg 呈直线增加到 1107mg/kg。在黄壤中吸附的 Cd 在 25mg/kg（黄壤吸附溶液中的 Cd 为 2.5mg/L）以下时，黄壤的解吸率在 10%左右；而当黄壤中吸附的 Cd 溶液的浓度在 2.5～10mg/L 时，重金属 Cd 的解吸率有一个骤增过程，达到 33%，随后在黄壤中吸附的 Cd 由 10mg/L 到 151mg/L 的增长过程中，黄壤对 Cd 的解吸率稳定在 27%～28%。

相对于黄壤而言，石灰土对重金属 Cd 的解吸量较低。石灰土中吸附的 Cd 溶液浓度从 0mg/L 增加到 260mg/L 的过程中，解吸出的 Cd 浓度从 0mg/L 逐步增加到 16.0mg/L，由于先前吸附量较大，解吸量较少，最终残留在石灰土中的重金属 Cd 的浓度在上述过程中由 0mg/kg 逐渐增至 2461mg/kg。石灰土对重金属 Cd 的解吸率从 0%呈曲线缓慢上升，且上升曲线逐渐变缓最终趋于平衡，在土壤吸附溶液 Cd 浓度为 260mg/L（土壤含 Cd 量为 2624mg/kg）时，解吸率为 6.3%。

3. 污水灌溉条件下土壤镉的淋溶特征

农业灌溉用水占我国用水总量的 65.6%以上，因而水资源匮乏在农业问题上尤为突出。污水灌溉是指以经过处理并达到灌溉水质标准要求的污水为水源所进行的灌溉。污水灌溉是一种重要的资源化利用方式，也是解决水资源匮乏的重要工程。然而，污水灌溉所用污水一般来自城市生活和工业废水以及养殖废水，其中含有大量的有毒有害物质，有研究表明猪粪中 Cd 超标率达到了 51.7%。因此，污灌会导致土壤、农作物以及地下水的污染，使农业生态环境以及农产品受到污染（Chary et a1.，2008）。

关于采用污水灌溉是否会导致耕地土壤中重金属 Cd 的淋溶以及积累，并引起浅层地下水污染风险的研究仍缺少相关资料。本节以模拟淋溶实验的手段，初步探究了污水灌溉下重金属 Cd 在土壤中的分布、积累与迁移及其对浅层地下水的影响。

试验所用污灌水采集自贵阳市乌当区小谷龙。小谷龙地区位于南明河旁，新庄污水处理厂就坐落在其周边，且在小谷龙地区有一座养殖场，当地居民常用养殖废水与南明河污水混合物浇灌耕地。污灌水中 Cd 的浓度为 7～20μg/L，超过了耕地灌溉水质标准 5μg/L，污灌水 pH 为 7.55。

淋溶试验的主要工具是淋溶柱，如图 4-16 所示。整个淋溶柱由有机玻璃做成，柱高 1.15m，内径为 5cm，三面密封而一面是可拆卸的，淋溶时用玻璃胶封住，取样时拆开以取样。装置用三脚架立于室内，进行室内模拟实验。

在 30d 内，淋溶相当于柱内土壤 3 年的耕地灌溉用水。污水灌溉使土层中重金属 Cd 的浓度增加，且 Cd 在土壤中存在的形态也发生了一定的变化。

淋溶试验中，重金属 Cd 主要在土柱的表层与底层累积。在经过 3 年污水量淋溶之后，表层土壤 Cd 的浓度由 0.732mg/kg 增长到 0.857mg/kg，土柱底层的 Cd 浓度则由 0.63mg/kg 增长到 0.816mg/kg。而在 20～40cm 的土层，重金属 Cd 的浓度则在第一周期淋溶之后大幅度减少，随后保持基本稳定，这可能是由于此层的细粒在第一周期淋溶过程中被冲入下层。在 40～60cm 处，在第一周期淋溶之后，土层中的 Cd 浓度大幅升高，而在后两周期淋溶过程中，土层中的 Cd 向下淋溶，导致该土层中的 Cd 浓度降低，最终比初始土层

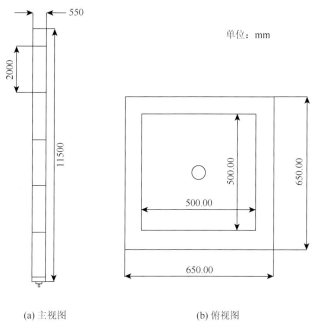

(a) 主视图　　　　　　(b) 俯视图

图 4-16　淋溶装置（赵志鹏等，2015）

的 Cd 浓度略低，仅有 0.774mg/kg。而在 60～80cm 处，重金属 Cd 的浓度变化不大，维持在 0.79mg/kg 左右。

在整个淋溶过程中，土层中的重金属 Cd 不仅在浓度上发生了变化，其形态也随着淋溶而改变。各土层中以残渣态 Cd 浓度的增长为主，而酸可交换态、易还原态以及可氧化态 Cd 的浓度总和略微有些减少。这可能是因为淋溶试验中使用的淋溶污水为南明河河水与养殖废水的混合水样，水样 pH 为 7.55，而装柱土壤的 pH 在 4.5～5.5，长期用弱碱性溶液淋溶使酸性土壤 pH 升高，而随着 pH 的升高会降低重金属的活性。养殖废水中含有大量的 S^{2-}，S^{2-} 在土壤以及沉积物中会与重金属结合而沉积，而使 Cd 向残渣态转化，导致土柱土壤中的 Cd 以残渣态的形态积累。

在短期快速污灌实验过程中，用装置下方的烧杯将每日淋溶而出的淋溶水收集，并用电感耦合等离子体质谱（ICP-MS）测出水中 Cd 的浓度，其结果如图 4-17 所示。淋溶出的溶液在总体上表现出前期高后期低的趋势，这可能是由于装土过程中土壤未被完全

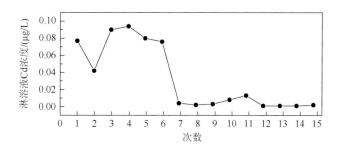

图 4-17　淋溶液中 Cd 浓度（赵志鹏等，2015）

面的下层，风化作用使土壤中可交换态 Cd 的浓度降低，残留态 Cd 的浓度升高，这是一种自然的修复过程。

5. 喀斯特地区土壤镉的剖面迁移机制及影响因素

研究表明，镉的迁移与土壤有机质含量、黏土矿物含量、土壤颗粒大小、Eh、pH 等因素相关（Nezhad et al.，2014）。本节测定了剖面土壤样品中各样品的有机碳含量、游离态铁锰氧化物含量以及土壤的比表面积这几项指标，并分析了这些指标对镉在剖面中的分布与迁移的影响。

在 5 个耕地土壤剖面中，有机碳的含量在 0.21～25.38g/kg 波动。在所有剖面，有机碳的含量都是随着土壤深度的增加而减少。在 YMC 耕地土壤剖面，土壤表层有机碳含量达到了 21.78g/kg，而在 180cm 深度处，其土壤有机质含量则仅有 0.83g/kg。同样地，在 DW 耕地土壤剖面，土壤表层有机碳含量达到了 22.37g/kg，而在 200cm 深度处，其土壤有机质含量则仅有 1.27g/kg。

同时在 QY 耕地土壤剖面，土壤表层有机碳含量达到了 14.73g/kg，而在 200cm 深度处，其土壤有机质含量则仅有 0.57g/kg。在 WD 耕地土壤剖面，土壤表层有机碳含量达到了 25.38g/kg，而在 180cm 深度，其土壤有机质含量则仅有 1.76g/kg。在 DY 耕地土壤剖面，土壤表层有机碳含量达到 16.43g/kg，而在 180cm 深度处，其土壤有机质含量则仅有 1.51g/kg，然而在 120～160cm 深度处，有机碳含量出现了异常增高现象，其有机碳含量达到 10～13g/kg。在 5 个耕地土壤剖面中，游离态铁氧化物的含量在 0.94～16.86g/kg 波动，而游离态锰氧化物的含量在 0.05～1.27g/kg 波动。在剖面之中，游离态铁锰氧化物含量并不像其他一些指标在表层和底层累积，而是在土壤剖面 80～140cm 出现积累现象，如在 YMC 耕地土壤剖面 80～100cm 处，游离态铁锰氧化物含量同时达到最高的 16.86g/kg 以及 0.37g/kg；在 DW 耕地土壤剖面 80～100cm 处，游离态铁锰氧化物含量同时达到最高的 6.66g/kg 以及 0.62g/kg；在 DY 耕地土壤剖面 80～100cm 处，游离态铁氧化物含量达到最高的 6.69g/kg，而游离态锰氧化物在 60～80cm 处达到最大值 1.01g/kg；在 QY 耕地土壤剖面 140～160cm 处，游离态铁氧化物含量达到最高的 8.90g/kg，而游离态锰氧化物在 60～80cm 处达到最大值 1.27g/kg；在 WD 耕地土壤剖面 80～100cm 处，游离态铁氧化物含量达到最高的 2.81g/kg，而游离态锰氧化物在 60～80cm 处达到最大值 0.56g/kg。在 5 个耕地土壤剖面中，土壤比表面积值在 208.9～631.4m²/kg 波动。

在所有剖面中，土壤比表面积值都是随着土壤深度的增加而增加的。在 YMC 耕地土壤剖面，土壤比表面积值为 478.2m²/kg，而在 180cm 深度处，其土壤有机质含量则仅有 532.7m²/kg。在 DW 耕地土壤剖面，土壤比表面积值为 255.3m²/kg，而在 200cm 深度处，其土壤有机质含量则仅有 376.2m²/kg。在 DY 耕地土壤剖面，土壤比表面积值为 386.2m²/kg，而在 200cm 深度处，其土壤有机质含量则仅有 514.9m²/kg，但是其最大值出现在 60～80cm 处，达到 631.4m²/kg。在 WD 耕地土壤剖面，土壤比表面积值为 374.3m²/kg，而在 180cm 深度处，其土壤有机质含量则仅有 540.0m²/kg。在 QY 耕地土壤剖面，土壤比表面积值为 360.8m²/kg，而在 200cm 深度处，其土壤有机质含量则仅有 594.4m²/kg。

将土壤剖面中总镉含量、有机碳含量、游离态铁锰氧化物含量以及土壤比表面积值利用数据统计分析软件进行相关性分析。YMC 耕地土壤剖面中，重金属镉在土壤剖面中的分布与土壤中有机碳含量呈极显著相关，相关系数达到 0.99（$P \leqslant 0.01$），而游离态铁氧化物也是影响重金属镉在 YMC 剖面分布的重要因素（其相关系数达到了 0.6）。对于 DW 耕地土壤剖面，重金属镉的分布与土壤有机质含量呈显著相关关系（相关系数为 0.72，$P \leqslant 0.05$）。

与 DW 剖面相似，DY 耕地土壤剖面重金属镉的分布与土壤有机碳含量呈显著相关关系（相关系数为 0.73，$P \leqslant 0.05$）。而 WD 耕地土壤剖面中重金属镉与其他几项指标并没有明显的相关关系。对于 QY 耕地土壤剖面，重金属镉与土壤比表面积呈极显著相关（相关系数为 0.78，$P \leqslant 0.01$），同时游离态铁氧化物也是影响重金属镉在 YMC 剖面分布的重要因素（其相关系数达到了 0.5）。

在 5 个剖面之中，YMC、DW 以及 DY 剖面都位于矿业活动地区，且剖面中重金属镉的含量都与有机碳含量呈明显正相关性，因此可以推断出矿业开采地区重金属镉在土壤中的垂直迁移与土壤中有机碳含量相关。而对于无污染区的青岩，自然淋溶是影响此区域重金属镉垂直迁移的主要因素，而土壤比表面积越大其吸附重金属的能力越强，淋溶会使土壤细粒向下移动，因此土壤比表面积是无污染区重金属镉垂直迁移的重要影响因素。

4.3　小　　结

通过 GIS 技术和地统计学的方法，可直观地掌握喀斯特耕地土壤 Cd 的空间分布特征，通过半方差函数和克里格插值法等，可揭示土壤 Cd 的空间异质性，这些强大的空间分析工具为我们理解土壤 Cd 的分布提供了科学依据。研究发现喀斯特地质高背景与污染叠加区土壤 Cd 的分布受土地利用方式和污染源的显著影响，表现出不同的土壤 Cd 空间分布特征。

在 Cd 地球化学高背景与锌冶炼污染叠加区，土壤重金属 Cd、As、Pb、Cu、Zn 超过区域土壤背景值的 1.30～12.33 倍，土壤 Cd、Cu、Zn、As 和 Pb 均属于中等变异，5 种重金属达到极显著相关，重金属空间分布显示，土壤重金属高含量主要出现在沿炼锌厂主风向的东北方向，其分布主要受锌冶炼废气排放后沉降的影响。在无污染对照区，受地球化学高背景的影响，土壤重金属 Cd、As、Pb、Cu、Zn 超过区域土壤背景值的 2.60～4.84 倍，土壤 Cd、Zn 和 Pb 达到极显著相关，区域土壤呈现出 Cd、As、Pb、Cu、Zn 等复合污染的特征。

在污染叠加区剖面土壤重金属（Cd、Cu、Zn、As、Pb）含量均比对照高，两个区域的农用地土壤重金属含量均比林地和荒地高，且呈现 0～20cm 含量最高，随着剖面深度增加而减小的趋势，说明农用地受农业源，如有机肥施用的影响，土壤表层富积明显。污染叠加区林地和荒地土壤重金属含量也呈现出随着剖面深度增加而减小的趋势，对照区则呈现出相反的趋势。Cd 在耕层土壤中富集，可通过淋溶向下迁移，随深度递增，Cd 含量逐渐降低，但在 1m 深度附近会形成一个相对高的淀积层，淀积层的 Cd 含量与土壤有机质、铁锰氧化物含量和比表面积呈显著正相关关系，可见，Cd 随着土壤可溶性有机碳、铁锰氧化物和土壤黏粒在剖面上向下迁移，并在深层沉淀和富积。若 Cd 在土壤剖面中继续向下迁移，在喀斯特山地土壤层薄、坡度大的情况下，可能通过地下漏失而影响地下水。

土壤 Cd 的形态分布在地质高背景区和污染叠加区有较大差异，在污染区土壤中可还原态镉含量与残渣态基本一致，在人为因素（如工业排放）影响下，Cd 的迁移转化能力较强，相对地，在地质高背景对照区，土壤 Cd 则以残渣态为主，表现出较高的稳定性。土壤中 Cd 的形态分布及其迁移转化机制是一个复杂的过程，除土壤 pH、有机质和质地等有显著影响外，也受植物吸收、地理和环境等因素的影响。

第5章　喀斯特地区典型农作物对镉的吸收、转运及富集

据 2014 年全国土壤污染状况调查公报，重金属 Cd 的点位超标率达 7.0%，在西南、中南地区土壤重金属超标范围尤为严重（环境保护部和国土资源部，2014）。贵州是典型的喀斯特地区，具有 Cd 地球化学高背景特性（含量达 0.659mg/kg）（阮玉龙等，2015），其背景值远远高于全国平均值（国家环境保护局，1990）。有研究表明，贵州耕地土壤镉污染指数已达到 4.05，属于 Cd 重污染区（宋春然等，2005）。唐启琳（2019）研究表明喀斯特地区耕地土壤、林地土壤 Cd 含量几何均值分别为 1.33mg/kg、1.57mg/kg。王旭莲等（2021）研究结果表明，贵州省喀斯特地质高背景区土壤总 Cd 含量普遍较高，92.2%超过农用地土壤污染风险筛选值，58.3%超过土壤污染风险管制值，超过管制值的土壤主要分布在黔西北的赫章和威宁，土壤处于中度到重度污染水平。但仕生（2020）研究表明，贵州省册亨县土壤中 Cd 元素的平均值为 0.74mg/kg，变化范围为 0.04~18.2mg/kg，变化幅度较大，且 Cd 元素的变异系数为 1.96，表明在土壤中具有很强的变异性。龙家寰等（2014）选择贵州碳酸盐岩地质条件下的典型重金属污染区为研究对象，探索在 Cd 的地球化学高背景下，不同来源 Cd 在土壤中的空间分布。

重金属 Cd 对作物的影响主要是两方面：一方面是营养品质，如淀粉、蛋白质、脂肪等养分的含量；另一方面是卫生质量，最主要是重金属的总含量（王农等，2008）。邓禄军等（2013）研究表明，Cd 胁迫下马铃薯块茎的产量和品质均会受到影响，并随着 Cd^{2+} 浓度的增加，马铃薯块茎鲜重显著降低，干重、比重、干物质积累率及淀粉含量极显著降低。有研究表明，土壤 Cd 含量超标率达到 25.5%，马铃薯的超标率可以达到 21.74%（赵亚玲，2018）。

西南喀斯特地区土壤 Cd 具有"高地质背景、低污染风险"特征，但超过《土壤环境质量农用地土壤污染风险管控标准（试行）》风险管制值的区域是否仍具有低风险性，是迫切需要回答的问题（杨寒雯等，2021）。王旭莲等（2021）研究地质高背景区马铃薯安全生产的土壤 Cd 安全阈值发现，虽然研究区土壤 Cd 超标严重，但马铃薯超标率相对较低，超标倍数小，得出结论：现行的农用地土壤 Cd 标准应用于喀斯特地区可能较为严格。

5.1　玉米对镉的吸收、转运及富集

5.1.1　玉米对镉的生理生化的响应

Cd 从土壤-植物-人体系统中的迁移转运经历三个主要过程：第一个过程是植物根部对土壤中 Cd 的活化与吸收；第二个过程是 Cd 进入植物根部细胞后，再由植物木质

部进行装载以及转运到地上部分；第三个过程是植物韧皮部向植物果实或者籽粒中进行进一步迁移（Clemens et al.，2002）。在土壤中，Cd 一般通过扩散、质流和截获到达植物根部表面。被动吸收和主动吸收是植物根系吸收 Cd^{2+} 的两种途径。被动吸收通过质外体，不耗能，其驱动力主要是根际土壤环境中植物根部细胞膜内外的 Cd^{2+} 浓度差和植物叶片的蒸腾作用。主动吸收通过共质体，需要能量（张利强，2012）。在 Cd 吸收过程中，木质部在 Cd 从根到茎的运输中起着重要作用（Uraguchi et al.，2009），而韧皮部则是运输 Cd 到籽粒的主要途径（Khanam et al.，2020）。有研究表明，紫薯根系与无机离子转运蛋白（如二价阳离子转运蛋白、ABC 转运蛋白家族和门控通道家族）相关的上调基因数量（上调 156）明显大于普通红薯（上调 68），表明紫薯根系对 Cd 及矿质元素具有较高的吸收、转运能力，是紫薯 Cd 富集量较高的原因之一（赖金龙，2021）。

植物根系吸收 Cd^{2+} 之后，由植物木质部装载，再向植物的茎干以及果实中进行转运。Cd^{2+} 进入植物根系细胞后要经过三个过程到达木质部：根系细胞的固定及区室化、共质体运输到根系中柱、释放进入木质部。Cd^{2+} 通过植物根系表皮细胞的质外体空间较为容易，但在植物根系的内皮层中存在着一圈"凯氏带"，而这对 Cd^{2+} 进入根部维管束中起到了极大的阻碍作用。因此，Cd^{2+} 在转运到植物根系中柱的木质部之前，一般需要先进入植物的根系共质体系统中（Tester and Leigh，2001）。在植物结实期镉过韧皮部进入籽实中，而籽粒中的 Cd 几乎不能运输到其他部分，主要通过食物链进入动物和人体中（张玉秀等，2008）。

有学者（赵雄伟等，2015）以低积累型品种'郑单958'和高积累型品种'成单 30'为材料，采用室内溶液培养方法，在不同浓度（0～400μmol/L）Cd 胁迫后测定玉米幼苗生长、生理生化特性，分析其对玉米苗期形态、生理生化特性等的影响。结果表明，随着 Cd 浓度的增加和胁迫时间的延长，总根长、株高、整株鲜质量以及叶绿素含量富集能力和转运能力均明显下降，叶片的相对电导率显著上升。叶片 Cd 含量分别与叶片超氧化物歧化酶（superoxide dismutase，SOD）、过氧化物酶（peroxidase，POD）、过氧化氢酶（catalase，CAT）活性，叶片相对电导率和叶片转运系数极显著相关。另有学者采用砂培试验，用不同浓度镉对玉米幼苗进行处理，发现镉对玉米的毒害受时间和浓度两方面的影响，在低浓度镉处理下，玉米的叶绿素含量和过氧化物酶活性首先稍升高，可以认为这是植物的一种自我保护性机制抵抗 Cd 胁迫的不利影响；但随着 Cd 处理浓度的增大，叶绿素含量和根系活力降低，脯氨酸含量增加，这表明玉米对低浓度镉有一定的抵抗能力，但在高浓度处理下则受到损害。

玉米植株在重金属胁迫下的生理生化反应是多方面的，并且在品种之间呈现出较大的抗重金属胁迫差异。重金属胁迫下玉米细胞层面的应对机制从物质构成上来说，包括受到重金属胁迫后核酸类物质 DNA、RNA 等转录组活动增强，各类氨基酸类物质的加速合成；在蛋白质层面上重金属胁迫响应机制，主要包括各类抗氧化酶及同工酶的合成、活性增强，以及各类重金属诱导的结合蛋白合成；在细胞器层面上细胞壁的沉淀作用、液泡的阻隔作用等，通过上述生理生化过程形成完整的重金属胁迫响应机制。质膜结构是玉米各类生理生化反应发生的主要场所和载体，也是控制物质运输的主要渠道。重金属胁迫会严重破坏原生质膜、叶绿体膜、线粒体膜、液泡膜等各类质膜结构,从而严重影响各类生理生化过程(代文雯,2017),Cd 胁迫对玉米形态的影响主要源于 Cd 对内源性植物激素水平的干扰、光合作用的影响以及水分与养分吸收的抑制等方面。相较其他粮食作物,玉米在 Cd 胁迫下的生理响应具有一定特殊性。镉对玉米的发芽种子抑制作用最小,秧苗期敏感性增加,拔节期的玉米植株受影响最大,且随着叶位的不断增加,玉米叶中重金属含量逐渐降低,时间上随着玉米植株的生长,其对镉的敏感性表现得越来越明显,并且地上部比根部更加明显(Klaus et al.,2013)。

5.1.2　玉米对镉的吸收和转运特征

有学者(袁林等,2018)以西南地区主推的 9 个玉米品种为研究对象,利用四川某铅锌矿区镉污染土壤为供试土壤,通过盆栽实验研究不同玉米品种对重金属 Cd 的吸收富集差异。研究结果表明:各玉米品种对 Cd 的吸收量均表现为地下部分＞地上部分。不同玉米品种的富集转运系数不同。其中几个玉米品种的地下部分重金属 Cd 生物富集系数(bioconcentration factor,BCF)均大于 1。各玉米品种根与茎、根与籽粒的重金属 Cd 含量均表现为负相关性。根据玉米植株的生长状况、生物量对 Cd 的富集能力和转运能力等指标进行评价,筛选出可作为对土壤重金属 Cd 污染修复有用的玉米品种。玉米对重金属 Cd 富集能力均表现为地下部分大于地上部分,其中 9 种玉米品种 BCF 和转运系数范围分别为 1.16～1.76 和 0.268～0.902,说明 9 种玉米品种具有一定的富集和转运能力,且玉米的富集能力是强于转移能力的。还有学者(邓婷等,2019)以 11 个玉米品种为研究对象,在 Cd 含量为 2.5mg/kg 的土壤中培养 50d,结果发现 11 个品种玉米的根、茎叶的干质量、Cd 质量分数、BCF 和转运系数间均差异显著($P<0.05$)。主成分分析结果显示,华彩糯 3 号和广红糯 8 号玉米对 Cd 的富集和转运能力强于其他品种($P<0.01$)。华彩糯 3 号和广红糯 8 号玉米对 Cd 的富集和转运能力较强,属于 Cd 高富集玉米品种,在 Cd 污染土壤修复中具有较大的应用潜力。

陈建军等(2014)通过盆栽试验研究土壤 Cd 胁迫(50mg/kg)对 25 个玉米品种的影响,结果发现,Cd 胁迫条件下 25 个玉米品种对 Cd 的 BCF、茎叶转运系数和籽粒转运系数差异显著($P<0.05$),表明不同玉米品种对 Cd 的吸收富集能力和转运能力存在明显的品种间差异。其范围分别为 0.063～0.899、0.038～0.554、0.000～0.111,BCF、转运系数均小于 1,其中有 8 个品种 BCF＞0.5,1 个品种茎叶转运系数＞0.5,而所有品种的籽粒转运系数均＜0.5,说明玉米对土壤 Cd 仍有一定的吸收能力,但地下部向地上部转运能力以及由茎叶向籽粒的转运能力也较弱。郭晓方等(2010)通过田间试验,研究了 8 个玉米品种对重金属 Cd、Pb、Zn 和 Cu 富集与转运的品种差异,以期筛选出适合广东地区冬季种植的低富集玉米品种。结果表明,8 个玉米品种间籽粒和茎叶 Cd、Pb、Zn 和 Cu 含量存在显著差异。玉米籽粒重金属含量在品种间差异达显著水平,甜玉米品种籽粒重金属含量高于饲料玉米品种,因此,在重金属污染的土壤上不宜种植甜玉米。玉米中 Cd、Pb、Zn 和 Cu 含量通常为籽粒低于茎叶,即转运系数小于 1。重金属转运系数越小,说明重金属越易于在茎叶中富集,而只有少部分转运到籽粒中,从而阻隔重

检测出 As、Cd、Pb 在蔬菜样品中的超标率分别为 6.25%、87.50%、12.5%，在大米样品中的超标率分别为 100%、100%、40%，蔬菜样品 Cd 重度污染的占 62.5%。岳蛟等（2019）评价了安徽省某市农产品重金属污染水平，发现农产品中 Cr、Pb、Cd 和 As 4 种重金属元素都是在偏酸性的土壤上 BCF 较大，而 Hg 在偏碱性土壤上富集能力较强。都雪利等（2020）以辽宁某典型冶炼厂为研究对象，采集冶炼厂北部 1～15km 的农田土壤及种植的农产品，测定分析了 Cd、Pb 等重金属含量，发现花生、玉米和蔬菜受到 Cd、Pb 污染，3 类农产品 Cd 超标率分别为 100%、69% 和 1%，Pb 超标率分别为 100%、46% 和 13%。建议减少花生、玉米和小白菜种植，适当增加种植大白菜、萝卜。随与冶炼厂距离的增加，土壤 Cd、Pb 含量均呈降低趋势，农产品重金属污染特征表明重金属含量高的农产品分布在冶炼厂附近地块。可见，土壤中重金属会迁移到农产品中导致农产品重金属污染，伴随着人类活动，如土法冶炼、施用化肥农药等会加重农产品中重金属的污染。

贵州省马铃薯种植面积超过 1000 万亩，是全国第三大产区。主要分布在六盘水、毕节、遵义市北部地区。据 2015 年《中国统计年鉴》数据统计，2014 年贵州省薯类作物播种面积达 94.5 万 hm^2，产量高达 289.9 万 t（中华人民共和国国家统计局，2015），是贵州省主要的粮食作物，也是主要的经济来源之一。土壤中的 Cd 可以通过植物根部吸收、转运，并进一步富集在植物体内。Cd 污染能影响马铃薯的生长，最终导致马铃薯块茎的单株产量的下降，当 Cd 积累达到一定程度后，植物体就会表现出叶片中叶绿素含量的降低、根部坏死、生长迟缓等中毒症状（白瑞琴等，2012）。

Cd 是光合作用的抵制剂，它降低叶绿素 a、b 和 Chla/Chlb 比值，可引起气孔开度减少甚至关闭，CO_2 不能进入叶片，从而降低植物的光合速率（邓禄军等，2013）；Cd 导致叶绿素酸酯还原酶活性受到抑制，氨基-Y 酮戊二酸的合成受到阻碍（Scebba et al.，2006）；有研究表明，叶绿素含量降低与合成叶绿素所需的酶受 Cd 破坏有关。Cd 胁迫导致马铃薯根系受到严重影响，根生长受到抑制，导致根系形态发生变化甚至畸形，根长度、根表面积、根体积减小，在 Cd 高浓度处理下，根系发生褐变、坏死等症状，从而影响植株地上部分生长发育及养分的吸收（秦天才等，2000）。

Cd 对马铃薯抗氧化酶的影响。SOD、POD 和 CAT 是植物体内活性氧酶促防御系统的 3 种重要保护酶（仇硕等，2008）。马铃薯叶片内 SOD、POD 和 CAT 在 Cd 低、中浓度（10mg/kg、20mg/kg）内活性显著增强，SOD、POD 和 CAT 在植物机体抵抗 Cd 的胁迫起到了一定的积极作用，减少了活性氧自由基的积累，对植物细胞起到有效的保护作用。但 Cd 在高浓度时，SOD、POD 和 CAT 的活性显著降低，Cd 使马铃薯叶片中产生大量的活性氧自由基，使 3 种酶活性有所降低，导致马铃薯生理代谢紊乱（王兴明等，2006）随着 Cd 处理浓度的提高，马铃薯叶片中 SOD、CAT 活性呈先上升后下降的趋势（郭卉，2008）；植物受到 Cd 胁迫后，产生过多的活性氧诱发高活性的自由基，导致植物细胞膜脂过氧化，改变活性氧代谢的有关酶系，如抗氧化酶系的活性，从而抑制植物的生长（李秀珍和李彬，2008；王翠，2010）。

Cd 对马铃薯品质的影响，包括对维生素 C、淀粉、蛋白质、可溶性糖的影响（王翠，2010）。Cd 胁迫降低了马铃薯块茎淀粉含量，这可能是在土壤 Cd 胁迫条件下，马铃薯正常生长发育和植株体内物质合成、转运与积累受到了影响。Cd 抑制了马铃薯块茎中蛋白质的合成，原因可能是 Cd 破坏蛋白质的合成系统，从而使蛋白质的含量降低；也可能是因为 Mg^{2+} 介入了蛋白质合成的启动阶段，但是在 Cd 胁迫下 Mg^{2+} 与 Cd 离子发生交换，导致蛋白质的合成无法启动，从而抑制了蛋白质的合成（王沛裴等，2016）。Cd 胁迫使马铃薯块茎维生素 C 含量降低（李正强等，2010），维生素 C 是保护植物机体免受氧化胁迫、环境胁迫等造成伤害的一种重要的抗氧化物质，同时维生素 C 还能维持维生素 E 使其保持为还原态，Cd 使马铃薯块茎受到不同程度的氧化胁迫，使块茎维生素 C 合成受阻。相关研究表明可溶性糖在植物体内的主要作用是渗透调节，Cd 能使马铃薯可溶性糖降低（邓禄军等，2013），可能是植物重金属 Cd 胁迫下，体内碳水化合物代谢紊乱（秦天才等，2000）。

5.2.2　马铃薯对镉的吸收和转运特征

马铃薯的吸 Cd 特性通常用转运系数和 BCF 来表示；转运系数是指土壤-植物体的迁移能力和植物各部位间的迁移能力；BCF 是指植物体中某元素的含量与该元素在基质中的含量的比值。有研究表明，基因型是影响马铃薯对 Cd 的 BCF 和转运系数的主要因素；人们常利用不同作物品种转运系数和 BCF 的差异性，对在 Cd 污染土壤上进行农业生产的合理布局提供依据，即选择低迁移和低富集 Cd 作物品种作为种植对象，可以有效降低作物可食部位 Cd 含量，进而提高农产品的食用安全性。根据不同品种作物吸收 Cd 特性的研究，选育出低 Cd 积累作物品种来降低作物对 Cd 的吸收和积累，从而减少农产品中的 Cd 含量，这被国内外普遍认为是现实可行的途径。筛选 Cd 积累能力弱的农作物品种是国内近年研究的热点。贵州是 Cd 地质高背景区，同时也是马铃薯生产大省，选出低积累的马铃薯品种，种植在 Cd 污染区来生产安全的马铃薯。在黄壤、石灰岩土两种土壤中，'费乌瑞它'的根、茎叶和块茎中的 Cd 含量均高于其他品种马铃薯，'宣薯 2 号'的块茎中 Cd 含量均低于其他品种的马铃薯（图 5-1 和图 5-2）。

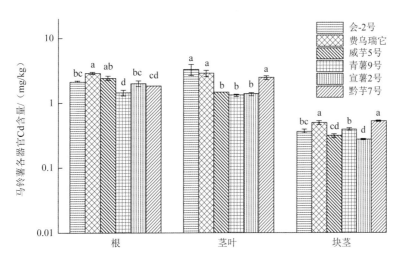

图 5-1　黄壤中各马铃薯品种根、茎叶、块茎 Cd 含量（胡新喜等，2015）

不同小写字母表示黄壤中不同马铃薯品种的相同部位差异显著（$P<0.05$）

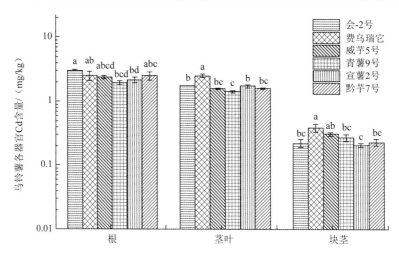

图 5-2　石灰（岩）土中不同马铃薯品种根、茎叶、块茎 Cd 含量（胡新喜等，2015）

不同小写字母表示石灰（岩）土中不同马铃薯品种的相同部位差异显著（$P < 0.05$）

用转运系数 TF1 表示重金属在土壤-马铃薯根间的转运能力，TF2 表示重金属在马铃薯根-马铃薯茎叶间的转运能力，TF3 表示重金属在马铃薯茎叶-马铃薯块茎间的转运能力。

在两种土壤中，'青薯 9 号'的 TF1 相对较小，而 TF2 和 TF3 比较大，导致其 BCF 偏大；'费乌瑞它'总体的转运系数均比较大，所以 BCF 也相对较大；据表 5-3 和表 5-4 可知，在黄壤种植的马铃薯 Cd 的 BCF 均大于在石灰（岩）土种植的马铃薯。

表 5-3　黄壤中马铃薯镉的转运系数及 BCF（胡新喜等，2015）

马铃薯品种	转运系数			BCF
	TF1	TF2	TF3	
会-2 号	3.78	1.37	0.11	0.64
费乌瑞它	5.09	0.99	0.17	0.87
威芋 5 号	4.28	0.60	0.21	0.55
青薯 9 号	2.55	0.90	0.30	0.69
宣薯 2 号	3.54	0.68	0.20	0.48
黔芋 7 号	3.24	1.33	0.21	0.92

表 5-4　石灰（岩）土中马铃薯镉的转运系数及 BCF（周显勇，2019）

马铃薯品种	转运系数			BCF
	TF1	TF2	TF3	
会-2 号	5.32	0.56	0.13	0.38
费乌瑞它	4.38	0.99	0.16	0.68
威芋 5 号	4.11	0.66	0.20	0.54

续表

马铃薯品种	转运系数			BCF
	TF1	TF2	TF3	
青薯 9 号	3.38	0.71	0.20	0.47
宣薯 2 号	3.01	0.99	0.12	0.36
黔芋 7 号	4.38	0.63	0.14	0.38

5.2.3　马铃薯对镉的富集规律及影响因素

马铃薯的根、茎、叶和块茎中都不同程度地分布着 Cd；多个研究表明，块茎中 Cd 的含量是所有器官中最小的，而根、茎、叶中的含量大小存在着差异（Chen et al., 2014）。在白瑞琴等（2012）的研究中，地下部 Cd 的含量比地上部的大。在不同的生育期相同部位的 Cd 含量也存在着差异；从块茎形成期到块茎膨大期，叶片的 Cd 含量随生长时间呈增长趋势，茎的 Cd 含量随生长时间则小幅下降；成熟期块茎中 Cd 含量比膨大期小幅增加，重金属 Cd 含量的增加是由于植株生长或块茎膨大，干物质量或产量显著增加，各时期叶片 Cd 积累量显著高于茎（胡新喜等，2015；丁文和王海勤，2005）。

在胡超等（2011）的研究中发现，块茎在形成初期 Cd 的含量超过国家食品卫生标准限量，而在成熟期块茎中 Cd 含量则是达标的。这可能是由于重金属自身的难移动性使其较难或只能少量向地上部和营养器官转运，使其主要聚集在块茎中。随着马铃薯块茎的不断膨大，块茎中重金属的积累速度小于块茎体积的增长速度，从而使块茎中 Cd 的质量分数逐渐变小，至收获时重金属含量达到最低，均低于国家食品卫生标准。有学者（李威，2022）通过对黄棕壤、潮土的两种土壤类型马铃薯品种的各部位对 Cd 的富集特征研究，以及不同外源 Cd 在黄棕壤、潮土添加的盆栽实验研究发现：①黄棕壤和潮土中，10 个品种马铃薯各部位的含量由大到小为根>茎>叶>薯皮>薯肉，并且黄棕壤大于潮土，薯肉的 Cd 含量为 0.01~0.29mg/kg；在潮土中，薯肉 Cd 含量均未超标；黄棕壤未添加外源 Cd，超标率 70%；添加外源 Cd 后，超标率为 90%。BCF 由大到小：根>茎>叶>薯皮>薯肉，转运系数潮土大于黄棕壤。'丽薯 15 号'茎叶低富集 Cd，'威芋 5 号'根、叶高富集 Cd；'青薯 9 号'、'黔芋 8 号'为茎高富集；'青薯 9 号'、'川芋 A5e'为薯肉高富集。②黄棕壤和潮土中，不同添加外源 Cd 的'青薯 9 号'的生物量潮土>黄棕壤；'青薯 9 号'根、茎、叶、薯肉、薯皮的 Cd 含量为 0.06~7.00mg/kg，各部位含量由大到小为茎>根>叶>薯皮>薯肉，'青薯 9 号'薯肉 Cd 的含量为 0.01~0.18mg/kg，随土壤 Cd 浓度增大而增加；'青薯 9 号' Cd 的 BCF 为 0.03~2.27，潮土'青薯 9 号'薯肉 Cd 的 BCF 为 0.03~0.11，黄棕壤的薯肉 Cd 的 BCF 范围为 0.07~0.19，'青薯 9 号'在黄棕壤中薯肉 Cd 均超标，超标率 100%；潮土中，添加外源 Cd 为 2.1mg/kg，'青薯 9 号'的薯肉 Cd 含量为 0.13mg/kg，超标率 10%，转运系数为 0.02~2.20。薯肉 Cd 富集与 pH、土壤总镉线性回归方程为 $y_1 = 0.226 - 0.25x_1$（$R^2 = 0.269$，$P < 0.05$）、$y_2 = 0.114 - 0.16x_1 + 0.053x_2$（$R^2 = 0.849$，$P$

＜0.01）。黄棕壤和潮土中，使用 log-normal 和 Burr Ⅲ函数确定不同马铃薯品种对镉的敏感性为：'黑美人'和'川芋 A5e'马铃薯品种在酸性土壤中不敏感和敏感，而'黔芋 8 号'和'丽薯 15 号'在碱性土壤中敏感和不敏感；采用 BCF（全量法）计算土壤 Cd 临界值：未添加外源 Cd 和添加 0.9mg/kg 外源 Cd 后，黄棕壤平均 Cd 临界值分别为 0.411mg/kg 和 0.461mg/kg，潮土的平均值分别为 0.716mg/kg 和 0.888mg/kg。经过靶标法危害系数评价，对成人来说黄棕壤和潮土种植后的 10 个马铃薯品种的薯肉和不同外源添加浓度'青薯 9 号'薯肉的靶标危害系数（THQ）值均小于 1，对人体健康的危害风险比较小，对儿童人体健康带来的风险明显高于成人；马铃薯主食化后人体健康风险增加。

土壤理化性质不但影响植物对重金属的吸收、转运和富集，也是制定土壤阈值（土壤筛选值等）的重要影响因素，同时可以为特定位点的场地风险评价提供基础依据（刘克，2016）。土壤理化性质影响污染物对植物或动物的生物可利用度和毒害性，且通常是一种或多种土壤性质共同作用的结果。在唐羽（2013）的研究中，土壤 pH 和 CEC 确定土壤阈值有显著的相关性，其中 pH 占主要作用。杨阳等（2017）研究发现，土壤 Cd 风险阈值随土壤 pH 和土壤有机质（SOM）的增加而增加。相同土壤种植马铃薯，各品种间转运系数和 BCF 存在差异，导致这一差异的原因是基因型的不同；刘维涛和周启星（2010）认为，植物基因型是影响作物重金属吸收最重要的因素，作物品种间和品种内的重金属积累水平具有很大的差异；而重金属在植物体内的积累主要由以下三个重要的生理过程控制：①植物根系对重金属的吸收；②植物木质部对重金属的装载和向地上部组织的运输；③植物组织中重金属在细胞水平上的分布，而这些生理过程大多是受植物基因所控制，在不同的植物中，这些生理过程不相同，对 Cd 的积累也有很大差异。黄永东等（2011）指出，植物对 Cd、Cu、Pb 和 Mn 的吸收和积累主要受基因型影响。毛亚西等（2018）研究发现，不同品种水稻对 Cd 的吸收作用存在着显著差异。现今，国内外学者利用基因型影响植物对重金属吸收这一特性，筛选出适合当地生产且对重金属吸附较小的品种。罗宇（2017）通过大田试验，分别筛选出适合在轻度污染和中度污染的红壤上种植的品种。重金属从土壤到植物的转移主要取决于重金属的有效形态，大量研究已表明对重金属的有效形态产生影响的因素众多，包括 pH、有机质（organic matter，OM）、阳离子交换量（CEC）、氧化还原电位、黏土矿物、铁锰氧化物、碳酸钙含量及耕作方式等（Jung，2008；Wang et al.，2009；Chapman et al.，2013）。而土壤性质被认为是影响土壤中金属转移到作物的重要因素。有研究表明，在酸性土壤环境下，吸附反应对土壤 Cd 的形态组成起主要作用，而在中性或碱性土壤环境下，Cd 的氢氧化物、硫化物、碳酸盐和磷酸盐的沉淀反应对 Cd 有效性起主要作用（宗良纲和徐晓炎，2003）。土壤有机质影响 Cd 的迁移主要是因为其中的胡敏酸等固相大分子能提供更多与 Cd 结合的吸附位点而固定 Cd，并降低其有效性，而相对低分子的富里酸等可溶性有机酸往往增加土壤中 Cd 的移动性（Garcia-Mina et al.，2006）。杭小帅等（2007）研究认为，黏土矿物含量高的土壤中，Cd 等重金属的生物活性会降低。和君强等（2017）探讨了土壤镉限值（HC_5）与土壤性质参数的量化关系和预测模型，结果表明，pH、有机质和土壤全 Cd 对 HC_5 影响显著，分别可控制 HC_5 变异的 62.2%、19.4%和 18.3%。戴碧川（2016）

研究土壤和水稻之间 Cd 污染的相关性和安全阈值结果表明，土壤 pH 和土壤黏粒这两个因素相结合后与土壤安全阈值有显著的线性相关性（$R^2 = 0.89$，$P<0.05$）。

5.3　小麦对镉的吸收、转运及富集

5.3.1　小麦对镉的生理生化的响应

　　小麦生理生化受到毒害包括了新陈代谢各个方面，如酶系统、光合系统、营养代谢、生物大分子代谢等。小麦生长发育是反映植物生命活动强弱的一个生理指标。无论根系生长还是发芽都与 Cd 浓度密切相关，反映了 Cd 作为一种有毒元素，干扰植物的各种生理生化反应和过程的阶段性和多元化。有学者（何俊瑜等，2009）以小麦为试验对象，采用室内培养方法，研究了不同浓度的镉浓度对小麦种子萌发和幼苗生长、丙二醛及抗氧化酶系统的影响，结果表明，较低浓度镉胁迫对种子发芽率、发芽势、芽生长的抑制效应较小。随着镉胁迫浓度的提高，发芽指数、活力指数及根生长明显受抑制，且镉胁迫浓度越大，抑制作用越大。Cd 在小麦幼苗不同部位的富集特征均为根部＞叶片，即地下部分＞地上部分。这说明重金属 Cd 在小麦幼苗中的富集主要集中在根系，只有少量金属可以转移到地上部分叶片（闫磊等，2015）。

　　Cd^{2+} 胁迫对小麦抗氧化保护酶类，如 SOD、CAT、POD、谷胱甘肽还原酶（GR）、谷胱甘肽硫转移酶（GST）等的影响主要表现为在较低 Cd^{2+} 浓度时酶活性增加，但当细胞内的 Cd^{2+} 使这种防御体系达到饱和后，在细胞中游离的 Cd^{2+} 就会通过不同的途径干扰和破坏细胞的正常代谢过程，最终导致小麦生长异常直至死亡（贾夏等，2011）。随着镉浓度的增加，幼苗根、芽中的丙二醛（MDA）含量、愈创木酚过氧化物酶（G-POD）明显增加，SOD 活性呈现先增加后降低的趋势，其中，根的 SOD 活性在 1000μmol/L Cd 胁迫下略低于对照，而 CAT、抗坏血酸过氧化物酶（APX）活性总体呈下降趋势，且浓度越高下降幅度越大，表明遭受了氧化胁迫和膜脂过氧化损伤，这可能是镉胁迫下小麦幼苗根生长受阻的重要原因（何俊瑜等，2009）。总体而言，一定程度的 Cd 胁迫能提高 POD 酶活性，胁迫程度过高则表现为抑制，敏感型品种酶活性低；长时间 Cd 胁迫会降低 SOD 酶活性，叶绿素含量在 Cd 胁迫下降低。随 Cd 处理浓度的增加，小麦通过提高低活性 Cd 的比例，来提高自身抗 Cd 胁迫的能力。不同小麦品种 Cd 吸收积累和分布的特征不同，对 Cd 胁迫的响应也不同，但整体上表现为：抗性品种的 Cd 吸收量小、高活性 Cd 占比小、生理响应的水平高（张大众等，2019）。

5.3.2　小麦对镉的吸收和转运特征

　　小麦生长对 Cd 胁迫存在临界值，低水平 Cd 胁迫可以促进小麦生长，高水平 Cd 胁迫则抑制小麦生长，且胁迫质量分数越大，抑制作用越明显。高水平的 Cd 胁迫抑制小麦的生长，小麦各部位对 Cd 的富集能力随着 Cd 胁迫水平的升高而先增加后减小，籽粒和茎叶的迁移能力变异性较大，小麦不同部位的 Cd 质量分数为根＞茎叶＞籽粒，说明 Cd

主要在小麦根部积累，只有少量会向地上部位迁移，即 Cd 在新陈代谢旺盛的器官蓄积量较大，而营养存储器官（如籽粒）中蓄积量较少（赵一莎等，2016）。

有学者用大田试验以不同镉耐性的小麦为试验材料，研究了镉（0mg/kg、10mg/kg、50mg/kg、100mg/kg）对不同镉耐性小麦品种干物质积累、干物质转移、叶面积指数及产量的影响。结果发现，一定浓度范围的 Cd 胁迫可以增加小麦的叶面积指数，超过这一浓度范围则呈现为抑制作用，这一临界值因小麦品种不同而异。此外，土壤 Cd 添加量在一定范围时，对小麦各器官的干物质积累及同化物转移同样具有促进作用，这一临界值不仅因小麦品种不同而异，也因器官不同而异（朱志勇等，2012）。有学者（管伟豆，2021）以我国北方小麦、玉米的主要产区与消费地为研究区，且取样区域为正常的耕作农田。在研究区内不同程度下 Cd 的污染农田采集了小麦和对应点的土壤样品共 147 对，结果发现：除土壤阳离子交换量（cation exchange capacity，CEC）和土壤 DTPA-Cd 含量外，土壤 pH、土壤有机质（SOM）和土壤黏粒含量（clay content，<0.002mm）含量均与小麦籽粒 Cd 的 BCF 呈显著相关，相关系数分别为–0.18、0.14 和–0.53。由土壤 pH、SOM 和 clay content 含量三个自变量所建立的回归模型 lg[BCF] = –0.097pH + 0.11lg[SOM] + 1.2lg[clay content] + 0.81（$r = 0.732$，$n = 147$）可解释 54%的 BCF 变异。基于物种敏感性曲线法，使用 logistic 模型分析显示小麦品种对土壤 Cd 毒害的敏感性。基于北方小麦产区土壤的性质特征，可设定不同的典型情景，得到小麦适宜产区以及禁产区的土壤 Cd 阈值，土壤 Cd 含量在宜产区阈值和禁产区阈值之间即可划分为小麦限产区，为小麦安全生产打下基础。

5.3.3　小麦对镉的富集规律及影响因素

另有学者（刘克，2016）采集全国小麦产区耕层具有代表性的 15 种土壤（0～20cm）[分别为重庆紫色土（北碚区农田）、辽宁沈阳棕壤、江西鹰潭红壤、安徽合肥黄棕壤、黑龙江海伦黑土、吉林公主岭黑土、江苏常熟黄棕壤、陕西杨凌娄土、河北廊坊潮土、河南郑州潮土、新疆乌鲁木齐灰漠土、山西太谷褐土、天津潮土、甘肃张掖灌淤土、山东德州潮土，以上土壤基本涵盖我国大部分土壤类型]，研究小麦对 Cd 的转运与富集。

重金属的毒性预测模型也是目前研究的热点，主要有两种方法：经验回归模型和机理模型［如自由离子活度模型及生物配体模型］较为常用，认为水体重金属毒性是其化学性质（如 pH、硬度、碱度、无机配位体、有机配位体）的函数，但是这两种模型的缺陷是主要应用于重金属在水体环境的毒性评价，不易使用在陆地环境，是因为重金属在土壤中的生物化学行为比较复杂，影响其吸收的因素较多，并且着重研究重金属对植物根的短期毒性作用，侧重于重金属离子在外界与生物体的平衡，而忽略了重金属对其他部位的长期毒性效应，而由土壤性质指标建立的经验回归模型在预测植物对重金属的富集方面更优于机理模型。除了土壤全量 Cd 外有效态 Cd 也可作为土壤性质指标，实际上虽然众多试验表明植物 Cd 含量与土壤有效态 Cd 含量关系更紧密，但在建立植物 Cd 的多元回归模型时（包括土壤 pH、OC、CEC、黏粒含量等），土壤全量 Cd 比有效态 Cd 预测效果更好。

用 SPSS 20.0 逐步线性回归法拟合 15 个土壤理化性质（pH、OC、CEC、黏粒含量）与籽粒 Cd 的 BCF，包括对照（不添加 Cd）、低浓度（酸性和中性土添加 Cd 浓度 0.3mg/kg，碱性土添加 0.6mg/kg）、高浓度（酸性和中性土添加 Cd 浓度 0.6mg/kg，碱性土添加 1.2mg/kg）3 种处理，拟合结果如表 5-5 所示。

表 5-5　籽粒 Cd-BCF 的预测方程

	处理	拟合方程	R^2	P	n
	对照	（1）$\log BCF = -0.438pH + 2.048$	0.721	<0.001	15
全量法	低浓度	（2）$\log BCF = -0.200pH + 0.635$	0.617	<0.001	15
	高浓度	（3）$\log BCF = -0.264pH + 1.244$	0.836	<0.001	15
外源法	低浓度	（4）$\log BCF = -0.187pH - 0.892\log OC + 1.545$	0.726	<0.001	15
	高浓度	（5）$\log BCF = -0.254pH + 1.227$	0.796	<0.001	15

王雨生等（2012）利用盆栽试验研究了连续两年施用重金属低污染和高污染污泥后，贵州地区酸性土壤和碱性土壤中玉米、小麦中重金属 Zn、Cd 的富集情况，并利用内梅罗综合指数法对植物中 Zn、Cd 的污染情况进行了评估。结果显示，添加重金属高污泥的处理中 Zn、Cd 浓度明显高于其他处理，酸性土壤中添加污泥后植物中 Zn、Cd 浓度要普遍高于石灰性土壤。污泥第一年施用后，玉米中 Zn、Cd 浓度处于安全范围，第二年继续施加后，小麦中 Zn、Cd 浓度属于轻度污染状况。污泥中富含有机质和其他养分元素，可以考虑作为农肥进行施用。试验结果显示，第一年施加后，对于玉米的生长有明显的促进作用，可以作为农用肥。但是，在第二年连续施加后，小麦的生长状况并没有出现明显的增加。相反，个别处理出现了产量降低的情况，其原因可能是选用污泥中含有大量的重金属元素，对植物的生长产生了胁迫作用。因此，在连续施用污泥作物农肥时，其农用效果需要仔细论证，慎重选择。对玉米、小麦各器官中重金属 Zn、Cd 浓度进行分析后发现，不同处理间重金属 Zn、Cd 的富集情况不同，其中添加了高污染污泥 W2 的处理与其他处理差异性达到了显著水平。各处理中，总体上在酸性土壤 S1 中添加污泥后玉米、小麦各部位 Zn、Cd 的富集量要大于碱性土壤 S2 的各处理，说明在 S1 土壤中施用污泥造成重金属污染的可能性更大。通过对比玉米、小麦中籽粒部分重金属 Zn、Cd 浓度可知，在第一年施加污泥后玉米中 Zn、Cd 富集量没有超过国家标准，第二年继续施加污泥后小麦中 Zn、Cd 浓度部分超过了国家标准。说明污泥连续施用存在一定环境风险。利用内梅罗综合指数法对 Zn、Cd 污染污泥连续施用的环境风险进行评估，结果显示在第一年施加污泥后，玉米中重金属 Zn、Cd 污染处于安全范围。连续施用污泥后，小麦中重金属 Zn、Cd 污染处于轻污染，部分处理接近中度污染。说明连续大量地施用污泥，会对农作物中重金属安全产生威胁，污泥的连续施用需要更加谨慎，可以考虑采用与其他措施（如植物修复技术）相结合的方式进行施用。其中，选取贵州省贵阳市两家城市污水处理厂两种污泥进行试验：W1（低污染）污泥，该厂处理的生活污水中污染物浓度相对较低；W2（高污染）污泥，该地段现存工矿企业较多，其污染物浓度相对较高；选取贵州典型地带性土壤（黄壤 yellow earths）S1，成土母质为第四纪红色黏土，贵州分布的第二大土

壤类型（石灰性土/石灰岩土，limestone soils）S2，成土母质为河流冲积物，样品采自贵州省贵阳市花溪区花溪河岸边，是由河流冲积物发育而形成的潮土。

5.4 蔬菜对镉的吸收、转运及富集

5.4.1 蔬菜对镉的生理生化的响应

在联合国环境规划署（United Nations Environment Programme，UNEP）提出的 12 种具有全球意义的危险化学品清单中，Cd 名列前茅。20 世纪初，日本农田镉超标引发的"痛痛病"引起了国际社会的广泛关注（Arao et al.，2010）。在环境中，镉具有很强的生物毒性、持久性和高的化学活性。Cd 被植物吸收后，留在植物体内，通过食物链在人体中积累，损害人体健康（朱德强，2017）。Cd 是典型的亲铜（硫）元素，是一种极为分散的元素，亲铜成矿元素具有强烈的聚集性和高的地球化学背景。Cd 在地壳中的丰度为 0.2×10^{-6}，是一种高度分散的化学元素。但在某些特殊的地质条件下，Cd 也存在异常富集现象。土壤中 Cd 的含量远高于世界的平均水平，这是喀斯特地区镉具有高地球化学背景的原因。学界目前对 Cd 地球化学异常成因的研究还不够深入，特别是对农田自然源和人工源土壤的地球化学过程和机制认识严重不足。

农田土壤中 Cd 的来源多种多样，主要表现为外源叠加和富集效应。土壤母质和人类活动是影响土壤中重金属来源的主要因素（邵学新等，2007）。研究表明，矿山开采、冶炼等工业活动会对当地农田土壤造成不同程度的重金属污染，尤其是 Cd 污染，接近中度生态风险。为了提高农产品产量，人们在农业生产过程中大量施肥，施肥直接影响土壤中重金属的积累（Jiao et al.，2012）。农业污水灌溉也是农田土壤重金属超标的主要原因之一。在贵阳市某养殖废水灌溉土壤的研究中（刘艳萍等，2017）发现，土壤中 Cd 呈累积趋势，达到中等污染水平。随着社会的发展和城市化进程的快速推进，每年都会产生大量的生活垃圾，城市生活垃圾的渗滤液正成为地下水重金属污染的新来源（钱建平等，2018）。目前生活垃圾的处理多采用集中焚烧方式，有研究发现，焚烧场的飞灰和底渣中含有重金属 Cd，经过一系列迁移和定居后会回到土壤中。在中国的一些农村地区，由于设施不完善，生活垃圾在没有处理的情况下进行焚烧和掩埋，厨房垃圾、灰烬、橡塑材料、纸张等印刷材料中的重金属 Cd 会造成土壤污染。随着工农业的迅速发展，生态环境的重金属污染问题日趋严峻。贵州省土壤镉背景值（0.659mg/kg）远高于全国平均值，是典型的镉地球化学异常区（国家环境保护局，1990；文吉昌等，2017）。Cd 作为人体非必需的重金属元素，会通过食物链或食物网进入人体，对人体造成不可逆的伤害。作物对重金属胁迫有一定的防御机制，不仅演化出一套抗氧化系统，还可以通过将镉合理地区室化从而降低镉对细胞器官的伤害（秦世玉等，2021），如舒婉钦等（2022）研究表明杞柳叶片的 Cd 大多储存在细胞壁和可溶性组分，细胞壁达到饱和后进入细胞的 Cd 会被隔离到液泡中，从而降低游离 Cd^{2+} 的活性，进一步降低镉对植物细胞器的干扰。此外，Cd 进入植物细胞后，植物络合素酶（phytochelatin synthase，PCS）被激活后以谷胱甘肽（glutathione，GSH）为底物催化合成植物络合素（phytochelatins，PCs），PCs 可以络合细胞内游离的重金属离子形成对植物体无毒害的螯合物（范业赓等，2019），从而降低游离重金属离子的浓度，以达到减轻重金属毒害的目的。

5.4.2　蔬菜对镉的吸收和转运特征

蔬菜在农业生产中占有重要地位，其对人体 Cd 摄入量的贡献率高达 50%～70%。王润等（2022）研究表明，不同种类蔬菜对 Cd 的吸收富集能力有一定差异，表现为叶菜类＞根茎类＞瓜果类。倪中应等（2022）研究表明，茄果类和根茎类蔬菜相较于叶菜类蔬菜更耐受土壤污染。辛绢等（2015）试验发现，不同基因型萝卜根中镉含量随镉污染程度的增加而增加，品种间差异显著。陈晓燕（2019）研究表明，随着镉浓度的升高，镉处理对白菜生长的影响程度因品种不同而不同。说明镉对作物的影响存在基因型差异。因此，有必要针对镉胁迫下不同白菜品种生长生理及亚细胞分布的影响进行深入的研究。

同一作物的不同基因型对重金属的吸收和富集也表现出较大的差异。柴冠群等（2022）对不同品种白菜对 Cd 的吸收富集特征研究表明，6 种白菜对重金属 Cd 的耐受性表现出明显的品种间差异。同一作物不同部位镉含量也存在差异，陈华等（2020）研究表明，不结球白菜幼苗对 Cd 的吸收表现为地上部分大于地下部分。陈志琴等（2022）研究表明，不同叶菜品种地上部和根部镉含量存在显著差异，总体分布规律为地上部大于根部。刘鸿雁课题组研究表明，'迟白二号'、'春信火锅王'、'清脆迟白菜'可食用部位镉含量随着土壤 Cd 浓度增加而增加，但增加的趋势因品种而异，说明不同品种白菜对重金属的耐性存在明显差异。不同白菜品种镉在不同部位的分布规律为地上部大于根部，说明白菜幼苗期从土壤中吸收的 Cd 主要积累于地上部，向地上部茎叶中转移较多，这与前人研究结论一致。可能是因为叶菜类蔬菜相较于其他的农作物更易吸收和积累重金属（Liu et al.，2005），且叶菜可食用部位均为地上部分，因此叶菜吸收的重金属不仅来源于土壤，其叶片还能通过表面气孔吸收大气粉尘中的重金属。

5.4.3　蔬菜对镉的富集规律及影响因素

孙聪等（2014）研究表明，BCF 值随着土壤重金属浓度的增加而降低。董明明（2021）研究表明，土壤理化性质对叶菜类蔬菜 Cd 富集能力的影响存在差异。课题组研究结果表明，随着镉浓度的增加，三个品种白菜各部位的 BCF 并无一致规律，且富集能力存在一定差异。这与前人研究结果有所差异，原因可能是所研究品种与土壤类型不同，具体原因较复杂，还需要深入研究。Cd 在土壤-作物系统中的迁移与分配是多重因素共同决定的，情况较为复杂（Li et al.，2019）。刘克等（2015）的研究表明，Cd 在土壤-植物系统的转运有较大差异，这可能受作物品种、土壤类型、外源 Cd 添加量等因素的影响。众多研究表明，pH 是影响植物吸收 Cd 的第一土壤因素，例如，从 Cd 在土壤-菠菜（Ding et al.，2013）、土壤-莴苣（Brown et al.，1998）、土壤-胡萝卜（Liang et al.，2013）的转运来看（盆栽试验），pH 是影响 Cd 在植物体内转运的第一因素，OC 含量是第二因素，其他因素并无显著影响，并且两个土壤因子与植物中 Cd 含量拟合效果良好（菠菜：$R^2 = 0.73$，$n = 21$；莴苣：$R^2 = 0.92$，$n = 40$；胡萝卜：$R^2 = 0.72$，$n = 15$）。在对辣椒各部位镉积累差异性的研究中发现，不同部位 Cd 浓度大小关系为根＞茎＞叶＞可食部分（刘香香，2012），但是也有不同的结论，李非里等（2007）对贵阳多处菜园里辣椒和土壤样品分析发现，镉进入辣椒植株体内后，其在根部-茎叶间的传输几乎不存在障碍，阻碍辣椒果实吸收镉的主要场所发生在茎叶-果实界面上，菜园土-辣椒体系中的分布特征为根部、茎叶＞果实，这可能是辣椒的品种或土壤类型的差异影响造成的。赵勇等（2006）通过盆栽试验种植 5 种不同的蔬菜后发现随着镉浓度的增加，各种蔬菜中的镉含量都呈现出了增加趋势，说明蔬菜镉含量与土壤镉含量有较强的相关性，不过这是通过盆栽试验控制变量，各处理基本只有镉浓度差异，土壤理化性质稳定，但蔬菜吸收土壤重金属受到多种环境因素影响（王小蒙等，2016），土壤类型和蔬菜品种的不同，致使在判定二者关系上还存在较大困难，土壤和蔬菜污染相关性方面的分析还不精确（Li et al.，2010）。

pH 是影响植物吸收 Cd 的最重要的因素，OC、黏粒含量等也有一定的影响。这是因为 pH 主要影响重金属离子在水土两相界面的平衡分配，影响土壤碳酸盐的形成和溶解，土壤 pH 较低时植物根际的代谢产物碳酸可降低根际的 pH，使金属的可溶性上升，促进植物对金属的吸收，而土壤 pH 较高时土壤中的黏土矿物、有机质等的表面负电荷增加，对金属离子的吸附能力增强，土壤溶液中金属离子浓度降低，影响植物对重金属的吸收（McLaughlin et al.，2011）；土壤有机质具有大量的官能团，吸附 Cd 的能力远超其他矿质胶体，分解形成的腐殖酸可与重金属螯合（络合）降低植物对金属的吸收，所以 OC 主要影响土壤保留阳离子的能力；土壤黏粒含量的高低影响土壤的通气性，影响根系好氧微生物的活动，同时黏质土因为矿质养分丰富，对正电离子有较强吸附能力，影响植物对重金属的吸收（黄昌勇，2000）。

5.5 小　结

重金属 Cd 对玉米、马铃薯、小麦、蔬菜等生理生化的毒害包括了新陈代谢各个方面，如酶系统、光合系统、营养代谢、生物大分子代谢等。作物生长发育状况是反映植物生命活动强弱的一个生理指标。高浓度 Cd 与低浓度 Cd 的影响也不尽相同，且影响方式是复杂的，反映了 Cd 作为一种有毒元素，干扰农作物的各种生理生化反应和过程的阶段性和多元化。众多研究表明 Cd 在土壤-植物系统的迁移转化，因作物品种、土壤类型、外源 Cd 添加量等因素而存在较大差异。

通常情况下，土壤 pH 是影响植物吸收 Cd 的最重要的因素，土壤有机碳、黏粒含量等也有一定的影响。pH 主要影响重金属离子在水土两相界面的平衡分配，影响土壤碳酸盐的形成和溶解。土壤 pH 较低时植物根际的代谢产物碳酸可降低根际的 pH，金属的可溶性上升，可促进植物对金属的吸收，而土壤 pH 较高时土壤中的黏土矿物、有机质等的表面负电荷增加，对金属离子的吸附能力增强，土壤溶液中金属离子浓度降低，影响植物对重金属的吸收；土壤有机质具有大量的官能团，吸附 Cd 的能力远超其他矿质胶体，分解形成的腐殖酸可与重金属螯合（络合）降低植物对金属的吸收。因此，土壤有机碳主要影响土壤保留阳离子的能力。土壤黏粒含量的高低影响土壤的通气性,影响根系好氧微生物的活动。同时,黏质土因为矿质养分丰富,对正电离子有较强吸附能力,从而影响植物对重金属的吸收。

在喀斯特地区,低 Cd 浓度下玉米对 Cd 的生理生化反应主要是增加抗氧化酶活性而降低 Cd 胁迫的影响,但在高浓度 Cd 作用下玉米生理功能受到明显抑制而影响其生长。总体上,玉米籽粒的超标率并不高。在 Cd 胁迫下,马铃薯存在一定程度的超标,但超标倍数相对较低,食物链的人体健康风险较低。关于喀斯特地区 Cd 胁迫对小麦生长影响的研究较少,与其他作物相似,较低浓度 Cd 胁迫对种子发芽率、发芽势、芽生长的抑制效应较小,随着 Cd 胁迫浓度的提高,发芽指数、活力指数及根生长明显受抑制,且 Cd 胁迫浓度越大,抑制作用越强。对于我国西南典型的蔬菜作物辣椒,因其 Cd 的食品安全限值标准较低,往往容易出现 Cd 超标的现象,研究发现,Cd 进入辣椒植株体内后,其在根部-茎间的传输几乎不存在障碍,阻碍辣椒果实吸收 Cd 的主要场所发生在茎叶-果界面上,可通过阻控其转运来减少 Cd 的累积。可见不同农作物对 Cd 胁迫的响应有相似性,但同时也表现出吸收、转运和富集特征的较强差异性。

第6章 喀斯特地区农作物安全生产的土壤镉风险阈值

近年来,我国在土壤重金属农产品安全阈值领域开展了一些工作(周启星等,2007),但基础理论和系统性研究仍比较缺乏(王波等,2011)。有研究表明,不同作物或同一作物不同品种在不同土壤中的 Cd 迁移转化规律存在较大差异(戴碧川,2016),所以可以将马铃薯对 Cd 的转运系数或 BCF 与显著影响 Cd 在土壤-马铃薯体系中迁移转化的环境因子建立回归方程,即经验模型,这样就可以通过简单的地化转运系数或 BCF 和土壤性质之间的关系,较好地依据经验模型预测 Cd 的转运系数或 BCF。土壤生态阈值是制定土壤环境质量标准的重要依据,而物种敏感性分布法(species sensitivity distribution, SSD)是建立土壤生态阈值的常用方法(曾庆楠等,2018)。该方法假设生态系统中不同物种对某一污染物的敏感性能够被一个累积概率分布曲线描述,依据不同的保护程度,获取曲线上不同百分点所对应的浓度值作为基准值,这一阈值推导过程综合考虑了物种敏感性、土壤性质和生物有效性等因素的差异,具有科学性、基础性和区域性的特点(王小庆等,2013)。基于风险概率模型(该模型的核心为 BCF 的计算)的方法推导以保护马铃薯为目的的贵州土壤 Cd 阈值,可以得到以土壤性质为参数的基础的灵活的土壤阈值模型。随着受保护物种概率的变化,其土壤阈值做出相应改变,更加科学合理,避免了使用单一标准值在实际中出现的过保护或执行困难的情形,能为土壤环境质量标准的发展提供依据(何雪,2022)。

6.1 基于风险评估的土壤镉风险阈值

6.1.1 主要粮食作物与土壤镉相关性及阈值研究

有学者(刘克,2016)选择对镉中度敏感的陕西当地小麦品种'小偃 22',外源 Cd(CdSO$_4$·5H$_2$O)加量设置三个浓度梯度,分别为:对照(不添加 Cd)、低浓度(酸性和中性土添加 Cd 浓度 0.3mg/kg,碱性土添加 0.6mg/kg)、高浓度(酸性和中性土添加 Cd 浓度 0.6mg/kg,碱性土添加 1.2mg/kg)。供试土壤选择全国小麦产区耕层具有代表性的 15 种土壤(0~20cm),分别为重庆紫色土(北碚区农田)、辽宁沈阳棕壤、江西鹰潭红壤、安徽合肥黄棕壤、黑龙江海伦黑土、吉林公主岭黑土、江苏常熟黄棕壤、陕西杨凌埁土、河北廊坊潮土、河南郑州潮土、新疆乌鲁木齐灰漠土、山西太谷褐土、天津潮土、甘肃张掖灌淤土、山东德州潮土。结果如下。

从表 6-1 中可以看出,对照的小麦根、茎、籽粒 Cd 浓度相互之间呈极显著相关,相关性最低的茎与籽粒之间也达到 0.759,籽粒与根的相关性最高,达到 0.954;低浓度处理与对照相似,小麦各部位的 Cd 浓度同样呈现极显著相关,籽粒与茎的相关性最高,达到 0.932；对高浓度处理而言，除了籽粒与根未呈现显著性相关外，其他各部位之间均呈极显著相关。总体来看，无论对于对照还是受 Cd 污染的土壤，小麦各部位的 Cd 浓度相互间均呈显著性相关。从表 6-2 看到，无论土壤是否受 Cd 污染，pH 都是影响小麦籽粒吸收 Cd 的首要土壤因子，与小麦籽粒 Cd 浓度呈极显著负相关，其他因素并无明显效应。

表 6-1　小麦根、茎、籽粒 Cd 浓度的相关性分析

	对照			低浓度			高浓度		
	根	茎	籽粒	根	茎	籽粒	根	茎	籽粒
根	1	0.762**	0.954**	1	0.800**	0.792**	1	0.705**	0.506
茎		1	0.759**		1	0.932**		1	0.930**
籽粒			1			1			1

**在 0.01 水平（双侧）上显著相关。

表 6-2　小麦籽粒 Cd 浓度与土壤理化性质的相关性分析

	对照	低浓度	高浓度
pH	−0.832**	−0.783**	−0.844**
OC	0.223	−0.241	−0.158
CEC	−0.018	−0.391	−0.349
Clay	0.32	0.151	0.256

**在 0.01 水平（侧）显著相关。

此外，小麦品种'小偃 22'的籽粒 Cd-BCF 与土壤理化性质建立的毒性预测模型形式大致为 $\log BCF = a \times pH + b \times \log OC + k$（表 6-3），其中斜率 a、b 代表该土壤性质对金属毒性的影响程度，截距 k 代表该物种对污染物毒害的固有敏感性。应用'小偃 22'的 Cd-BAF 预测模型作通用模型进行种间外推分析时，假设土壤性质对所有小麦品种的影响程度是相同的，即方程 pH 和 OC 的斜率参数 a、b 是固定的，各小麦品种对重金属 Cd 毒害的敏感性差异仅仅来源于其物种本身的影响（即固有敏感性 k）。对其他 7 个品种而言，以预测 BAF 与实测 BAF 的误差平方和最小为条件利用 Excel 进行线性最优化求解得到各个品种的 k 值，从而外推出其他小麦品种的 Cd-BCF 毒性预测方程。将《食品安全国家标准　食品中污染物限量》中小麦的 Cd 限定值 0.1mg/kg 代入种间外推的各品种的预测方程中，计算基于保护各小麦品种的土壤 Cd 阈值。

表 6-3　基于生态效应法的各小麦品种土壤 Cd 阈值（刘克，2016）

pH	品种	全量法/(mg/kg)		外源法/(mg/kg)	
		低浓度	高浓度	低浓度	高浓度
<6.5	郑麦 9023	0.30	0.27	0.31	0.21
	徐麦 30	0.41	0.37	0.45	0.30

pH	品种	全量法/(mg/kg)		外源法/(mg/kg)	
		低浓度	高浓度	低浓度	高浓度
<6.5	皖麦 52	0.47	0.42	0.49	0.32
	石新 618	0.21	0.19	0.24	0.15
	陕麦 979	0.35	0.31	0.37	0.25
	济麦 22	0.39	0.35	0.41	0.27
	衡麦 5229	0.27	0.24	0.31	0.20
6.5~7.5	郑麦 9023	0.60	0.67	0.60	0.49
	徐麦 30	0.81	0.91	0.86	0.71
	皖麦 52	0.93	1.05	0.93	0.77
	石新 618	0.43	0.48	0.45	0.37
	陕麦 979	0.70	0.78	0.71	0.59
	济麦 22	0.77	0.86	0.78	0.64
	衡麦 5229	0.53	0.60	0.59	0.48
>7.5	郑麦 9023	0.75	0.91	0.74	0.66
	徐麦 30	1.02	1.24	1.07	0.95
	皖麦 52	1.17	1.42	1.16	1.03
	石新 618	0.54	0.65	0.56	0.50
	陕麦 979	0.88	1.06	0.89	0.79
	济麦 22	0.97	1.17	0.97	0.86
	衡麦 5229	0.67	0.81	0.73	0.65

注：pH<6.5、6.5<pH<7.5、pH>7.5 分别取 5.5、7、7.5，外源低浓度预测方程中 OC 取 10g/kg。

因对照处理对各品种籽粒 Cd-BAF 预测效果一般，所以利用种间外推的各小麦品种籽粒 BAF 预测模型和《食品安全国家标准 食品中污染物限量》反推受污染土壤 Cd 阈值，表 6-3 结果表明，酸性土壤（pH<6.5）中无论哪种计算 BAF 的方法（全量法、外源法）、哪种浓度处理（低浓度、高浓度），7 种小麦的土壤 Cd 阈值整体与国家土壤标准接近（0.3mg/kg），最大与最小的 Cd 阈值（0.49mg/kg‘皖麦 52’，0.15mg/kg‘石新 618’）与国标相差 2 倍以内。对同一品种而言，不同方法、不同浓度下预测的各 Cd 阈值接近，最大偏差大约为 0.1mg/kg。中性土壤（6.5<pH<7.5）中计算的土壤 Cd 阈值整体偏大，即使预测得到最小阈值 0.37mg/kg（‘石新 618’，外源法高浓度）也大于国标（0.3mg/kg），最大的预测阈值 1.05mg/kg（‘皖麦 52’）是国标 3 倍多。除了‘石新 618’外，其余几个品种计算的土壤 Cd 阈值超出国标 2~3 倍。碱性土壤（pH>7.5）与中性土壤类似，除‘石新 618’外，其他品种预测的土壤 Cd 阈值远大于国标（0.6mg/kg），各品种不同方法、浓度计算的阈值总体相差不大。总体而言，酸性土壤计算的土壤阈值接近国标，中性、碱性土壤的预测土壤阈值大于国标。一般来说，利用《食品安全国家标准 食品中污染物限量》反推土壤的重金属临界阈值，大多数学者需设置不同的金属浓度，研究其对作物的胁迫效应。例如，采集珠三角蔬菜产区的土壤进行盆栽试验，浓度梯度设置为 6 个浓度（0.152~13.203mg/kg），依据《食品安全国家标准 食品中污染物限量》和植物 Cd 浓度预测方程，确定土壤 Cd 安全阈值为 1.74mg/kg，而不同物种（或品种）毒理学效应方程的外推可显著缩短计算阈值的过程，节省人力物力。

另有学者（周显勇，2019）选取贵州省 Cd 背景值较高的威宁、赫章、册亨、长顺等 5 个县进行取样，选取 Cd 背景值较低的黔东南雷山作为对照，进行马铃薯安全生产阈值研究。表 6-4 为研究区域土壤基本理化性质。

表 6-4　研究区域土壤基本理化性质

区县	样品数	总 Cd/(mg/kg)	有效态 Cd/(mg/kg)	pH	土壤有机质/(g/kg)
雷山	2	0.22±0.09	0.03±0.04	5.56±1.38	39.75±19.40
册亨	8	0.27±0.13	0.03±0.02	5.12±0.53	28.78±6.36
长顺	20	0.67±0.74	0.03±0.03	5.51±0.62	39.13±12.25
赫章	13	7.90±4.60	0.10±0.20	7.00±1.06	40.72±17.41
威宁	62	6.51±5.53	0.08±0.15	6.97±0.98	41.92±14.18

分析表 6-4 可知，在威宁县和赫章的土壤总 Cd、土壤有效态 Cd 高于其他 3 个取样区县；雷山、册亨和长顺三个取样区土壤 pH<6.5，只有在威宁和赫章有少部分土壤 pH>7.5；册亨有机质平均值含量低于其他 4 个区县。

根据《食品安全国家标准　食品中污染物限量》（GB2762—2022）马铃薯限量值为 0.1mg/kg，计算出研究区县马铃薯 Cd 浓度的超标率如表 6-5 所示。

表 6-5　马铃薯 Cd 浓度超标情况

项目	雷山县	册亨县	长顺县	赫章县	威宁县
块茎 Cd 浓度范围/(mg/kg)	0.02～0.05	0.01～0.03	0.02～0.11	0.01～0.11	0.01～0.18
超标样本数	0	0	1	1	19
超标率/%	0	0	5	8	30

表 6-5 结果显示，雷山和册亨两个县马铃薯没有超标，长顺县和赫章县均有一个马铃薯超过国家食品安全标准，威宁县有 19 个样品超过了国家食品安全标准，最大值为 0.18mg/kg。

表 6-6 结果显示，在马铃薯中，Cd 与 Zn、Pb 和 Cr 呈负相关关系，土壤同时存在着 Cd、Zn、Pb 和 Cr 时，它们之间存在着竞争关系；Cd 与 Cu 呈极显著正相关关系（$P<0.01$），在植物体内，Cu 能与色素形成络合物，对叶绿素和其他色素有稳定作用，提高光合效率，且 Cu 对氨基酸的活化及蛋白质的形成有促进作用，植株代谢加快对 Cd 的吸收也会增加；Cd 与 Mn 呈负相关关系（$P<0.01$），本节与钟闱桢和李明（2008）结果相似，在 Cd 和 Mn 污染共同存在时，Cd 和 Mn 表现为拮抗作用；Pb 和 Zn 通常是伴生矿物，植物对两种重金属的吸收呈正相关（$P<0.01$）；Cr 与 Pb、Zn 呈显著负相关关系（$P<0.05$，$P<0.01$），在吴迪等（2015）的研究中发现，大多数植物中重金属的富集大小为 Zn>Pb>Cr，当 Zn 和 Pb 被大量吸收时，Cr 的吸收量就会降低。

表 6-6 马铃薯中重金属浓度相关性分析

	Cd	Zn	Pb	Cr	Cu	Fe	Mn
Cd	1						
Zn	−0.12	1					
Pb	−0.08	0.66**	1				
Cr	−0.02	−0.22*	−0.25**	1			
Cu	0.26**	−0.17	−0.12	−0.09	1		
Fe	−0.06	0.04	0.34**	−0.08	0.12	1	
Mn	−0.26**	0.03	0.29**	−0.05	−0.24*	0.25*	1

*在 $P<0.05$ 水平上显著相关；**在 $P<0.01$ 水平上显著相关。

由表 6-7 可以看到，马铃薯块茎中 Cd 浓度与土壤总 Cd 和有效态 Cd 有显著正相关性（$P<0.01$）；土壤 pH 与土壤有效态 Cd 呈显著负相关性（$P<0.01$），与土壤总 Cd 呈显著正相关。相关性分析表明，土壤有效态 Cd 含量及部分土壤理化性质均显著影响马铃薯 Cd 含量。

表 6-7 马铃薯中 Cd 与土壤 Cd、pH、有机质和比表面积相关性分析

	马铃薯 Cd	土壤总 Cd	土壤有效态 Cd	pH	有机质	比表面积
马铃薯 Cd	1					
土壤总 Cd	0.35**	1				
土壤有效态 Cd	0.56**	0.01	1			
pH	−0.03	0.42**	−0.40**	1		
有机质	0.04	0.05	−0.07	0.08	1	
比表面积	0.07	0.32**	−0.04	0.24*	−0.05	1

*在 $P<0.05$ 水平上显著相关；**在 $P<0.01$ 水平上显著相关。

此外，课题组（张洁，2023）研究了 6 个马铃薯产区 203 个土壤-马铃薯样品的 Cd 浓度所拟合的线性方程，其中，x 轴为土壤 Cd 浓度；y 轴为马铃薯中 Cd 浓度。根据《食品安全国家标准 食品中污染物限量》（GB 2762—2022）中马铃薯 Cd 的限量值 0.1mg/kg，得到马铃薯产地的安全阈值，其中土壤总 Cd 阈值为 3.550mg/kg，土壤有效态 Cd 阈值为 0.179mg/kg（表 6-8）。刘青栋（2019）研究得出贵州省辣椒安全生产的土壤全量 Cd 阈值为 2.06mg/kg，土壤有效 Cd 阈值为 0.1099mg/kg，结果均比本节小，推测可能为所采植物类型不一样所致。李富荣等（2016）推算出广东地区芸薹类叶菜安全种植的产地土壤全量 Cd、有效态 Cd 阈值分别为 1.22mg/kg、0.43mg/kg，所得结果比本节小，可能原因为所采集土壤和植物类型不同。

表 6-8　马铃薯安全生产土壤 Cd 阈值

土壤 Cd	相关方程	R^2	安全阈值/(mg/kg)
土壤全量 Cd	$y = 0.0214x + 0.0242$	0.854^{**}	3.550
土壤有效态 Cd	$y = 0.41x + 0.0265$	0.838^{**}	0.179

注：y 表示马铃薯 Cd 的浓度，x 表示土壤 Cd 的浓度；**表示极显著（$P<0.01$）相关，下同。

通过对各马铃薯产区中土壤 Cd 浓度与马铃薯中 Cd 浓度进行线性拟合，得到各马铃薯产区的回归方程及安全阈值。如表 6-9 所示，荔波的土壤全量 Cd 阈值为 0.503mg/kg，有效态 Cd 阈值为 0.012mg/kg；赤水的土壤全量 Cd 阈值为 0.168mg/kg，有效态 Cd 阈值为 0.015mg/kg；盘州的土壤全量 Cd 阈值为 7.581mg/kg，有效态 Cd 阈值为 0.105mg/kg；纳雍的土壤全量 Cd 阈值为 8.167mg/kg，有效态 Cd 阈值为 0.010mg/kg；威宁的土壤全量 Cd 阈值为 2.810mg/kg，有效态 Cd 阈值为 0.010mg/kg；花溪的土壤全量 Cd 阈值为 22.20mg/kg，有效态 Cd 阈值为 0.041mg/kg；可见各马铃薯产区土壤全量 Cd 阈值大小顺序为花溪＞纳雍＞盘州＞威宁＞荔波＞赤水，有效态 Cd 阈值大小顺序为盘州＞花溪＞赤水＞荔波＞纳雍＝威宁。

表 6-9　不同马铃薯产区土壤 Cd 安全阈值

地区	相关方程	R^2	安全阈值/(mg/kg)
荔波	$y = 0.145x + 0.027$（Cd 全量）	0.818^{**}	0.503
	$y = 6.167x + 0.026$（Cd 有效态）	0.549^{**}	0.012
赤水	$y = 0.504x + 0.0154$（Cd 全量）	0.307^{*}	0.168
	$y = 5.507x + 0.0174$（Cd 有效态）	0.323^{*}	0.015
盘州	$y = 0.0088x + 0.0335$（Cd 全量）	0.333^{*}	7.581
	$y = 0.676x + 0.029$（Cd 有效态）	0.365^{*}	0.105
纳雍	$y = 0.0098x + 0.0198$（Cd 全量）	0.643^{**}	8.167
	$y = 8.56x + 0.0144$（Cd 有效态）	0.439^{*}	0.010
威宁	$y = 0.0278x + 0.0218$（Cd 全量）	0.116^{*}	2.810
	$y = 8.55x + 0.0145$（Cd 有效态）	0.398^{*}	0.010
花溪	$y = -0.005x + 0.211$（Cd 全量）	0.436^{*}	22.20
	$y = 2.037x + 0.0165$（Cd 有效态）	0.168^{*}	0.041

为与《土壤环境质量　农用地土壤污染风险管控标准（试行）》（GB 15618—2018）一致，本试验将 pH 划分为四个区间，分别为 pH≤5.5、5.5＜pH≤6.5、6.5＜pH≤7.5、pH＞7.5，建立了土壤中 Cd 浓度和马铃薯中 Cd 浓度的线性方程，从而求出每个 pH 区间所对应的土壤 Cd 安全阈值。

由表 6-10 可知，pH≤5.5、5.5＜pH≤6.5、6.5＜pH≤7.5、pH＞7.5 四个区间马铃薯安全种植的土壤全量、有效态 Cd 阈值分别为 2.126mg/kg 和 0.016mg/kg、2.452mg/kg 和 0.001mg/kg、0.859mg/kg 和 0.056mg/kg、6.789mg/kg 和 0.024mg/kg。涂峰等（2023）

推导出苏南地区土壤 pH5.0～6.5、6.5～7.5、7.5～8.5 下保护 95%水稻品种糙米不超标的土壤全量 Cd 安全阈值分别为 0.52mg/kg、0.80mg/kg、1.78mg/kg，均低于本节结果，可能与水稻对重金属 Cd 的敏感性要强于马铃薯有关。刘克（2016）得到 pH 为 5.5、7、7.5 的土壤上小麦安全种植的土壤 Cd 安全阈值分别为 0.34mg/kg、0.54mg/kg、0.64mg/kg，均低于本节所得到的安全阈值，可能原因为其所研究的土壤和植物与本节不同。本节得到的 pH 四个区间的土壤全量 Cd 安全阈值均大于国家标准（GB 15618—2018）中的筛选值[（pH≤5.5，全量 Cd≤0.3mg/kg）、（5.5＜pH≤6.5，全量 Cd≤0.3mg/kg）、（6.5＜pH≤7.5，全量 Cd≤0.3mg/kg）、（pH＞7.5，全量 Cd≤0.6mg/kg）]，pH≤5.5、5.5＜pH≤6.5、pH＞7.5 时均超过管制值[（pH≤5.5，全量 Cd≤1.5mg/kg）、（5.5＜pH≤6.5，全量 Cd≤2mg/kg）、（pH＞7.5，全量 Cd≤4mg/kg）]，6.5＜pH≤7.5 时小于管制值（6.5＜pH≤7.5，全量 Cd≤3mg/kg）。

表 6-10　不同 pH 范围土壤 Cd 安全阈值

pH	n	相关方程	R^2	安全阈值/(mg/kg)
pH≤5.5	27	$y = 0.0312x + 0.0336$（Cd 全量）	0.817**	2.126
		$y = 4.969x + 0.0205$（Cd 有效态）	0.226*	0.016
5.5＜pH≤6.5	62	$y = 0.0325x + 0.0203$（Cd 全量）	0.764**	2.452
		$y = 10.80x + 0.0892$（Cd 有效态）	0.615**	0.001
6.5＜pH≤7.5	85	$y = 0.0871x + 0.0252$（Cd 全量）	0.232*	0.859
		$y = 1.268x + 0.029$（Cd 有效态）	0.361*	0.056
pH＞7.5	29	$y = 0.0114x + 0.0229$（Cd 全量）	0.723**	6.789
		$y = 3.492x + 0.0162$（Cd 有效态）	0.736**	0.024

为了解马铃薯盆栽试验条件下（外源 Cd 添加量设置 9 个浓度，分别为：对照（不添加外源 Cd）、Cd 处理 0.3mg/kg、0.6mg/kg、1mg/kg、10mg/kg、20mg/kg、40mg/kg、80mg/kg 和 160mg/kg）土壤 Cd 安全阈值，建立了土壤中 Cd 浓度和马铃薯中 Cd 浓度的线性方程，由于表 6-11 可知，在两种土壤上，马铃薯中 Cd 浓度均与土壤 Cd 浓度呈极显著正相关，R^2 分别为 0.998、0.993、0.996 和 0.974。在石灰性土壤上，土壤 Cd 全量、有效态安全阈值分别为 0.358mg/kg、0.031mg/kg，在黄壤上，土壤 Cd 全量、有效态安全阈值分别为 1.586mg/kg、0.054mg/kg，可见黄壤上的土壤 Cd 安全阈值均比石灰性土高。本节所得黄壤上 Cd 安全阈值大于国家标准（GB 15618—2018）中的筛选值（pH≤5.5，全量 Cd≤0.3mg/kg）和管制值（pH≤5.5，全量 Cd≤1.5mg/kg），石灰性土上 Cd 安全阈值小于国家标准（GB 15618—2018）中的筛选值（pH＞7.5，全量 Cd≤0.6mg/kg）。董明明（2021）发现云贵高原叶菜类蔬菜产地的酸性、碱性土壤全量 Cd 的安全阈值分别为 0.28mg/kg、0.52mg/kg，都比本节中黄壤上所得全量 Cd 阈值低，比石灰性土上所得全量 Cd 阈值高，可能因为所研究的地区土壤及植物不一样。王旭莲等（2021）利用回归模型模拟基于马铃薯 Cd 限量标准（pH≤6.5、pH＞7.5）从而得到土壤总 Cd 风险阈值分别为 4.30mg/kg、9.39mg/kg，均高于本节结果，可能是因为本试验是盆栽试验，

以外源镉形式添加进入土壤中，过程中会发生一定的反应使得 Cd 生物有效性强于田间条件下 Cd 的生物有效性（蔡娜，2019）。土壤有效态 Cd 阈值分别为 0.22mg/kg、0.01mg/kg，高于本节黄壤上所得有效态 Cd 阈值，低于本节石灰性土上所得有效态 Cd 阈值。郑倩倩（2018）推导出勤泥土和乌栅土全量 Cd 阈值分别为 0.78mg/kg 和 1.17mg/kg，高于本节中石灰性土上全量 Cd 阈值，低于黄壤上所得全量 Cd 阈值。刘青栋（2019）推导贵州省辣椒安全生产的土壤阈值时发现，pH<6.5 时，土壤全量 Cd 阈值为 1.33mg/kg（P<0.01），土壤有效态 Cd 阈值为 0.1783mg/kg；pH>7.5，土壤全量 Cd 阈值为 2.57mg/kg，土壤有效态 Cd 阈值为 0.0055mg/kg。于蕾（2015）得到的不同土壤（褐土、潮土、棕壤）上适合小白菜种植的土壤有效态 Cd 阈值分别为 0.38mg/kg、0.65mg/kg、0.32mg/kg，均高于本节中石灰性土和黄壤上所得土壤有效态 Cd 阈值。许芮等（2020）发现的设施黄瓜在碱性土壤中全量 Cd 和有效态 Cd 的风险阈值分别为 2.13mg/kg 和 0.26mg/kg，均高于本节结果，可能原因为该试验为连续两年镉 Cd 污染微区试验，且研究对象为黄瓜，与本研究蔬菜类型不同。刘香香等（2012）通过盆栽试验模拟得到种植小白菜、辣椒、豇豆、胡萝卜的土壤中全量 Cd 的阈值分别为 0.8995mg/kg、1.8936mg/kg、119.6875mg/kg、1.0779mg/kg，土壤中有效态 Cd 的阈值分别为 0.5004mg/kg、0.7069mg/kg、58.87mg/kg、0.065mg/kg。辣椒、豇豆的土壤 Cd 阈值均比本节结果高，小白菜和胡萝卜的全量 Cd 阈值低于本节中黄壤上全量 Cd 阈值但高于石灰性土全量 Cd 阈值，小白菜和胡萝卜的有效态 Cd 阈值均高于本节结果。

表 6-11　盆栽试验条件下土壤 Cd 安全阈值

项目	相关方程	R^2	安全阈值/(mg/kg)
石灰性土	$y = 0.245x + 0.0124$（Cd 全量）	0.998**	0.358
	$y = 12.171x - 0.275$（Cd 有效态）	0.993**	0.031
黄壤	$y = 0.0468x + 0.0257$（Cd 全量）	0.996**	1.586
	$y = 14.283x - 0.672$（Cd 有效态）	0.974**	0.054

6.1.2　蔬菜与土壤镉相关性及阈值研究

有学者基于文献分析法（刘青栋，2019）研究土壤总镉与辣椒镉的耦合关系，部分文献中辣椒果实为烘干辣椒，设定辣椒含水率经验值为 87%，换算为鲜样条件下的镉含量，将文献中土壤总镉与辣椒鲜样镉浓度建立耦合关系，结果发现，两者呈极显著正相关关系，线性回归方程为 $y = 0.155x - 0.088$（$R^2 = 0.496$**，$n = 116$），将辣椒果实的浓度阈值 $y = 0.05$mg/kg 代入方程得到土壤总镉阈值为 0.89mg/kg（P<0.01）。根据不同 pH 分组后得到耦合关系，结果表明，三组土壤有效镉与辣椒果实镉浓度均为正相关关系，中性土壤为显著正相关，其余为极显著正相关。当 pH<6.5 时，线性回归方程为 $y = 0.237x - 0.224$（$R^2 = 0.722$**，$n = 56$），将辣椒果实的浓度阈值 $y = 0.05$mg/kg 代入方程，得出土壤的总镉安全阈值为 1.16mg/kg（P<0.01）。当 pH>7.5 时，线性回归方程

为 $y = 0.152x - 0.019$（$R^2 = 0.809^{**}$，$n = 25$），将辣椒果实的浓度阈值 $y = 0.05\text{mg/kg}$ 代入方程，得出土壤的总镉安全阈值为 0.45mg/kg（$P < 0.01$）。

有学者（刘香香，2012）以具有代表性的广东省典型地区不同浓度污染的原位土进行蔬菜盆栽试验，种植广东省最常见的蔬菜，叶菜类（小白菜）、根茎类（胡萝卜）、茄果类（辣椒）、豆类（豇豆），研究盆栽实验条件下不同种类蔬菜对镉的吸收富集特征及其与土壤全量及有效态浓度的相关性，并通过拟合方程确定安全种植不同种类蔬菜的土壤污染阈值，为建立更加完善的土壤污染分类指标提供参考。实验研究结果表明：蔬菜不同部位对镉的吸收存在差别，镉在不同种类蔬菜器官中的分布特征也不相同。辣椒中不同部位镉浓度大小关系为根＞茎＞叶＞可食部分，豇豆中不同部位重金属镉浓度大小变化没有一致规律性，在较低浓度和较高浓度时根＞茎＞叶，但中等浓度条件下既有茎＞根＞叶，也可以表现为根＞叶＞茎，可食部分镉浓度比根、茎、叶中的都要小。胡萝卜在高浓度条件下表现为地下部分镉含量＞地上部分镉含量。4 种蔬菜根中浓度与对应浓度的土壤全量镉、有效态镉及蔬菜可食部分中镉含量相关性显著，但茎与叶中的浓度与二者都没有相关性。4 种蔬菜中镉含量与土壤中镉全量及有效态镉含量都具有极显著的正相关性，相关系数均在 0.9 以上。小白菜和辣椒土壤全量镉与蔬菜中镉含量相关性更好，而豇豆和胡萝卜土壤有效态镉与蔬菜中镉相关性更好。在盆栽实验条件下模拟得出的土壤全量阈限值分别为：小白菜 1.742mg/kg、辣椒 1.894mg/kg、豇豆 119.7mg/kg、胡萝卜 1.078mg/kg，大小顺序为豇豆＞辣椒＞小白菜＞胡萝卜，均高于现行土壤镉污染限量标准值。土壤有效态镉阈限值分别为小白菜 0.8276g/kg、辣椒 0.7069g/kg、豇豆 58.88mg/kg、胡萝卜 0.065mg/kg，大小顺序为豇豆＞小白菜＞辣椒＞胡萝卜，除了胡萝卜土壤中有效态镉的阈值较低外，其他均高于现行土壤镉污染限量标准值。有学者（董明明，2021）依据四大蔬菜产区土壤 pH、阳离子交换量（CEC）、土壤有机质（SOM）与叶菜类蔬菜镉的 BCF 的相关性分析得到：黄淮海与环渤海设施蔬菜优势区域叶菜类蔬菜产地的 BCF 与土壤 pH 呈极显著负相关（$P < 0.01$），与 CEC 呈显著正相关（$P < 0.05$）；长江流域冬春蔬菜优势区域叶菜类蔬菜产地的 BCF 与土壤 pH 呈显著负相关（$P < 0.05$），与 CEC 呈显著正相关（$P < 0.05$）；华南与西南热区冬春蔬菜优势区域叶菜类蔬菜产地的 BCF 与土壤 pH、CEC 和 SOM 均呈显著负相关（$P < 0.05$）；云贵高原夏秋蔬菜优势区域叶菜类蔬菜产地的 BCF 与土壤 pH 呈显著负相关（$P < 0.05$），与 CEC 呈显著正相关（$P < 0.05$）。依据四大蔬菜产区土壤理化性质与叶菜类蔬菜镉的 BCF 的多元回归分析，建立四大蔬菜产区的生物有效性模型，分别为：黄淮海与环渤海设施蔬菜优势区域叶菜类蔬菜产地的生物有效性模型为 $\lg\text{BCF} = -0.127\text{pH} + 0.254\lg\text{CEC} - 0.439$（$n = 91, P < 0.05, R^2 = 0.537$）；长江流域冬春蔬菜优势区域叶菜类蔬菜产地的生物有效性模型为 $\lg\text{BCF} = -0.103\text{pH} + 0.061\lg\text{CEC} - 0.584$（$n = 144, P < 0.05, R^2 = 0.546$）；华南与西南热区冬春蔬菜优势区域叶菜类蔬菜产地的生物有效性模型为 $\lg\text{BCF} = -0.091\text{pH} - 0.364\lg\text{CEC} - 0.707\lg\text{SOM} + 0.751$（$n = 264, P < 0.05, R^2 = 0.592$）；云贵高原夏秋蔬菜优势区域叶菜类蔬菜产地的生物有效性模型为 $\lg\text{BCF} = -0.143\text{pH} + 0.181\lg\text{CEC} - 0.927$（$n = 113, P < 0.05, R^2 = 0.518$），可对四大蔬菜产地的食品卫生安全进行合理的评价等。

课题组（龙丽等，2024）基于土壤环境质量标准（GB 15618—2018），根据农用土壤污染值二级标准添加量设置为 0mg/kg、0.3mg/kg、0.6mg/kg、1.2mg/kg、2.4mg/kg、4.8mg/kg 共 6 个浓度，分别记作 CK、T1、T2、T3、T4、T5，将外源镉（$CdCl_2 \cdot 2.5H_2O$）以溶液形式喷入花盆并混合均匀，每盆浇水至田间持水量的 60%。研究不同土壤镉浓度对白菜的影响。结果发现，由表 6-12 和表 6-13 可知，植物镉浓度随土壤镉浓度的增加而增加，有效态镉浓度与不同品种白菜地上部质量有显著负相关关系。除此之外，有效态镉浓度与'迟白二号'PCs、SPAD 值（叶绿素相对含量）呈显著负相关关系，与'清脆迟白菜'的 SPAD 值呈显著负相关关系。

表 6-12　镉胁迫下白菜可食用部分超标情况

品种	处理	含水量/%	镉浓度(以干质量计)/(mg/kg)	镉浓度(以鲜质量计)/(mg/kg)
迟白二号	CK	90	0.777	0.078
	T1	90	1.971	0.190
	T2	90	4.105	0.428
	T3	89	7.513	0.792
	T4	91	16.489	1.484
	T5	92	19.668	1.538
春信火锅王	CK	91	0.520	0.045
	T1	91	1.505	0.131
	T2	91	2.393	0.219
	T3	91	5.662	0.486
	T4	91	8.518	0.772
	T5	92	10.389	0.820
清脆迟白菜	CK	92	0.726	0.062
	T1	91	1.994	0.184
	T2	91	2.696	0.252
	T3	91	8.002	0.741
	T4	90	14.557	1.473
	T5	91	30.439	2.744
GB 2762—2022	≤0.200mg/kg			

表 6-13　有效态镉对不同品种白菜生长、生理及镉吸收的影响

项目	迟白二号	春信火锅王	清脆迟白菜
有效态镉与白菜地上部 BCF 的相关性	0.439	0.287	0.791**
有效态镉与白菜转运系数的相关性	0.092	0.096	0.865**

续表

项目	迟白二号	春信火锅王	清脆迟白菜
有效态镉与白菜地上部质量相关性	−0.875**	−0.866**	−0.878**
有效态镉与 PCs 的相关性	−0.497*	−0.206	−0.132
有效态镉与 SPAD 值的相关性	−0.502*	−0.035	−0.488*

**在 0.01 水平（双侧）显著相关；*在 0.05 水平（双侧）显著相关。

　　不同品种白菜地上部鲜质量、根部鲜质量、地上部镉浓度、根部镉浓度、PCs、SPAD 值等指标存在较大差异，对镉胁迫下三种白菜的生长、生理进行主成分分析，如图 6-1 所示，提取的前两个主成分累计贡献率为 79.5%，解释了大部分的变异。其中，提取的主成分 1（PC1）解释了 63.2% 的总变异，主要是地上部鲜质量、根部鲜质量、地上部镉浓度、根部镉浓度、SPAD。主成分 2（PC2）解释了 16.3% 的总变异，主要是 PCs。第一象限内 '春信火锅王' 在 T1 处理下地上部鲜质量、SPAD 和根部鲜质量较高，第二象限 '迟白二号' 和 '青脆迟白菜' 在 T5 处理时地上部镉浓度和根部镉浓度较大，青脆迟白菜在 T3 处理时 PCs 较大。

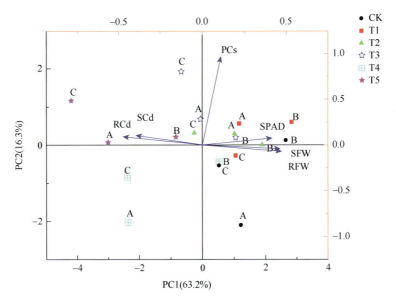

图 6-1　镉胁迫下三种白菜的生长、生理主成分分析

地上部鲜质量（SFW）、根部鲜质量（RFW）、地上部镉浓度（SCd）、根部镉浓度（RCd）、叶绿素相对含量（SPAD 值）、植物络合素（PCs），A、B、C 分别表示 '迟白二号'、'春信火锅王'、'清脆迟白菜'

6.1.3　物种敏感性分布在土壤镉阈值建立中的应用

　　物种敏感性分布（SSD）法是一种统计学外推法，自 20 世纪 80 年代、90 年代被欧美国家提出用于生态风险评估后对环境质量基准的制定起到了非常重要的作用。它主要基于不同物种对同一污染物的敏感性差异提出，该理论假设生态系统中不同物种对于某

一污染物的敏感性能够被一个分布所描述。通过生物毒性测试获得的有限物种的毒性阈值（10%效应浓度 EC_{10}，半数效应浓度 EC_{50}，10%致死浓度 LC_{10}，半数致死浓度 LC_{50}）是来自这个分布的样本，可用来估算该分布的参数。SSD 用法可分为正向和反向两种，正向用法通过污染物浓度水平计算潜在影响比例（potential affected fraction，PAF），用以表征生态系统或者不同生物类别的生态风险（Klepper et al.，1998，1999）；反向用法用于确定一个保护物种的污染物浓度水平，利用不同的分布函数，如 log-normal、Burr III 等拟合毒理学数据求出概率分布模型，定义危害浓度（hazardous concentration，HC），即污染物对生物的效应浓度小于等于 HC_P 的概率为 $P\%$，在此浓度下，生境中（100–P）%的生物是（相对）安全的（Maltby et al.，2009）。SSD 对于毒理学数据量的最小要求并无统一界定，澳大利亚 2000 年水质标准推荐的最小标准为 5 个，其他技术文件多规定为 8～10 个（Wheeler et al.，2002）。

SSD 已经成为生态风险评估中不可或缺的方法，美国国家环境保护局制定了多项保护水生生态系统的法规，如有关杀虫剂、灭鼠剂的毒性法案等，都是通过 SSD 曲线来制定的（Raimondo et al.，2008），澳大利亚也用 SSD 法来评价污染物对水环境的影响（Hose and van den Brink，2004），荷兰土地污染立法也参考使用 SSD 法（Boekholds，2008）。SSD 在国内尚处于起步研究阶段，目前大多数为有机污染物或重金属对于水生生物风险的报道（Schmitt-Jansen et al.，2008；Fedorenkova et al.，2013）。例如，王印等（2009）利用 SSD 法评估林丹和 DDT 对淡水生物的生态风险，得出 DDT 和林丹对淡水生物的 HC_5 值分别为 1.7μg/L、5.96μg/L，（刘良等（2009）利用 SSD 法评估 8 种多环芳烃对淡水生物的生态风险，得到相关的生态风险阈值 HC_5 值，有学者构建了 6 种重金属（Cd、Pb、Cu、Hg、Zn、Mn）对淡水生态（藻类、真菌、脊椎、无脊椎动物等）的 SSD 曲线图（Burr III 拟合），计算了各重金属对不同物种的 HC_5 值，而关于陆地生物的相关研究极少，仅有少量文献讨论了重金属对植物的生态风险评估。例如，王小庆等（2012）应用 SSD 计算镍的 HC_5 值 47.5mg/kg 与国家土壤标准 50mg/kg 接近（基于 EC_{10} 用 Burr III 拟合，以陆生生物，尤其是以蔬菜-小白菜、莴苣、芥菜、芹菜等为研究对象），还有学者使用 SSD 法（孙聪等，2013）预测 Cd 对水稻（水培试验，基于毒理学数据 EC_{50}、EC_{10} 构建 SSD 曲线）毒害的生态风险阈值 HC_5。

影响 SSD 曲线的因素是多方面的。物种在污染物中的暴露时间、污染物浓度等都会影响 SSD 曲线的构建，但最主要的是物种的种类、数量以及毒性数据的质量（Brix et al.，2001；Barron et al.，2012；Jesenska et al.，2013），物种数量越多种类越全面越好，有研究表明一个物种的消失会导致整个生态系统的毒性阈值大 3～5 倍。例如，以欧洲 17 个海洋生物的毒性数据 EC_{10} 构建对 Ni 敏感性差异的 SSD 曲线，其中，最敏感的物种冠海胆的 EC_{10} 比对 Ni 第二敏感物种的 EC_{10} 小 6 倍多，对于包含和不包含该敏感物种的 SSD 曲线而言，计算的 HC_5 分别为 3.9μg/L、20.9μg/L，大约相差 5 倍（Deforest and Schlekat，2013）。SSD 大多应用于水生生态系统中，有学者以水生生物，如鲫鱼等为研究对象拟合 SSD 曲线，得出 Cd 的 HC_5 值为 0.00526mg/kg（基于 EC_{50} 和 LC_{50} 算）（Yan et al.，2012），但也有学者同样以水生生物为研究对象构建 SSD 曲线，计算 Cd 的 HC_5 值 0.3mg/kg 明显偏大[基于最大无影响浓度（NOEC）计算]，计算 Pb 的 HC_5 值 11mg/kg 同样较大（基于 NOEC 计算，以水生生物为研究对象）（van Beelen et al.，2003）。从上述结果可以看到，即使是同一金属选择不同物种，不同培养环境（水生、陆生），使用不同毒性数据（EC_{50}、EC_{10}、NOEC）拟合 SSD 曲线，计算阈值结果也不相同，即使选择同类水生生物，众学者计算结果也有较大差异。

SSD 曲线并无特定拟合方法，目前正在探索中，因为没有确切证据表明 SSD 曲线属于某种特定的曲线，除了常用的 log-normal 和 Burr Ⅲ外，主要拟合函数还有 log-logistic、Weibull、Gamma 分布函数以及非参数的 Bootstrap（Chen，2004；Wang et al.，2008），有学者通过研究硫丹对水生生物的影响认为 Burr Ⅲ 和 Weibull 较好，穆景利等（2012）通过研究重金属及农药对淡水、海水生物的影响认为 log-logistic 与 log-normal 相比，获得的 HC_5 要严一些，log-logistic 优于 log-normal，王印等（2009）、王小庆等（2012）则认为 Burr Ⅲ拟合 SSD 曲线效果最好。同一物种若有多个数据，可以取算术平均数或几何平均数，学者（Duboudin et al.，2004）比较了算术平均数、几何平均数和加权三种方法，认为加权方法更好，但此方法操作复杂，目前使用较多的还是前两种方法。总体来说，研究受体不同，拟合其对污染物敏感性的 SSD 曲线最优函数也不同。

SSD 法也有理论上的缺点，首先，多数学者很少考虑物种间食物链的相互关系，尤其当敏感物种为上位捕食者时对 SSD 曲线影响较大，此过程较为复杂，学者认为如果考虑物种间相互关系，所得 SSD 曲线的变异性及中位值都会减小。其次，SSD 法无法提供环境的潜在恢复信息，难以体现污染物对环境的间接影响（Brock et al.，2004）。Baid 提出一种新思路，认为可以考虑从生物特征，比如形态学、生活习性、生理学、摄食情况等来预测物种敏感性，结果表明物种特征也可以解释部分物种敏感变异性，但这种方法还处于试验阶段，需要更深入地研究。

SSD 曲线的不确定性分析主要分为两种方法：经典置信区间法和贝叶斯统计法，两种方法虽然原理不同，但得到的结果相同（王小庆，2012）。另有学者（Aldenberg and Jaworska，2000）认为小样本数据适用贝叶斯统计法，在贝叶斯方法中浓度点是确定的，而拟合分布参数是不确定的，即同一个浓度（x 轴浓度）对应多个分布中的概率值（y 轴），不同概率值形成二次分布，将二次分布的 5%、50%、95%分位数连起来，同样可以得到 SSD 的置信区间曲线。Ciffroy（2007）在文中给出了不同数据量 5、7、10，不同分位数 5%、50%、95%时的具体参数，得出在数据量较少的情况下，贝叶斯统计法同样可以得到 SSD 的置信区间。

有学者（董明明，2021）通过比较 5 种常见累积概率分布函数在 x 轴方向、低累积概率（P%≤20%）条件下的拟合优度，获得适用于四大蔬菜产区的最佳拟合函数。log-logistic、Gamma 和 log-logistic 函数分别适用于推导黄淮海与环渤海设施蔬菜优势区域酸性、中性和碱性土壤标准情景下的土壤镉生态安全阈值；Gamma、log-normal 和 log-logistic 函数分别适用于推导长江流域冬春蔬菜优势区域酸性、中性和碱性土壤标准情景下的土壤镉生态安全阈值；log-normal、Gamma 和 Gamma 函数分别适用于推导华南与西南热区冬春蔬菜优势区域酸性、中性和碱性土壤标准情景下的土壤镉生态安全阈值；log-normal、log-normal 和 log-logistic 函数分别适用于推导云贵高原夏秋蔬菜优势区域酸性、中性和碱性土壤标准情景下的土壤镉生态安全阈值。在黄淮海与环渤海设施蔬菜优势区域酸性、中性和碱性土壤标准情景下，叶菜类蔬菜产地土壤镉的生态安全阈值分别为 0.23mg/kg、0.23mg/kg 和 0.56mg/kg；长江流域冬春蔬菜优势区域酸性、中性和碱性土壤标准情景下，叶菜类蔬菜产地土壤镉的生态安全阈值分别为 0.31mg/kg、0.27mg/kg 和 0.99mg/kg；华南与西南热区冬春蔬菜优势区域酸性、中性和碱性土壤标准情景下，叶菜类蔬菜产地土壤镉的生态安全阈值分别为 0.29mg/kg、0.39mg/kg 和 0.55mg/kg；云贵高原夏秋蔬菜优势区域酸性、中性和碱性土壤标准情景下，叶菜类蔬菜产地土壤镉的生态安全阈值分别为 0.28mg/kg、0.65mg/kg 和 0.52mg/kg。SSD 法在实际应用中有很多需要尽快解决的问题。例如数据的选择，通常用急性数据（LC_{50}、EC_{50} 等）或慢性数据（NOEC 等）来构建 SSD 曲线（刘良等，2009）。近两年也有学者用基因表达方面的数据来构建 SSD 曲线，认为使用慢性数据拟合水生动物的 Cd 毒理学数据，所得水体环境中 Cd 阈值最小，基因表达数据次之，急性数据最大（Yan et al.，2012）。从理论上来说，慢性数据更接近实际环境，更能反映污染物对物种、生态系统的影响，但是慢性数据通常不易获得，所以实际中大多数文献都使用急性数据评估污染物的生态风险。因此，有学者提出利用 SSD 法评估污染物的生态风险时，可以由急性毒理学数据（LC_{50} 或 EC_{50}）转化为慢性数据，如最大无影响浓度 NOEC，并且提出 11 种物质（包括 Cd、Pb、Cu、Zn 等 7 种重金属）的急性-慢性毒理学数据转换因子，利用该转换因子转换急性数据计算的 HC_5 值与慢性数据计算的结果非常接近，但这种从急性到慢性的转化系数取决于研究物种和毒理学数据的数量和质量，还需要进一步地研究和改善（Ciffroy，2007）。实际上，因构建 SSD 曲线时所需毒理学数据较多，大多数学者采用在毒理学数据库中搜集充足的数据资料，确定毒理学数据的筛选条件选择合适的数据（如美国国家环境保护局规定了应用生态风险评估法计算土壤筛选值时的具体要求，如污染化合物的种类需在文章中明确标出、不能使用污染物的复合污染数据等），应用合适的概率分布函数构建 SSD 曲线。例如，有学者（杜建国等，2013）在用 SSD 法研究 Cr 对海洋生物的生态风险时，利用 USEPA 的 ECOTOX 数据库查询资料，确定污染物暴露时间（≤1d）、暴露终点（LC_{50} 等）、浓度类型（总浓度或溶解态浓度）等，建立 SSD 曲线的拟合方程，还有学者（吴丰昌等，2011）在中国知网（CNKI）及 USEPA 的毒理学数据库搜集 Cd 的毒理学数据，利用 SSD 法推导中国淡水水生生物的 Cd 基准值（急性、慢性毒性阈值分别为 32.5μg/L、0.46μg/L）。例如，杨华（2014）建立的重金属（Cd、Cr、Pb、Hg）在玉米籽粒中富集的预测模型已经证实能有效应用于其他非模型玉米品种，并且这些模型能评估不同土壤条件下重金属污染的生态风险。史明易等（2020）利用食品安全国家标准，基于 BCF 的计算反推出不同蔬菜类型相对应土壤中重金属含量的安全阈值。赵淑婷等（2018）研究也得到了锑对小麦根伸长的毒性阈值（EC_{10} 和 EC_{20}）及其预测模型。蔡娜（2019）以贵州省威宁县马铃薯产地土壤为研究对象，将食品中 Cd 的限量值代入拟合方程得到了不同 pH 下的土壤 Cd 安全阈值。王小庆（2012）基于物种敏感性分布法并结合铜和镍的毒性预测模型，利用概率函数分布拟合了中国土壤中铜和镍的物种敏感性分布曲线，并推导出了铜和镍的生态阈值。孙聪等（2013）采用水培实验研究了我国常见的 17 种不同水稻对镉毒性的剂量-效应关系，结合 Burr-Ⅲ物种敏感性分布模型对不同水稻 Cd 毒性的物种敏感性分布频次和基于保护 95%水稻品种的 Cd 毒性阈值 HC_5 进行了预测，结果表明：不同水稻对 Cd 的毒性呈现出明显的敏感性差异特征，Bur-III 分布模型预测结果表明，基于保护 95% 的水稻品种，Cd 的 10% 抑制浓度值（$HC_5 10\%$）为 0.045mg/L，50% 抑制浓度值（$HC_5 50\%$）为 0.594mg/L。王子萱等（2019）研究了不同外源 Cd 水平对大麦和多年生黑麦草的影响，结合 log-logistic 分布函数模型确定了不同土壤中大麦和黑麦草 Cd 毒性的剂量-效应关系和毒性阈值（EC_{50}、EC_0）。丁昌峰等（2015）研究了不同根菜品种对 Hg 的敏感性差别，利用物种敏感性分布法推导了两种土壤的 Hg 安全阈值，并利用 Burr-III 型分布拟合了 12 个根菜品种富集 Hg 的 SSD 曲线，通过《食品安全国家标准 食品中污染物限量》反推，计算出红壤和潮土上保护 95% 的品种不超标的 HC_5 值，即安全阈值分别为 0.53mg/kg 和 1.2mg/kg。

有学者（何雪，2022）选择贵州省主要分布的 7 种土壤及 9 种常见马铃薯品种，通过添加不同浓度外源 Cd 的方式盆栽马铃薯种植于这 7 种土壤上。主要研究不同马铃薯品种对镉的富集转运效应、不同土壤中镉胁迫对马铃薯富集转运镉的影响，然后利用主栽品种的 Cd-BCF 预测方程进行种间外推，最后建立基于生态风险概率分布的镉阈值模型。主要结论如下。

（1）不同基因型马铃薯品种之间农艺性状、生理及品质均存在较大的差异；块茎 Cd 的 BCF 较高的品种是'威芋 5 号'，较低的是'兴佳 2 号'和'费乌瑞它'；不同部位 Cd 含量表现为根＞茎＞叶＞薯皮＞块茎，随着 Cd 浓度的增加，各部位 Cd 含量也增加，且在两种土壤下马铃薯各部位 Cd 的 BCF 均表现为纳雍黄壤＞贵阳石灰土。

（2）马铃薯株高、茎粗、块茎质量在不同土壤类型下并无相对一致的规律，但总体表现为低浓度促进，高浓度抑制的规律，雷山棕壤上种植的马铃薯生长状况较好；罗甸红壤上马铃薯各部位 Cd 含量及 BCF 较高，纳雍黄壤其次，盘州黄棕壤上根、茎、叶 Cd 含量及 BCF 较低，茅台钙质紫色土上块茎 Cd 含量及 BCF 最低；pH 是影响块茎富集 Cd 的主要土壤因子，呈极显著负相关。

（3）将 7 种土壤理化性质与马铃薯块茎 Cd-BCF 拟合得到的经验回归方程在全量法与外源法下预测效果均良好（外源法下 T1、T2 处理除外）。基于种间外推理论将源于主栽马铃薯品种'青薯 9 号'的块茎 Cd-BCF 预测方程（全量法中的模型 2）外推至其他品种，外推效果良好（实测值 BCF 与预测值 BCF 均在 2 倍区间范围内且接近 1∶1 实线）。

（4）应用生态效应法推导 Cd 阈值，结果显示本节中拟合的预测方程计算的土壤 Cd 阈值均高于现行国家标准（全量法计算出来的阈值均是现行标准的 2～4 倍，外源法预测值最高比现行标准高 4.7 倍，最低比现行标准高 2.65 倍）。

（5）应用物种敏感曲线法推导 Cd 阈值，当累积概率为 5% 时，log-normal、Burr-III 计算的 Cd 阈值在 pH = 5.5、7、7.5，其值分别为 1.02mg/kg 和 1.08mg/kg 和 1.09mg/kg 和 1.43mg/kg、1.56mg/kg 和 1.62mg/kg。将归一化后各标准土壤 SSD 曲线计算的 Cd 阈值 HC_1、HC_5、HC_{10} 与相应的土壤理化性质拟合，建立线性回归方程，利用两种函数通过回归方程计算的 HC_P 值与现行标准相比，呈现较为宽松的趋势。

利用全量法和外源法，通过逐步线性回归建立了主栽马铃薯品种'青薯 9 号'块茎 Cd-BCF 的预测方程。在全量法下，'青薯 9 号'在 5 个浓度下均与土壤理化性质黏粒含量、pH 有较好的拟合关系，相关系数 R^2 为 0.767～0.997（表 6-14）。在外源法下，'青薯9 号' T1 及 T2 处理下没有与土壤理化性质拟合出较好的模型，但在 T3、T4 处理下，块茎 lgBCF 与 pH 的趋势较为明显，相关系数分别为 0.985、0.882（表 6-15）。

表 6-14　主栽马铃薯品种块茎 Cd-BCF 的预测方程（全量法）

处理	拟合方程	R^2	显著性水平
CK	模型 1：lgBCF = 0.388logclay−1.630	0.997	<0.01
T1	模型 2：lgBCF = −0.048pH−0.804	0.934	<0.01
T2	模型 3：lgBCF = −0.124pH−0.326	0.767	<0.05
T3	模型 4：lgBCF = −0.167pH + 0.048	0.884	<0.01
T4	模型 5：lgBCF = −0.144pH−0.056	0.979	<0.001

表 6-15　主栽马铃薯品种块茎 Cd-BCF 的预测方程（外源法）

处理	拟合方程	R^2	显著性水平
T3	模型 1：lgBCF = −0.081pH−0.594	0.985	<0.001
T4	模型 2：lgBCF = −0.059pH−0.824	0.882	<0.01

因为对照土壤的安全阈值主要由镉的背景值决定，所以学者把重点放在受镉污染的土壤上，以 pH = 5.5、7、7.5 作为酸性、中性、碱性土壤的代表代入预测方程进行计算，如表 6-16 所示，不论是对于全量法还是外源法，用本节中拟合的预测方程计算的土壤镉阈值均高于现行国家标准。在全量法中，对于 pH<6.5 而言，模型 5 计算出来的阈值为0.70mg/kg，与现行标准最接近，是现行标准的 2.3 倍，模型 2 计算出来的阈值为 1.17mg/kg，是现行标准的 3.9 倍；对于 6.5≤pH<7.5 而言，4 个模型计算出来的阈值相差不大，最高为 1.56mg/kg，最低为 1.16mg/kg；对于 pH≥7.5 而言，由模型 3 计算出来的阈值为1.80mg/kg，是现行标准的 3 倍，其他模型计算出来的阈值均是现行标准的 2～3 倍。对于外源法而言，模型 2 比模型 1 预测的值在三个 pH 分段下均高 0.3mg/kg 左右，预测值最高是现行标准的 5.8 倍，最低是现行标准的 2.65 倍。

表 6-16　基于生态效应法推导主栽马铃薯品种（青薯 9 号）的土壤镉阈值　（单位：mg/kg）

	预测方程	pH<6.5	6.5≤pH<7.5	pH≥7.5
全量法	模型 2：$C_{soil} = 10^{(0.048pH−0.196)}$	1.17	1.38	1.46
	模型 3：$C_{soil} = 10^{(0.124pH−0.674)}$	1.02	1.56	1.80
	模型 4：$C_{soil} = 10^{(0.167pH−1.048)}$	0.74	1.32	1.60
	模型 5：$C_{soil} = 10^{(0.144pH−0.944)}$	0.70	1.16	1.37
外源法	模型 1：$C_{soil} = 10^{(0.081pH−0.406)}$	1.10	1.45	1.59
	模型 2：$C_{soil} = 10^{(0.059pH−0.176)}$	1.41	1.73	1.85
	现行标准	0.3	0.3	0.6

注：pH<6.5、6.5≤pH<7.5、pH≥7.5 分别取 5.5、7、7.5，下同。

很多研究人员使用经验模型预测重金属的生物有效性。土壤性质，如土壤质地、pH、有机碳、碳酸钙、阳离子交换量等都会影响重金属在土壤中的迁移率和生物有效性。然而，土壤性质之间的相互关系使得影响土壤中重金属生物有效性的主要变量不好确定。因此，可以通过逐步多元线性分析来确定土壤性质和重金属生物有效性之间的关系。土壤生态阈值是制定土壤环境质量标准的重要依据，而物种敏感性分布法是建立土壤生态阈值的常用方法，基于风险概率模型的方法推导以保护农作物为目的的土壤 Cd 阈值，可以得到以土壤性质为参数的基础的灵活的土壤阈值模型，随着受保护物种概率的变化其土壤阈值做出相应改变，更加科学合理，避免了使用单一标准值在实际中出现的过保护或执行困难的情形，能为土壤环境质量标准的发展提供依据。

土壤 Cd 的浸出方法主要是有机化学浸出方法，不同方法所基于的出发点并不完全一样，导致检测土壤有效态重金属含量结果有差异，因此可根据不同的土壤类型、不同目的选用不同的提取方法，通过提取试剂和提取条件的变化以获得最佳的提取效果。一般认为在酸性土壤上用 0.1mol/L CaCl$_2$ 是最佳的提取方法，检测出的有效态重金属与植株含量相关系数高。由于改进的 BCR 法对重金属形态的分组较为简单，实验操作方便，分析结果的精密度也高，因此该方法更适合于土壤 Cd 赋存形态及生物有效性的评价。

研究表明，基于小麦质量安全的土壤 Cd 风险阈值与《土壤环境质量 农用地土壤污染风险管控标准（试行）》（GB 15618—2018）相当，在喀斯特地区种植小麦存在较高的 Cd 超标风险。马铃薯安全生产的土壤 Cd 风险阈值可达到国标的 2 倍以上，现行国家标准应用于喀斯特地区较为严格。虽然研究结果显示辣椒安全生产的土壤 Cd 风险阈值一般高于国标的风险筛选值，低于管制值，但因喀斯特地区存在较高的辣椒 Cd 超标的风险，应谨慎使用。由于不同土壤类型有效态 Cd 和 Cd 的形态分布存在较大差异，制定基于农作物安全生产的土壤有效态 Cd 风险阈值存在较大的不确定性，目前不推荐使用。

第7章　镉胁迫对耕地土壤微生物和动物群落的影响及其生物修复机制

土壤微生物和土壤动物是土壤生态系统的重要组成部分，它们驱动着土壤有机质的形成、转化以及土壤养分循环，其群落结构及活性的变化是衡量土壤质量的重要生物指标。中国喀斯特地质高背景区的耕地土壤重金属 Cd 污染严重、成因复杂，土壤中 Cd 的含量、赋存形态与土壤类型等均会影响土壤微生物和动物活性及群落结构。同时，土壤微生物和动物群落的变化对土壤重金属污染也有敏感的指示作用。利用土壤微生物和土壤动物与超积累植物进行重金属污染土壤的修复，可提升植物的修复效果。

7.1　镉胁迫对土壤微生物的影响及其生物修复机制

过量的镉摄入通过干扰基因表达而影响微生物蛋白酶的活性，损害土壤微生物代谢途径，导致细胞凋亡，影响土壤微生物的种群和群落结构，硝化、氨化等过程以及土壤酶活性。氨氧化细菌对镉非常敏感，镉主要通过消除氨氧化细菌，从而抑制硝化作用和酸化作用，但镉对氨氧化古菌的生长有刺激作用（Zhao H C et al.，2020）。古菌具有优越的生理和遗传适应能力，可以在金属胁迫下生存，其渗透性差的膜和有效的转运系统可以充当壁和泵，从而避免毒物进入细胞（Zhao H C et al.，2020；Kuang et al.，2016）。不过，镉污染土壤中古菌的硝化作用始终很小，这些高度耐受的氨氧化古菌可能会优先通过其他代谢过程而不是氨氧化来获取能量（Kerou et al.，2016）。镉与土壤酶-底物复合物相互作用，使酶蛋白变性或与蛋白活性基团相互作用来降低酶的活性，还可以影响微生物细胞合成酶。Tian 等（2017）发现不同镉化合物阴离子对土壤脱氢酶和碱性磷酸酶活性的影响不同，乙酸或硝酸盐形式的镉对脱氢酶的敏感性高于硫酸盐和氯化物，而后者对碱性磷酸酶的毒性高于前者，这可能是与镉相关的阴离子对不同土壤酶的影响机制不同，包括其在土壤中独特的吸附能力、与土壤组分的相互作用以及改变土壤酶对其底物的亲和力。

7.1.1　镉胁迫对土壤微生物群落的影响

位于广西壮族自治区桂林市阳朔县思的村的一座铅锌尾矿砂坝，在 20 世纪 70 年代被强降水冲垮，山洪裹挟着尾矿砂在河流转弯处将其倾泻到约 0.5km^2 种有水稻、玉米、柑橘等的农田中。经重金属生态风险评估，该区域单一重金属污染潜在生态风险大小顺序为 Cd>Pb>Zn>Cu，各重金属全量和有效态含量整体表现为水稻田>玉米地>柑橘园>对照（房君佳，2018）。

提取土壤样品中微生物 DNA，通过实时荧光定量方法对样品中 *16SrRNA* 和 *18SrRNA* 基因进行定量分析，研究区对照样的细菌基因拷贝数在 $2.55 \times 10^{11} \sim 7.29 \times 10^{11}$copies/g，均值为 4.92×10^{11}copies/g，真菌基因拷贝数在 $1.42 \times 10^{8} \sim 2.66 \times 10^{8}$copies/g，均值为 2.04×10^{8}copies/g；玉米地细菌基因拷贝数在 $1.82 \times 10^{11} \sim 5.84 \times 10^{11}$copies/g，均值为 3.83×10^{11}copies/g，真菌基因拷贝数在 $7.65 \times 10^{7} \sim 1.48 \times 10^{8}$copies/g，均值为 1.12×10^{8}copies/g；柑橘园细菌基因拷贝数在 $4.23 \times 10^{10} \sim 4.82 \times 10^{11}$copies/g，均值为 2.62×10^{11}copies/g，真菌基因拷贝数在 $6.48 \times 10^{7} \sim 2.32 \times 10^{8}$copies/g，均值为 1.49×10^{8}copies/g；水稻田细菌基因拷贝数在 $1.24 \times 10^{12} \sim 1.76 \times 10^{12}$copies/g，均值为 1.50×10^{12}copies/g，真菌基因拷贝数 $3.44 \times 10^{7} \sim 6.97 \times 10^{8}$copies/g，均值为 3.31×10^{8}copies/g（图 7-1）。与对照相比，柑橘园和玉米地中细菌和真菌丰度均出现一定程度的下降，而水稻田中细菌和真菌丰度增加。说明在长期重金属胁迫影响下，细菌和真菌数量在旱地土壤中受到了抑制，而在水稻田土壤中得到促进。

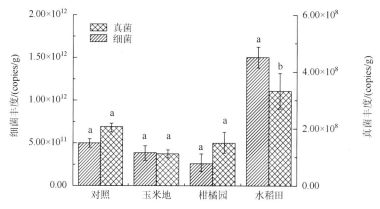

图 7-1　土壤细菌 *16SrRNA* 和真菌 *18SrRNA* 基因拷贝数（房君佳，2018）

RDA 结果说明土壤细菌丰度主要受有机碳、有效态 Cd、颗粒态有机碳等环境因子影响，真菌丰度则与微生物生物量碳、pH、全氮、全量 Cd 等显著相关（图 7-2）。图中更多代表重金属的因子与细菌丰度呈正相关关系，说明研究区细菌群落能够更好地适应当前的生态环境，长期重金属胁迫影响"筛选"出具有重金属耐性的种群（王彬，2008），这部分微生物可能具备了转化代谢重金属的能力，并在极端生态环境条件下逐步成为优势物种。

土壤微生物群落的组成及优势类群大致相同，但各个门的相对丰度在不同采样点间却存在显著差异。对照、玉米地、柑橘园和水稻田土壤细菌以变形菌门（Proteobacteria）、酸杆菌门（Acidobacteria）以及绿弯菌门（Chloroflexi）占绝对优势（图 7-3），三者相对丰度和在各类样地中分别占 85.45%、74.72%、78.96% 和 76.53%。这三类细菌在重金属污染区普遍存在（江玉梅等，2016；景炬辉等，2017），意味着这些细菌具有耐重金属的特性，可以通过各种方法减轻重金属的毒害。在对照、柑橘园、玉米地中，随重金属污染加重，变形菌门、放线菌门（Actinobacteria）相对丰度上升，酸杆菌门相对丰度下降。而水稻田土壤却并未与之发生同步变化。纲水平上对照土壤细菌群落以酸杆菌纲、α 变形

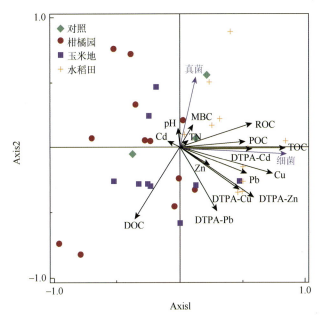

图 7-2　研究区细菌和真菌丰度及环境因子的 RDA 分析图（房君佳，2018）

MBC：微生物量碳，TN：全氮，ROC：易氧化有机碳，POC：颗粒态有机碳，TOC：总有机碳，DOC：可溶解性有机碳，
Cd：全量 Cd，Zn：全量 Zn，Pb：全量 Pb，Cu：全量 Cu，DTPA-Cd：有效态 Cd，DTPA-Zn：有效态 Zn，DTPA-Pb：有效
态 Pb，DTPA-Cu：有效态 Cu

菌纲（Alphaproteobacteria）及 β 变形菌纲（Betaproteobacteria）为主，玉米地土壤细菌群
落中酸杆菌纲、α 变形菌纲、β 变形菌纲、δ 变形菌纲（Deltaproteobacteria）均占一定
优势，柑橘园土壤细菌群落则以酸杆菌纲、α 变形菌纲、β 变形菌纲和 γ 变形菌纲
（Gammaproteobacteria）为主，水稻田土壤细菌群落纲水平相对丰度由高到低前四类依次为

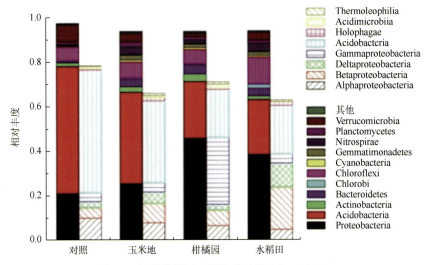

图 7-3　细菌群落门水平组成（房君佳，2018）

Thermoleophilia：嗜热油菌纲，Acidimicrobiia：酸微菌纲，Holophagae：全噬菌纲，Acidobactcria：酸性细菌门，
Chlorobi：绿菌门

酸杆菌纲、β 变形菌纲、δ 变形菌纲、α 变形菌纲。除上述所说，疣微菌门（Verrucomicrobia）、放线菌门、芽单胞菌门（Gemmatimonadetes）、拟杆菌门（Bacteroidetes）、浮霉菌门（Planctomycetes）、硝化螺旋菌门（Nitrospirae）也占比相对较高，同样被证明是在矿区土壤中普遍存在的微生物类群（景炬辉等，2017；Eschbach et al.，2003；相沙沙，2016）。

环境内微生物群落的结构和功能具有一定相关性，群落内部的功能多样性与群落之间的功能冗余决定了群落稳定性（王彬，2008）。*16SrRNA* 基因高通量测序结果显示，重金属污染不同程度下土壤细菌群落都以变形菌门、酸杆菌门和绿弯菌门为主要组成部分，但不同菌门在不同样地中的相对丰度存在差异，以旱地土壤（对照、柑橘园、玉米地）为例，随重金属污染加重，变形菌门、放线菌门相对丰度上升，酸杆菌门相对丰度下降。而水稻田土壤却并未与之发生同步变化，说明微生物群落组成除受重金属污染制约外，也受土壤性质等要素的限制，而重金属复合污染对微生物的作用也并非单一的加和作用，更多情况可能存在协同或拮抗作用（李小林等，2011）。

偏最小二乘路径模型（partial least squares path modeling，PLS-PM）揭示微生物群落与各环境因子变量之间的因果关系：重金属污染对土壤性质（−0.478）、微生物群落（0.395）以及土壤有机碳（0.438）有直接影响，同时通过作用于其他因子间接影响微生物群落（0.345）和土壤有机碳（0.345）；土壤自身性质既可以直接也可以间接影响微生物群落（−0.244，−0.154），土壤有机碳（0.321）作为微生物群落物质能量的重要来源，直接影响微生物群落（图 7-4）。

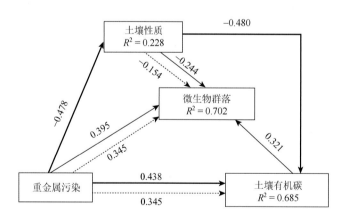

图 7-4　*16SrRNA* 微生物群落 PLS-PM 分析（房君佳，2018）

重金属 Cd 污染土壤中施用钝化剂可改变微生物群落结构。贵州威宁土壤 Cd 污染区的试验表明，添加不同的钝化材料（除玉米生物炭）后种植马铃薯（'威芋 5 号'和'青薯 9 号'）的土壤中细菌的 Chao、ACE、Shannon（香农）指数相比 CK 均明显增加（表 7-1）。说明添加重金属钝化材料能提升土壤中细菌的丰富度、均匀度与多样性。

表 7-1　钝化剂土壤中细菌的 alpha 多样性指数（龚思同，2020）

处理	威芋 5 号			青薯 9 号		
	Chao	ACE	Shannon	Chao	ACE	Shannon
CK	2398.5	2435.1	5.8	2440.5	2406.8	6.0
方解石（FJS）	2937.1	2853.1	6.2	2766.3	2775.1	6.3
海泡石（HPS）	2403.5	2472.9	6.0	2391.5	2427.9	6.0
巨大芽孢杆菌（JDYB）	2652.5	2597.9	6.0	2566.8	2633.6	6.2
胶质芽孢杆菌（JZYB）	2687.1	2747.4	6.2	26.3.1	26.4.1	6.1
磷灰石（LHS）	2709.6	2787.2	6.3	2713.2	2726.5	5.9
牛粪（NF）	2884.7	2847.6	6.1	2514.2	2563.8	6.0
膨润土（PRT）	2737.2	2726.9	6.2	2404.6	2411.7	5.8
石灰（SH）	2521.3	2589.5	6.2	2730.5	2736.8	6.3
玉米生物炭（SWC）	2057.9	2071.2	5.4	2095.3	2078.5	5.2

　　基于 Bray-Curtis 距离的主坐标分析（PCoA）用于评估不同处理下土壤细菌群落组成（基于 OUT 水平）的差异。PCoA 结果表明，两个主要坐标轴解释了土壤细菌群落变化的 40.56%（图 7-5）。根据钝化材料类型的不同，主要坐标轴将 FJS、LHS、SH 与其他处理分开。根据细菌群落组成的差异，将施用 SWC 的土壤与其他土壤分开，而将施用 FJS、LHS、SH 的土壤归为一组。总体而言，PCoA 将土壤细菌群落的组成分为三组。碱性材料及生物炭材料被对照组及其他材料区分开。

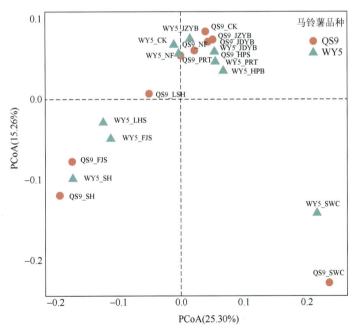

图 7-5　土壤细菌群落的主坐标分析（PCoA）（龚思同，2020）

不同处理下土壤中主要细菌门类的相对丰度如图 7-6 所示。在不同处理下，变形菌门是土壤中最丰富的细菌门类（24.95%～41.40%），其次是绿弯菌门（11.10%～55.22%）、酸杆菌门（6.87%～21.31%）、放线菌门（4.32%～19.03%）和芽单胞菌门（6.67%～14.70%）。相对丰度大于 1%的其他主要细菌类别是拟杆菌门、髌骨菌门（Patescibacteria）、WPS-2、疣微菌门、装甲菌门（Armatimonadetes）、蓝细菌门（Cyanobacteria）、硝化螺旋菌门。

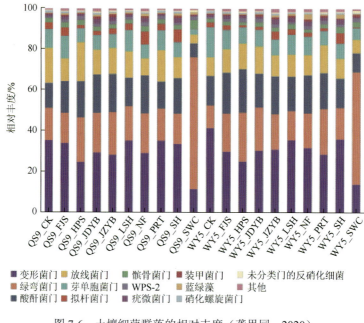

图 7-6　土壤细菌群落的相对丰度（龚思同，2020）

对于种植'青薯 9 号'（QS9）马铃薯的土壤，添加海泡石（HPS）、巨大牙孢杆菌（JDYB）、胶质芽孢杆菌（JZYB）、牛粪（NF）、玉米生物炭（SWC）后土壤中变形菌门、芽单胞菌门的相对丰度相比对照组（CK）均有所降低，而绿弯菌门、酸杆菌门、装甲菌门的相对丰度有所增加。但在 SWC 处理下，土壤主要细菌门类的组成产生了较明显的变化，土壤中绿弯菌门的相对丰度明显增加，而其他细菌门类的相对丰度存在一定程度的下降。对于种植'威芋 5 号'马铃薯的土壤，添加不同钝化材料均降低了土壤中变形菌门、芽单胞菌门的丰度，提高了绿弯菌门、酸杆菌门、放线菌门的丰度。但添加 SWC 后，'威芋 5 号'马铃薯（WY5）种植土壤中绿弯菌门的丰度明显增加，而其他主要细菌门类的丰度均有所下降。同时，对于同一钝化材料，种植 QS9 与 WY5 种植土壤中主要细菌门类的相对丰度主要在方解石（FJS）、羟基磷灰石（LHS）、膨润土（PRT）、石灰（SH）处理下表现出差异，添加 FJS、LHS、PRT、SH 后，种植 QS9 土壤中变形菌门的丰度相对 CK 无明显变化，而种植 WY5 土壤中变形菌门的丰度有所降低。放线菌门的丰度在种植 QS9 土壤中有所降低，但其在种植 WY5 土壤反而有所增加。变形菌门的丰度在种植 QS9 土壤中有所增加，而在种植 WY5 土壤中有所降低。

对于土壤真菌群落特征，土壤中添加钝化材料后土壤真菌的 Chao、ACE 和 Shannon

指数相比 CK 均有所增加（表 7-2）。土壤钝化剂降低了重金属 Cd 生物有效性的同时，可以提高土壤中真菌的丰富度及多样性。

表 7-2　土壤中真菌的 alpha 多样性指数（龚思同，2020）

处理	威芋 5 号			青薯 9 号		
	Chao	ACE	Shannon	Chao	ACE	Shannon
CK	654.5	648.9	3.8	599.2	611.9	3.7
方解石	696.4	701.0	3.9	673.0	666.6	4.1
海泡石	640.9	639.6	3.8	665.6	677.0	3.7
巨大芽孢杆菌	651.9	642.3	3.6	608.0	627.5	3.3
胶质芽孢杆菌	621.4	624.2	3.6	696.5	704.1	3.9
磷灰石	720.1	716.5	3.5	759.5	780.5	3.8
牛粪	641.4	660.8	3.1	657.7	654.7	3.1
膨润土	600.7	597.1	4.1	594.3	594.9	3.8
石灰	554.172	552.1	3.5	745.3	723.2	4.1
玉米生物炭	587.613	596.5	3.2	646.9	653.3	3.6

基于 Bray-Curtis 距离的主坐标分析（PCoA）（图 7-7），结果表明，两个主要坐标轴解释了土壤真菌群落变化的 31.28%。除生物炭、方解石和石灰处理外，土壤中真菌

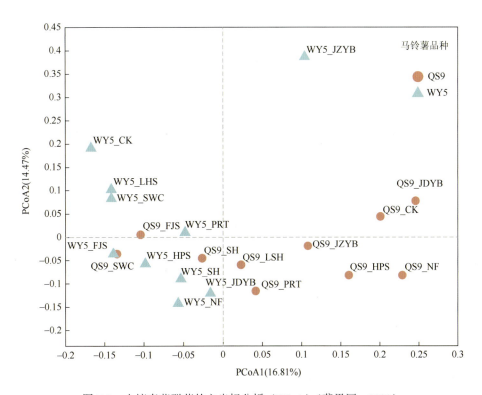

图 7-7　土壤真菌群落的主坐标分析（PCoA）（龚思同，2020）

群落的组成主要根据马铃薯品种的不同而分开。此外，根据添加钝化材料的不同，主要坐标轴将施用膨润土、磷灰石、胶质芽孢杆菌、海泡石、牛粪、生物炭、方解石和石灰处理与马铃薯青薯 9 号种植土壤的对照组土壤分开。将施用方解石、海泡石、牛粪、石灰和胶质芽孢杆菌处理的土壤与种植马铃薯威芋 5 号土壤的对照组土壤分开。总体而言，PCoA 主要根据马铃薯品种将土壤真菌群落分为两组，即施用钝化剂材料组和对照组。

不同处理下土壤中主要真菌门类的相对丰度如图 7-8 所示。子囊菌门（Ascomycota）是土壤中最丰富的真菌门类（37.64%～73.16%），其次是担子菌门（Basidiomycota）（8.04%～33.15%）、被孢霉门（Mortierellomycota）（6.09%～27.60%）及未分类门真菌（unclassified_k_Fungi）（3.23%～24.55%），其他主要的真菌门类分别是球囊菌门（Glomeromycota）、炎霉门（Calcarisporiellomycota）及壶菌门（Chytridiomycota）。对于种植马铃薯 '青薯 9 号' 土壤，除了添加巨大芽孢杆菌及生物炭处理，Ascomycota 在土壤中的相对丰度整体呈增加趋势。除巨大芽孢杆菌处理外，土壤的 Basidiomycota 整体呈降低趋势。除牛粪处理外，土壤的 Mortierellomycota 整体呈增加趋势。添加牛粪及生物炭降低了土壤中 unclassified_k_Fungi 的相对丰度，而添加方解石、海泡石、磷灰石和石灰后其相对丰度有所增加；对于种植马铃薯 '威芋 5 号' 的土壤，除胶质芽孢杆菌、生物炭处理外，土壤的 Ascomycota 整体呈增加趋势。添加磷灰石和牛粪后，土壤 Basidiomycota 的相对丰度明显降低，但添加巨大芽孢杆菌、胶质芽孢杆菌、海泡石、石灰和膨润土后其相对丰度明显增加。不同处理下土壤中 Mortierellomycota 的相对丰度整体呈增加趋势。除生物炭处理外，土壤中 unclassified_k_Fungi 的相对丰度整体呈降低趋势。

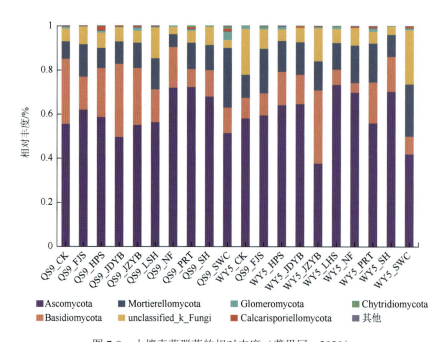

图 7-8　土壤真菌群落的相对丰度（龚思同，2020）

对于同一钝化材料而言，部分钝化材料对土壤中主要真菌门类的影响效果也会因马铃薯品种的不同而产生差异。其中，在巨大芽孢杆菌、胶质芽孢杆菌、磷灰石及膨润土处理下，不同马铃薯品种的种植土壤中主要真菌门类相对丰度的差异最为明显。整体而言，土壤中主要真菌门类的组成受到所施钝化材料类型以及马铃薯品种的共同调控。

土壤细菌群落组成与土壤 Cd 有效性的多元回归树（MRT）分析结果表明（图 7-9）：土壤 Chloroflexi、unclassified_k_norank_d_Bacteria、Gemmatimonadetes 解释了土壤可交换态 Cd 含量及 DTPA-Cd 含量变异的 63.85%。其中 Chloroflexi 解释了 35.18%，Chloroflexi 丰度大于等于 0.397 的 15 个样品具有较高的可交换态 Cd（0.637mg/kg）及 DTPA-Cd（0.659mg/kg）含量。Gemmatimonadetes 进一步将 Chloroflexi 丰度大于 0.397 的 15 个样品区分开，解释了 12.92%，其中 Gemmatimonadetes 丰度小于 0.307 的 12 个样品具有较高的可交换态 Cd（0.656mg/kg）及 DTPA-Cd（0.673mg/kg）含量。此外，unclassified_k_norank_d_Bacteria 解释了 15.75%，其丰度小于 0.062 的样品具有较高的可交换态 Cd（0.553mg/kg）及 DTPA-Cd（0.652mg/kg）含量。

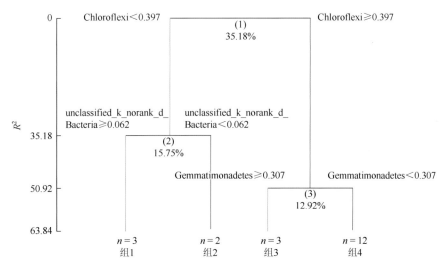

图 7-9　土壤主要细菌门类丰度与土壤 Cd 有效性间的相关性（龚思同，2020）

土壤主要真菌门类丰度与土壤 Cd 有效性间的 MRT 分析结果表明（图 7-10），Calcarisporiellomycota 与 Basidiomycota 共同解释了土壤可交换态 Cd 含量及 DTPA-Cd 含量变异的 59.38%。其中，Calcarisporiellomycota 丰度大于等于 0.024 的 17 个样品具有较高的可交换态 Cd（0.632mg/kg）及 DTPA-Cd（0.654mg/kg）含量，而 Basidiomycota 丰度大于等于 0.407 的 7 个土壤样品具有较高的可交换态 Cd（0.694mg/kg）与 DTPA-Cd（0.665mg/kg）含量。

7.1.2　镉胁迫对微生物生态过程的影响

采矿活动破坏了一些地区的原生生境，并且造成土壤重金属含量显著增加，使土壤

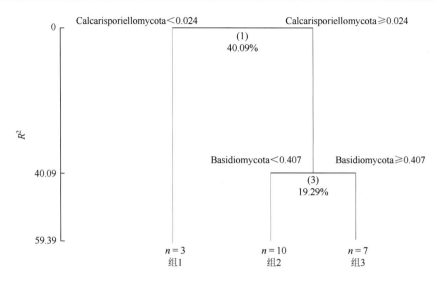

图 7-10　土壤主要真菌门类丰度与土壤 Cd 有效性间的相关性（龚思同，2020）

微生物生物量、酶活性、土壤呼吸升高或降低，甚至成倍改变（Kaperman and Carreiro，1997；滕应等，2004）。

位于喀斯特地区的贵州省毕节市赫章县新关寨，历史土法炼锌导致土壤重金属含量升高，土壤微生物生物量与重金属含量呈显著的负相关关系（图 7-11）。表明土壤重金属的积累对土壤微生物具有负面影响，微生物生物量大量减少。

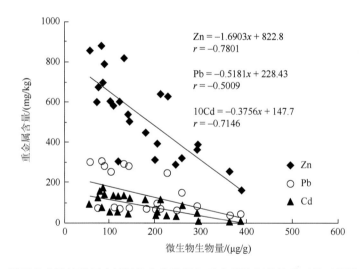

图 7-11　黔西北土法炼锌区土壤微生物生物量与重金属的相关关系（杨元根等，2003）

位于广西喀斯特地区的大环江流域，由于采矿活动和暴雨等自然灾害的影响，流域土壤重金属污染严重，Cd 的最高含量达 11.69mg/kg（平均含量达 1.27mg/kg），Zn 的最高含量达 3008.62mg/kg（平均含量达 454.83mg/kg），均表现为重度污染（表 7-3）（唐成，2013）。该区土壤类型主要有红壤和石灰土，耕地有水田和旱地，土壤中 MBC（微生物量碳)、MBN(微生物量氮)、MBP(微生物量磷)的分布区间分别为 11.89~247.50mg/kg、1.78~39.56mg/kg、1.55~13.44mg/kg。土壤微生物各指标的变异系数(CV)均很大，为 31.51%~50.44%，MBC 呈强度变异(CV>49%)。微生物生物量各指标的偏态数均大于零，呈正偏态分布。与标准正态分布相比，峰值系数大于 3 时，样本数据为高狭峰，低于 3 时，为低阔峰，MBC、MBN、MBP 指标均为低阔峰。

表 7-3　土壤微生物的描述性统计(唐成，2013)

指标	样本数/个	最小值/(mg/kg)	最大值/(mg/kg)	均值/(mg/kg)	标准差/(mg/kg)	CV/%	偏态数	峰值系数
MBC	127	11.89	247.50	91.955	46.385	50.44	0.847	0.777
MBN	127	1.78	39.56	20.349	6.411	31.51	0.005	0.718
MBP	127	1.55	13.44	6.001	2.382	39.70	0.707	0.187

从整体上看，该区域土壤 MBC、MBN、MBP 指标在两种土地利用方式(水田 *vs* 旱田)和两种土壤类型(石灰土 *vs* 红壤)间的含量基本相等，差异都不显著(表 7-4)。由此可以推断出，土地利用方式和土壤类型对微生物含量的影响不大，土壤重金属含量可能是影响微生物的主要因素。

表 7-4　广西喀斯特大环江流域不同土地利用方式和土壤类型下土壤微生物量特征(唐成，2013)

项目		样本数 N	MBC/(mg/kg)	MBN/(mg/kg)	MBP/(mg/kg)
土地利用方式	水田	41	94.42	19.47	6.12
	旱地	86	90.78	20.77	5.94
土壤类型	石灰土	61	92.56	19.60	5.71
	红壤	66	91.40	21.04	6.27

通过重金属指标与土壤微生物量指标之间的相关分析，Cu 与 MBC、Pb 与 MBC、Pb 与 MBN、Hg 与 MBC、As 与 MBN 相关性均达到显著水平，Zn 与 MBC、Zn 与 MBN 达到极显著水平；但是 Cd、Ni、Cr 和微生物量各指标的相关性都没有明显的相关性(表 7-5)。由此可以看出，在土壤重金属复合污染区，微生物量与重金属之间的关系较为复杂；Pb-Zn 矿区主要以重金属 Pb 和 Zn 的影响最大，而重金属 Cd 的影响较小。

表 7-5　广西喀斯特大环江流域土壤微生物量与重金属含量的关系(唐成，2013)

指标	Cd	Cu	Ni	Pb	Zn	Cr	Hg	As
MBC	0.09	−0.208*	0.027	−0.189*	−0.366**	−0.006	−0.225*	−0.087
MBN	0.079	−0.101	0.023	−0.219*	−0.357**	0.044	−0.093	−0.207*
MBP	−0.017	−0.157	−0.175	−0.065	−0.155	−0.128	0.126	−0.194

*显著水平为 5%；**显著水平为 1%。下同。

表 7-7　矿区土壤中主要土壤酶的活性（韩桂琪等，2012）

编号	与矿口距离/m	蔗糖酶/（0.1mol/L Na₂S₂O₃mg/g）	脲酶/（NH₄⁺-N mg/g）	酸性磷酸酶/（P₂O₅ mg/g）	过氧化氢酶/（0.1mol/L KMnO₄ mL/g）	脱氢酶/（TPF mg/g）
1	矿口	0.29±0.02a	0.08±0.01a	1.54±0.14a	0.39±0.02a	0.02±0a
2	100~200	0.33±0.02ab	0.15±0.02b	2.95±0.17b	0.64±0.02b	0.04±0b
3	800	0.41±0.03b	0.24±0.02c	6.31±0.17c	1.05±0.07c	0.17±0.01c
4	10000	0.55±0.03c	0.31±0.02d	9.13±0.23d	1.26±0.07d	0.26±0.01d

注：a，b，c，d表示 $P \leqslant 0.05$ 水平上的差异显著性，下同。

随着与矿区口距离的增加，土壤中微生物的数量也会增加。与对照土壤（4 号）相比，矿区土壤（1、2、3 号）的土壤细菌、放线菌数量有明显差异，其中细菌、放线菌数量分别下降 31%~80%、8%~50%，但真菌的数量变幅不大，只下降了 3%~8%，并且数量上细菌＞放线菌＞真菌。与对照相比，矿区土壤微生物总数下降了 29%~77%。矿区土壤微生物生物量 C 和 N 随距离矿口越近，表现出越小的趋势。与对照相比，土壤微生物生物量 C 和 N 分别下降 23.7%~66.2%和 31.8%~74.7%，而微生物生物量 C/N 则逐渐升高（表 7-8）。

表 7-8　矿区土壤中主要土壤酶的活性（韩桂琪等，2012）

编号	与矿口距离/m	细菌数量/（10⁷个/g）	真菌数量/（10⁵个/g）	放线菌数量/（10⁶个/g）	微生物总数/（10⁷个/g）	微生物量C/（mg/kg）	微生物量N/（mg/kg）	微生物C/N
1	矿口	0.275±0.013d	0.277±0.012a	0.447±0.021c	0.332±0.019c	69.7±3.4d	8.5±0.8d	8.20±0.32a
2	100~200	0.412±0.017c	0.281±0.013a	0.693±0.025b	0.484±0.017c	82.6±3.7c	10.4±0.8c	7.94±0.21a
3	800	0.958±0.019b	0.292±0.013a	0.821±0.024a	1.043±0.027b	157.4±5.1b	22.9±1.1b	6.87±0.31b
4	10000	1.379±0.019a	0.302±0.012a	0.893±0.027a	1.471±0.029a	206.2±5.9a	33.6±1.3a	6.14±0.25b

土壤酶作为土壤的组成部分，其活性大小可敏感地反映土壤中生化反应发生的方向和强度，是探讨土壤重金属污染生态效应的重要途径之一。矿区土壤不同区位段上的土壤酶活性存在显著差异，土壤酶活性均随着距离矿口越近，酶活性越低。这与重金属对酶产生的抑制作用有关，其作用机理可能是酶分子中的活性部位——巯基和含咪唑的配位结合，形成较稳定的络合物，产生了与底物的竞争性抑制作用，或者可能是重金属通过抑制土壤微生物的生长和繁殖，减少体内酶的合成和分泌，最终导致酶活性下降。由于土壤中蔗糖酶直接参与土壤的碳循环，而脲酶直接参与土壤中含氮有机化合物的转化，其活性强度常用来表征土壤碳和氮素的供应强度。而土壤酸性磷酸酶能加速土壤有机磷的脱磷速度，从而提高土壤磷的有效性。反之，由于土壤酸性磷酸酶活性的降低，矿区土壤的供磷能力降低。矿区土壤酶活性显著降低可能正是导致土壤有机质，土壤有效氮、磷、钾含量明显下降的重要原因。

重金属在土壤中不断累积必然会破坏土壤微生物群落结构及其活性，减弱土壤微生物的作用，最终使得土壤肥力和质量降低。土壤微生物种群结构是表征土壤生态系统群落结构和稳定性的重要参数，同时还可反映重金属的污染程度。由于受到重金属污染，土壤中细菌、放线菌、真菌数量明显降低，其中细菌在数量变化上最大，这也表明了细菌是三者中对重金属最为敏感的微生物。真菌的数量变幅不大，可能的原因是作为初级真核生物的真菌对环境的适应力和抗逆性要强于细菌和放线菌。微生物总量下降，MBC 和 MBN 的下降在一定程度上削弱了矿区土壤 C 和 N 的周转速率和循环速率以及供 P 能力。此结果与矿区土壤肥力特征变化趋势是一致的。

通过外源 Cd 添加的模拟试验，可直接反映重金属 Cd 胁迫对土壤微生态过程的影响。

在重庆喀斯特红壤区，周涵君等（2017）通过 Cd 添加的盆栽试验，探明了 Cd 胁迫对土壤微生物和酶活性的直接作用。土壤脲酶直接参与土壤中含氮有机化合物的转化，其活性在一定程度上反映了土壤供氮水平状况。在外源施加 Cd 的土壤中，土壤脲酶活性随 Cd 浓度的升高而降低；试验周期内（100d），随 Cd 作用时间增加，土壤脲酶活性总体上也呈增加的趋势（图 7-17）。

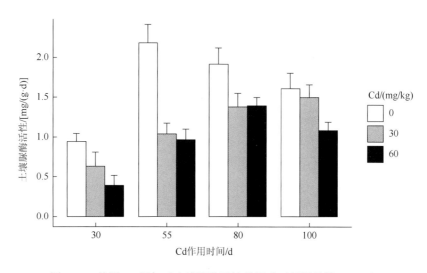

图 7-17　外源 Cd 添加对土壤脲酶活性的影响（周涵君等，2017）

过氧化氢酶是生物呼吸代谢，以及土壤动物、植物根系分泌及残体分解的重要酶类，在生物体（包括土壤）中，过氧化氢酶的作用在于破坏对生物体有毒的过氧化氢。土壤过氧化氢酶活性随外源 Cd 添加浓度的增加有所降低，但降低的程度随 Cd 作用时间的增加而减弱（图 7-18）。

土壤中蔗糖酶直接参与土壤碳素的循环。在短时间内（30d）的 Cd 作用下，土壤蔗糖酶活性随外源 Cd 添加浓度增加而降低；到第 55d，土壤蔗糖酶活性在三种 Cd 浓度处理下几乎没有差异；80d 以后，在较高浓度（60mg/kg）的外源添加量下，土壤蔗糖酶活性甚至强于对照处理（图 7-19）。

在外源 Cd 添加的土壤中，土壤细菌数量降低，尤其是外源 Cd 添加浓度为 60mg/kg 时，与对照处理相比，其数量显著减少（图 7-20）。

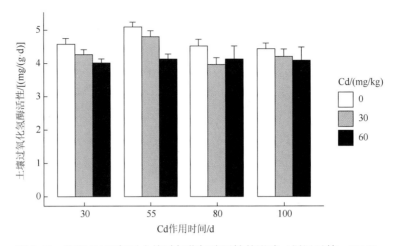

图 7-18 外源 Cd 添加对土壤过氧化氢酶活性的影响（周涵君等，2017）

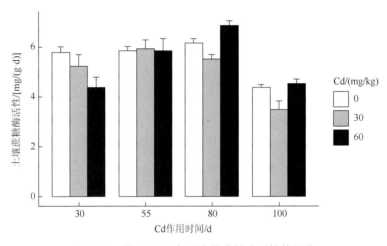

图 7-19 外源 Cd 添加对土壤蔗糖酶活性的影响

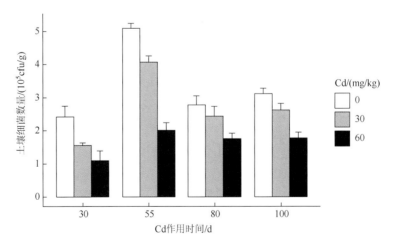

图 7-20 外源 Cd 添加对土壤细菌数量的影响

外源添加 Cd 对土壤真菌数量没有显著的影响；但在外源 Cd 作用早期（30d 和 55d），高浓度（60mg/kg）的 Cd 添加有降低土壤真菌数量的趋势（图 7-21）。

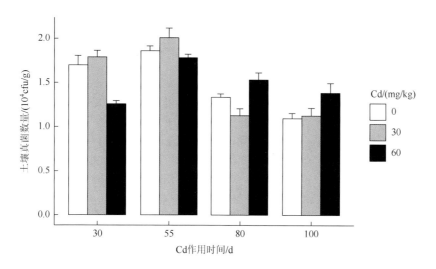

图 7-21　外源 Cd 添加对土壤真菌数量的影响

外源 Cd 作用前期（30～55d），土壤放线菌数量与外源 Cd 浓度呈现负相关的关系，尤其是第 30d，高浓度外源 Cd（60mg/kg）添加处理为 0.88×10^5 cfu/g，仅为对照处理的 42.08%（图 7-22）。

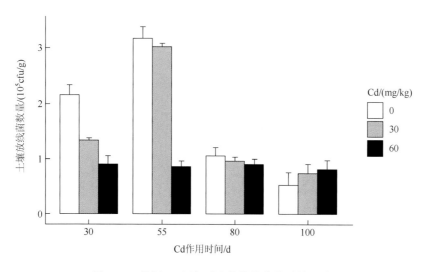

图 7-22　外源 Cd 添加对土壤放线菌数量的影响

Cd 污染对土壤中 MBC 和 MBN 的影响有相似的变化趋势（图 7-23）。在外源添加 Cd 浓度越大的处理中，土壤 MBC 和 MBN 浓度均越低。

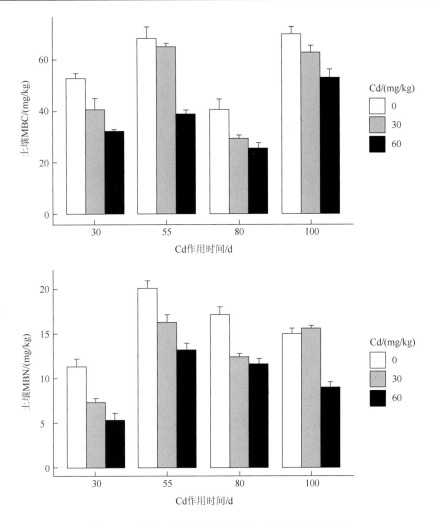

图 7-23　外源 Cd 添加对土壤 MBC 和 MBN 的影响

　　Cd 对土壤过氧化氢酶、脲酶和碱性磷酸酶等活性均有不同程度的抑制作用。可能与重金属对酶产生的抑制作用有关，其作用机理是酶分子中的活性部位——巯基和含咪唑的配位结合，形成较稳定的络合物，产生了与底物的竞争性抑制作用，或者可能是重金属通过抑制土壤微生物的生长和繁殖，减少体内酶的合成和分泌，最终导致酶活性下降（韩桂琪等，2012）。土壤酶活性在外源 Cd 作用前期有升高的趋势，随后趋于稳定，这可能是由于重金属进入土壤后，对微生物的作用主要在早期，随着时间的延长，重金属形态发生变化，钝化为惰性形态，从而减弱了对土壤微生物的抑制作用，使微生物数量、活性、群体结构发生很大变化，最后趋于稳定，使酶活性稳定。土壤微生物能够较敏感地反映土壤环境微小的变化，且重金属胁迫对土壤微生物生物量、活性和多样性存在不同的剂量-效应关系，即低浓度的重金属胁迫会抑制优势种群的竞争性排除效应，有利于劣势种群的生存，使土壤微生物多样性增加，而高浓度的重金属对微生物产生毒性，导致微生物量降低甚至物种消亡（贺纪正，2014）。

7.1.3　镉污染土壤的微生物修复

微生物修复技术具有成本低、污染少等优点，成为重金属污染土壤修复的重要方向之一。镉污染土壤的微生物修复研究近年来取得了一定的进展，主要机制包括：①微生物对镉的吸附和累积。某些微生物可以通过细胞膜上的官能团、离子交换、配位体与镉离子结合，将其吸附在细胞膜上或体内。这些微生物还可以通过胞内积累镉离子，从而降低其有效性。②微生物对镉的还原。某些微生物可以将镉还原为硫化镉，从而降低其毒性。③微生物对镉的氧化。某些微生物可以将镉氧化为碳酸镉，从而增加其溶解性和移动性。目前，用于镉污染土壤修复的微生物主要有芽孢杆菌、真菌、硫酸盐还原菌等。这些微生物具有不同的修复机制和特点，在不同环境条件下表现出不同的修复效果。某些菌株可以与植物相互作用，增加植物对镉的吸收和富集能力。

根际促生细菌能显著提高油菜和牛毛草两种植物的存活率，促进其生长（Kamran et al.，2016）；将根瘤菌（*Rhizobium*）和假单胞菌（*Pseudomonas sp*）共同接种到蚕豆后，可降低植物根部对 Cu 的吸收并增加其干重（Grobelak et al.，2015）；陈生涛等（2014）研究发现，固氮菌菌株能有效促进黑麦草根部对铜的累积，增加植株干重。张胜爽（2020）研究发现，将拟青霉菌和嗜麦芽窄食单胞菌同时接种到黑麦草、黑心菊后，对植株生长及吸收累积重金属能力的促进作用大于菌株单独接种处理。

从贵州省毕节市赫章县马圈岩铅锌矿渣堆放点（27°3′43.60″N，104°36′42.96″E）生长植物的根际土壤中分离出的淡紫拟青霉（*Purpureocil liumlilacinum*，PL）和拟青霉菌（*Paecilomyces sp*，PS）耐 Cd 浓度为 400mg/L，嗜麦芽窄食单胞菌（*Stenotrophomonas maltophilia*，SM）耐 Cd 浓度为 200mg/L。黑麦草、黑心菊、桂花和栀子花四种植物对重金属 Cd 的吸收转运能力较强。盆栽试验结果显示，Cd 能抑制黑心菊和桂花干重的增加，对黑麦草干重无显著影响，对栀子花的干重有一定促进作用，在 Cd 添加浓度为 25mg/kg 时开始对栀子花干重产生抑制作用（孙楠，2021）。

采集无重金属污染土壤，通过外源添加重金属室内模拟毕节铅锌矿区重金属污染环境。低浓度外源 Cd（5mg/kg）处理同时接种 PS + SM，可不同程度地增加桂花和栀子花根部、地上部干重及总干重；较高浓度外源 Cd（25mg/kg）处理同时接种 PS + SM，桂花和栀子花根部、地上部干重及总干重有降低的趋势，但也比未接种微生物处理高（表 7-9）。桂花和栀子花生物量随外源添加重金属浓度的增加而波动下降，在接种微生物后生物量明显增加，说明微生物能有效缓解 Pb、Cd 对植株的毒害，促使植株正常生长。根系微生物能够直接利用根系分泌物中的糖类、蛋白质、氨基酸等物质，根内的共生微生物与植物存在着营养和能量交换（张成省，2020）。拟青霉菌是一种新型的纯微生物活性孢子制剂，能明显促进培养物的生长，嗜麦芽窄食单胞菌是典型的植物促生菌，能分泌多种酶类等代谢产物，有效促进植物生长。接种 PS + SM 后，桂花和栀子花总干重明显增加，这可能就是因为 PS 和 SM 分泌出大量糖类、蛋白质，进而促使栀子花细胞壁将 Cd 固定，减少重金属进入细胞器，维持植株正常代谢活动，促进其生长（朱青青，2018）。

续表

类群	丰度/%	
	大型土壤动物	中小型土壤动物
节肢动物门 Arthropoda		
蛛形纲 Arachnida		
螨类 Mites	2.2±3	41.6±17
蜘蛛目 Araneae	6.2±5	1.4±2
盲蛛目 Opiliones	0.3±0	0.2±0
伪蝎目 Pseudoscorpiones	0.0±0	0.1±0
蝎目 Scorpiones	—	0.0±0
裂盾目 Schizomida	—	0.0±0
软甲纲 Malacostraca		
等足目 Isopoda	1.6±2	0.1±0
倍足纲 Diplopoda	1.6±1	0.3±0
唇足纲 Chilopoda	3±3	0.4±0
综合纲 Symphyla	0.3±0	0.3±0
蜒蚕纲 Pauropoda	—	8.8±18
原尾纲 Protura	0.0±0	0.1±0
弹尾纲 Collembola	0.9±0	20.2±9
双尾纲 Diplura	0.1±0	1.2±1
昆虫纲 Insecta		
膜翅目 Hymenoptera	39±22	7.4±5
鞘翅目 Coleoptera	13.7±8	4.6±3
双翅目 Diptera	1.5±1	3.7±5
半翅目 Hemiptera	2.8±2	1.3±1
缨翅目 Thysanoptera	1.7±4	0.8±2
鳞翅目 Lepidoptera	1.7±2	0.4±0
啮目 Psocoptera	—	0.4±1
直翅目 Orthoptera	9±12	0.2±0
等翅目 Isoptera	1±1	0.2±0
蜚蠊目 Blattoptera	1.8±1	0.1±0
革翅目 Dermaptera	0.8±1	0.1±0
石蛃目 Microcoryphia	0.2±0	0.0±0

注：大型土壤动物采集方法 H/X，中小型土壤动物采集方法 T/TB/HT/HTB。其中，H 代表手捡法；X 代表陷阱法；T 代表干漏斗分离；B 代表湿漏斗分离，下同。"—"表示无数据。

中国西南喀斯特地区土壤动物多样性较高，其类群数与东北、东部和西部等其他非喀斯特地区相当（表 7-20）。该区域地形起伏多变，形成丰富的生态系统类型，包括森林、草地、湿地、湖泊以及溶洞等，进而产生了复杂多样的微小生境。已有研究表明，生态系统越复杂，生物的多样性越高（尹文英，1998；Moço et al.，2010）。虽然中国西南喀斯特地区是典型的生态环境脆弱区，但因其环境类型多样，生物多样性高，因而土壤动物类群数量较为丰富。

表 7-20　不同地区土壤动物类群数和密度比较

序号	研究地区	生态系统类型	研究方法	密度/(头/m²)	类群数	参考文献
1	长白山	森林	HT	76.0	33	李晓强，2014
2	长白山	林地/耕地	HT	71.2	18	李红月，2015
3	小兴安岭	森林	HTB	45.8	46*	张雪萍等，2000
4	盐城市东台林场	森林	HT	23.3	27	周丹燕等，2015
5	乐山	森林	HTB	63.1	32	李艳红，2012
6	鼎湖山	森林	HTB	39.5	24	廖崇惠等，1997
			HT	11.0	22	
7	天目山	森林	HT	34.7	20	廖崇惠等，1997
			HTB	63.7	18	
8	衡山	森林	HT	10.6	16	廖崇惠等，1997
9	武夷山	森林	T	41.6	25	王邵军，2009
10	陕北	经果林	HTB	58.9	22	刘长海，2008
11	三江平原	耕作区	TB	37.1	16	邵春华，2011
		非耕作区	TB	47.6	18	
12	长江中下游	农田	TB	18.0	14	朱永恒等，2014
13	上海	城市绿地	HTB	59.7	28	王金凤，2007
14	松嫩平原	草地	HT	11.9	25	宋博，2008
15	辽河平原	撂荒	T	15.4	9	柯欣等，2004
		林地	T	7.8	10	
		旱田	T	8.1	8	
		水田	T	6.2	10	
16	松嫩平原	沙丘	HT	2.2	19	辛未冬，2011

注：类群数分类到目或亚目（*分类到科）。

尽管类群数量高，但喀斯特地区土壤动物的密度相对较低（$6.0 \times 10^3 \sim 1.9 \times 10^4$ 头/m²），仅高于松嫩沙丘等地区，远远低于东北、东部和四川等地的农田、草地等生态系统（表 7-20）。与其他地区文献中的研究对象相比，喀斯特地区绝大部分研究中没有包含土壤线虫的数据。而土壤线虫是土壤动物中密度较高的类群之一，其密度可高达 $8.1 \times 10^3 \sim 3.0 \times 10^7$ 头/m²（邵元虎和傅声雷，2007），因而喀斯特地区的土壤动物个体密度存在被低估的可能性。

喀斯特中小型土壤动物具有明显的季节分布特征（图 7-24）。夏季个体数量最多（16035 头/m²），显著大于冬季（7270 头/m²）（$P < 0.05$），其他季节间中小型土壤动物密度差异不显著，但总体上表现出夏秋大于春冬的趋势。不同季节间，中小型土壤动物物

种数量（12~19 个类群）的差异未达到显著水平（$P>0.05$）；但同密度一样，类群数量也表现为夏秋大于春冬的趋势。

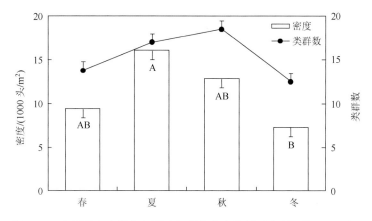

图 7-24　中国西南喀斯特土壤动物季节分布特征（宋理洪等，2018）

土壤动物密度和类群数量的单因素方差分析结果分别为 df = 3，f = 3.1，P = 0.05 和 df = 3，f = 1.9，P = 0.18；不同字母表示土壤动物密度在不同季节间存在显著差异；误差线为标准误差

　　土壤动物季节动态分布受季节性降水、温度、湿度和植被等的影响而存在差异（Morón-Ríos et al.，2010），不同地区土壤动物多样性的季节动态不同。例如，若尔盖高寒草甸的相关研究显示，土壤动物的类群数和密度与气温和土壤温度呈负相关关系（张洪芝等，2011），而长白山丘陵地区土壤动物群落与土壤温度呈正相关（李红月，2015）；杨效东等（2003）发现土壤动物的类群数、个体数和多样性在雨季最低，陕北枣林的研究结果显示土壤动物的密度与土壤含水量正相关（刘长海，2008）。在中温带和寒温带地区土壤动物密度在 7~9 月达到最高，而在亚热带地区一般于秋末冬初达到最高；在湿热同期的夏秋季节土壤动物群落数量和多样性都较高，而冬春季节相对较少（殷秀琴等，2010）。研究区域属于亚热带，雨热同季，土壤动物密度和类群数量均表现为夏秋高、冬春低，与区域温湿度的变化基本一致。西南喀斯特地区土壤动物群落也受极端气候影响，如干旱降低其类群数、个体密度、多样性、优势度和丰富度指数等（王仙攀等，2011；杨大星等，2013）。

　　喀斯特土壤动物数量随土壤深度增加而减少，0~5cm 土层中小型土壤动物个体数量占总体的 61.5%，5cm 以下中小型土壤动物个体数量占总体的 38.5%，表现出明显的表聚性（$P<0.05$），平均差异值为–0.23（95% 置信区间：–0.31~–0.16，$P<0.01$）（表 7-21）。

表 7-21　中国西南喀斯特土壤动物群落特征的 Meta 分析结果（宋理洪等，2018）

变量	分析模型	平均差异值	95%置信区间	P
垂直分布				
丰富	随机效应模型	–0.23	–0.31~–0.16	<0.01
石漠化				
密度	随机效应模型	–7799.6	–10822.24~–4776.99	<0.01
物种数	随机效应模型	–1.9	–2.89~–1.09	<0.01

同其他地区的研究结果一致,喀斯特土壤动物的垂直分布具有明显的表聚性,个体密度和物种数量都表现为随土壤深度的增加而减少。这与土壤有机质含量、土壤孔隙度等土壤理化性质的垂直分布密切相关(王振海等,2014)。由于植物根系的作用,表层土壤相对疏松、孔隙度大、营养丰富,因而土壤动物分布较多(吴东辉等,2008)。土壤动物的垂直结构在不同类群、不同土壤环境中产生一定的差异(Rossi and Blanchart,2005;吴鹏飞和杨大星,2011),受气候影响也会有季节波动(Briones et al.,2009;张洪芝等,2011),另外也会受自然灾害和外界干扰等的影响(颜绍馗等,2009)。

中小型土壤动物密度和类群数在无石漠化地区大于石漠化地区,两类地区中小型土壤动物密度分别为16266.8头/m^{2}和8466.2头/m^2,类群数分别为12.9个类群和11.0个类群。石漠化显著降低了中小型土壤动物的密度和物种数量($P<0.05$,$P<0.05$),石漠化地区和无石漠化地区中小型土壤动物的密度和物种数的平均差异值分别为–7799.6(95%置信区间:–10822.24～–4776.99,$P<0.01$)和–1.9(95%置信区间:–2.89～–1.09,$P<0.01$)(表7-21)。

土壤动物的水平分布受植被结构的复杂性、植被覆盖率、凋落物的质量影响。地上、地下生态系统是协同进化的共同体,地上植被的改变会直接或间接影响土壤动物群落结构(宋理洪等,2018;吴廷娟,2013),随着生境退化(如盐碱化、沙漠化和石漠化等),土壤动物的密度、类群数量和群落均匀度呈现降低趋势(吴鹏飞和杨大星,2011;倪珍等,2013;刘任涛等,2013;吕世海等,2007)。石漠化表现为系统结构破坏、植被覆盖度降低、土壤质量下降,使土壤动物栖息的生境条件恶化。喀斯特土壤动物的密度和类群数量均受人为干扰和自然条件影响,在林地和无石漠化地区较高,随石漠化强度增加而显著降低。生态恢复有助于土壤动物群落的恢复,土壤动物的类群数、个体密度和多样性均会随生态环境的改善而显著增加(杨大星等,2013)。

7.2.2 镉胁迫对土壤动物多样性的影响

目前 Cd 污染研究仍主要集中于污染调查和技术防控,耕地中与农作物相关的 Cd 污染研究最为活跃。土壤动物是土壤生态系统的重要组成部分,对土壤肥力有着极为重要的影响。深入认识耕地中 Cd 污染对土壤动物群落结构的影响,可以为保持和提高土壤肥力,促进农业生产、维护农业生态环境提供一定的理论依据。

通过向土壤中添加外源 Cd(99%的分析纯 CdCl$_2$·2.5H$_2$O 试剂)的方法,设置 0mg/kg、2.72mg/kg、4.95mg/kg、9.00mg/kg、16.44mg/kg、29.96mg/kg、54.60mg/kg 和 99.48mg/kg 外源 Cd 添加量,李忠武等(2000)模拟了 Cd 污染对土壤动物群落的影响。随着 Cd 污染浓度的增加,土壤动物种类数逐渐递减:在低浓度(2.72mg/kg)时,有 58 类(占类群总数的 79.5%);中等浓度(16.44mg/kg)时,有 48 类(占类群总数的 65.8%);最高浓度(99.48mg/kg)时,只有 39 类(占总类群的 53.4%)。回归分析结果显示,土壤动物类群数与外源添加 Cd 浓度的自然对数呈显著的负相关关系($R^2 = 0.8490$,$P<0.05$)(图7-25)。从土壤动物的数量看,也表现出随外源添加 Cd 浓度上升而递减的趋势性变化:低浓度组(2.72mg/kg)有土壤动物个体 526 头(占总数的 18.2%),中等浓度 16.44mg/kg

组有土壤动物 346 头（只占总数的 12.0%），最高浓度组（99.48mg/kg）仅记录有 183 头（仅占 6.3%）。以 Cd 浓度的自然对数为横坐标，以土壤动物个体数量为纵坐标，一元线性回归分析结果显示，土壤动物个体数与外源添加 Cd 浓度的自然对数也呈显著的负相关关系（$R^2 = 0.9425$，$P < 0.05$）（图 7-25）。生物群落多样性指数和均匀度指数是一个地区生物群落功能组织特征的深刻反映。土壤动物多样性指数和均匀度指数也表现出一定的规律性和趋势性，随着外源添加 Cd 浓度的增加，多样性指数和均匀度指数均逐渐降低（表 7-22）。在低浓度组时，多样性指数和均匀度指数在对照组分别为 9.15 和 2.52，在最高浓度（99.48mg/kg）组时仅为 7.87 和 2.11。

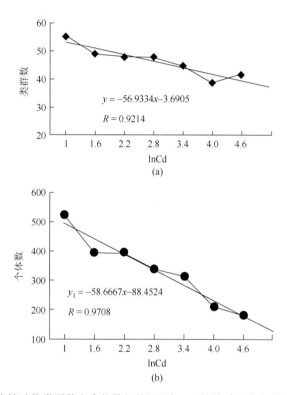

图 7-25　土壤动物类群数和个体数与外源添加 Cd 的关系（李忠武等，2000）

表 7-22　不同浓度 Cd 溶液对土壤动物群落指标值的影响（李忠武等，2000）

指标	0mg/kg	2.72mg/kg	4.95mg/kg	9.00mg/kg	16.44mg/kg	29.66mg/kg	54.60mg/kg	99.48mg/kg
类群数	58	55	49	48	48	45	39	42
个体数	508	526	397	402	346	315	212	183
多样性指数（H）	9.15	8.82	8.19	7.84	8.04	7.65	7.05	7.87
均匀度指数（J）	2.52	2.15	2.10	2.01	2.08	2.01	1.94	2.11
丰度/(10^4 头/m²)	26.05	26.97	20.36	20.61	17.74	16.15	10.87	9.38

从土壤动物种类组成来看螨类和跳虫为优势类群（占全捕量 10%以上类群），分别占

土壤动物总数的 61.30%和 17.48%，双翅目、线蚓科、线虫纲为常见类群（占 1%～10%的类群），分别占总量的 6.65%、6.67%、6.13%，其他为稀有类群（<1%的类群）。由于 Cd 浓度的变化，土壤动物种类组成有一定变化，主要体现在稀有类群的变化上，在低浓度（2.72mg/kg）时，优势类群、常见类群、稀有类群的分布组成与总体分布组成一致，而在 4.95mg/kg 时，鞘翅目成为常见类群，在 16.44mg/kg 和 99.48mg/kg 时，膜翅目又成为常见类群。长须螨科、莓螨科、吸螨科、巨须螨科、耳头甲螨科、奥甲螨科和球角跳科等类群对外源添加 Cd 较为敏感，其个体数量表现为随添加 Cd 的增加而降低；土革螨科对 Cd 污染尤为敏感，在对照和低浓度处理中分别有 16 头记录，而在外源添加 Cd 浓度 4.95mg/kg 及以上时消失（表 7-23）。

表 7-23　不同浓度 Cd 溶液对土壤动物群落结构的影响（李忠武等，2000）

种类	不同浓度 Cd 溶液/(mg/kg)								
	0	2.72	4.95	9.00	16.44	29.96	54.60	99.48	合计
涡虫纲	1	1			1				3
线虫纲	21	52	11	8	18	40	12	15	177
近孔寡毛目	32	32	17	31	26	22	16	8	184
伪蝎目					1			1	2
幼螨	7	25	12	8	4	3		2	61
后气门亚目	21	22	15	25	18	12	19	16	148
足角螨科	1		4					1	6
维螨科		19						1	20
派盾螨科		2		1	1				4
土革螨科	16	16							32
美绥螨科	5	2	2		1	2		6	18
长须螨科	35	27	12	7	6	10	3	9	109
莓螨科	31	20	10	14	7	3	6	3	94
吸螨科	24	25	21	23	28	21	7	11	160
巨须螨科	15	12	3	8	8	4	3	4	57
绒螨科	1	1	2	1		1	1		7
粉螨科	1				2	1			4
卷甲螨科	7	4	10	12	11	8	5	5	62
地缝甲螨科	2			1	1		2	1	7
缝甲螨科	10	29	18	25	17	19	17	6	141
短甲螨科	4	1	7	8	6	7	4	2	39
罗甲螨科	15	3	15	13	13	13	11	5	88
岛甲螨属		3	1		4			1	9
毛罗甲螨属	7	5	10	8	11	12	5	1	59
真罗甲螨科	1	5	4	4		1			15

种类	不同浓度 Cd 溶液/(mg/kg)								合计
	0	2.72	4.95	9.00	16.44	29.96	54.60	99.48	
上罗甲螨科	8	3	6	1	4	4	2		28
懒甲螨科			1	8	1				10
礼服甲螨科	7	2	8	4	8	17	4	4	54
矮赫甲螨科	3		3			2		1	9
珠甲螨科			2	2	2			1	7
沙甲螨科	10	4	3	12	5	6	4	7	51
滑珠甲螨科	5	1	5	2	2	1	5		21
温奥甲螨科	1		2					2	5
盖头甲螨科		2	2	1	1	1		1	8
耳头甲螨科	25	14	21	20	5	5	10	6	106
奥甲螨科	45	26	17	15	17	8	4	8	140
菌甲螨科	3	2	4	3		6		3	21
木单翼甲螨科	2	2	12	5	3	4	7		35
单翼甲螨科	1	2							3
角翼甲螨科	3	3	1	1				2	10
大翼甲螨科	1	1	3	5		2	3	2	17
石蜈蚣目	1	1				1			3
球马陆科			1		1				2
带马陆目	1	2							3
综合纲		1							1
棘跳属	10	3	4		4	4	2	4	31
球角跳属	30	28	12	7	7	5	4	8	101
疣跳属	5	2	16	1	1	1	3		29
奇跳属	12	14	12	14	7	2	2	1	64
伪亚跳属	8	6	2	5	3	1	1	1	27
符跳属	4	6	3	4		6	1	1	30
裔符跳属	5	4	8	3	8	4	2	3	37
小等跳属	1		2	3	2				8
原等跳属			1						1
等节跳属	2	4	2	1	2	3	4		18
长跳属	2	2	1	3	3	1	2		14
裸长角跳属	1	8							9
鳞跳属			1						1
短角跳属	10	19	16	11	12	7	3	5	83

续表

种类	不同浓度 Cd 溶液/(mg/kg)								
	0	2.72	4.95	9.00	16.44	29.96	54.60	99.48	合计
齿棘圆跳属		1		1	1		2		5
钩圆跳属	1								1
双尾目	2								2
半翅目	1					1			2
缨翅目								1	1
鞘翅目		1	4	1	2	1	1		10
双翅目	25	30	26	38	29	17	15	12	192
鳞翅目	2	2							4
膜翅目	4	4		7	5	3	2	2	27
合计	498	506	375	375	323	293	194	173	2737

　　与对照组相比，低浓度 Cd 处理（2.72mg/kg）下土壤动物种类数和个体数量无显著差异，说明该浓度对土壤动物的影响很小。螨类和跳虫优势土壤动物类群，随 Cd 浓度的增加，其个体数量也表现出递减的趋势（图 7-26）。在低浓度（2.72mg/kg）时，螨类有294 头、跳虫有 105 头，而在最高浓度组（99.48mg/kg）时，两类动物个体数量分别减少到 120 头和 24 头，分别为低浓度组的 40.82%和 22.9%。综上表明，可利用这两类动物个体数量随浓度影响的变化规律来监测土壤重金属 Cd 的污染程度。

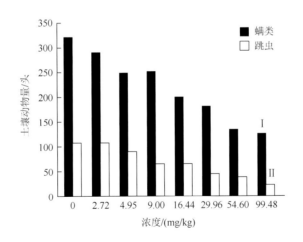

图 7-26　螨类（Ⅰ）、跳虫（Ⅱ）个体数量与 Cd 浓度的关系（李忠武等，2000）

7.2.3　蚯蚓对镉胁迫的响应及其生物修复机制

　　蚯蚓通常指寡毛纲后孔寡毛目的陆栖环节动物，截至 2019 年，中国共记录蚯蚓 9 科

0.8853 和 0.8722。由此表明，模型能够很好地预测贵州喀斯特地区 4 种主要土壤中 Cd 在蚯蚓体内的富集量。由于蚯蚓在土壤中分布的广泛性、对污染物的逃逸特性、方便采集性及蚯蚓组织易消解的特性，检测出所在区域的蚯蚓体内的 Cd 浓度，即可大概反映出区域土壤 Cd 的污染情况。

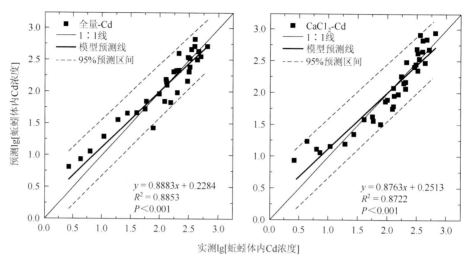

图 7-28　4 种土壤实测蚯蚓 Cd 浓度与预测值比较（张强，2016）

蚯蚓的洞穴总长度受重金属浓度及作用时间双重因素的影响（图 7-29）。第 0～3d，蚯蚓洞穴总长度随作用时间的延长而增加，对照组洞穴总长度略高于污染组。第 4d，虽然各处理下洞穴总长度均有所增加，但对照组洞穴总长度增加更为明显，对照组比 15mg/kg、30mg/kg、45mg/kg 处理组高 23.26%、31.25%、43.08%，且这种差异随着处理时间的延长而进一步增强。一周后，对照组洞穴总长度比 3 个处理组分别高 40.63%、48.04%、84.30%，且数据分析发现，镉污染对蚯蚓掘穴行为的影响十分显著（$P<0.01$）。此外，45mg/kg 处理下洞穴总长度受抑制最显著，第 6d 时洞穴长度不再增加，掘穴行为近乎停止。

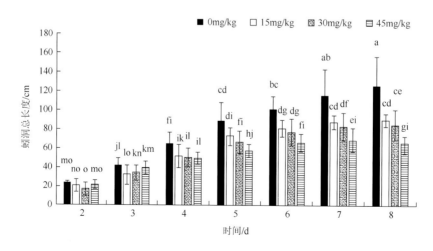

图 7-29　不同浓度 Cd 污染下蚯蚓洞穴长度（孟祥怀，2019）

蚯蚓掘穴的最大深度也受镉污染的影响（图 7-30）。洞穴最大深度随着时间的增加而增加，随着镉浓度的升高而降低。第 0～3d 时，蚯蚓大多在 0～10cm 土层内活动，各处理间差异较小。第 4d 时，镉污染下洞穴最大深度变化较小，对照处理下大幅增加，两者间差异性较为显著。后随着时间的延长该差异进一步扩大。对照组处理下洞穴在第 7d 达到最大深度，镉污染处理下洞穴更早达到最大深度（5～6d）。对照组处理下蚯蚓的活动范围更广，0～25cm 内均有分布，而暴露于 Cd 污染下的蚯蚓大多在 0～10cm 范围内活动，且活性较差。蚯蚓生命活动的降低，说明重金属 Cd 产生了毒害作用，这可能是因为在受到 Cd 污染胁迫后，蚯蚓体内的抗氧化酶的活性等发生变化（Štolfa et al., 2017）。

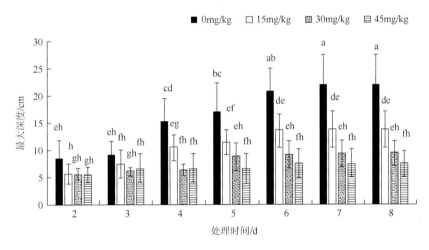

图 7-30　不同浓度 Cd 污染下蚯蚓掘穴每日最大深度（孟祥怀，2019）

急性毒性死亡试验可探明重金属 Cd 与蚯蚓机体作短暂接触后所引起的损害情况，通过中毒症状确定镉的毒性大小。以贵州省喀斯特分布区的黄壤、石灰土、黄棕壤、红壤、紫色土和水稻土 6 种主要土壤类型，开展外源 Cd 对土壤动物赤子爱胜蚓的生态毒性效应。根据 OECD（1984）推荐的方法进行蚯蚓急性毒性试验，设置 Cd 浓度范围为 0mg/kg、10mg/kg、25mg/kg、50mg/kg、100mg/kg、250mg/kg、500mg/kg、1000mg/kg、1500mg/kg、2000mg/kg。蚯蚓接入供试土壤中后，移入人工气候箱进行培养，温度（20＋2）℃，湿度 80%，400～800lx 的 12h 光照和 12h 黑暗循环条件培养。分别在试验开始后的第 7d 和第 14d 观察记录蚯蚓的中毒症状和死亡情况，以机械方式刺激蚯蚓前尾部，无反应视为死亡。

图 7-31 为试验 14d 时 6 种主要土壤中 Cd 的添加浓度和蚯蚓死亡率之间的剂量-效应关系，均呈明显 S 形。在 6 种土壤的 14d 急性毒性试验过程中，对照组死亡率均在 10%范围内。当土壤中 Cd 浓度较低时，蚯蚓并没有出现死亡，也没有明显的中毒现象，其活性很好；随着土壤中 Cd 的浓度增加，蚯蚓明显表现出不愿往土中钻的现象，有的甚至沿着试验器皿的内壁往外爬，表现出明显的回避倾向（成晴，2019）。Cd 的浓度达到一定程度（600～1000mg/kg）时，蚯蚓行动迟缓，随着时间的延长蚯蚓身体变得柔软，环节松弛，部分身体弯曲糜烂，关节肿大，身体断截，并分泌大量黏稠液，最后全身溃烂死亡。在土壤 Cd 的浓度达到 1500～2000mg/kg 时，蚯蚓刚放入土中几分钟就开始剧

烈弹跳扭动，身体红肿出血，头部有黄色刺鼻体液流出并失去逃避能力，直至死亡（张强，2016）。蚯蚓存活数随 Cd 暴露时间的延长而减少、随 Cd 浓度的升高而降低，表明 Cd 污染浓度及暴露时间是造成蚯蚓生命活动降低的直接原因（孟祥怀，2019）。在 6 种不同类型土壤中引起蚯蚓的初始死亡浓度各不相同，在黄壤中最低（约 160mg/kg），在红壤中最高（约 640mg/kg）。同时，6 种类型土壤中对赤子爱胜蚓的半数致死浓度（LC_{50}）差异也比较大（表 7-26）。利用基于蚯蚓急性毒性的 Cd 的生态毒性阈值 LC_{50} 来判断 Cd 的生物毒性大小，顺序为：水稻土 > 黄棕壤 > 石灰土 > 红壤 > 黄壤 > 紫色土，LC_{50}（14d）分别为 871mg/kg、931mg/kg、988mg/kg、1037mg/kg、1161mg/kg、1292mg/kg。不同土壤中 Cd 的毒性阈值 LC_{50} 并不相同，这可能是土壤本身理化性质差异造成的。

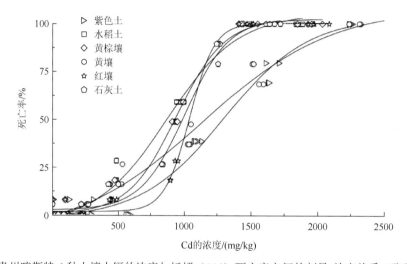

图 7-31　贵州喀斯特 6 种土壤中镉的浓度与蚯蚓（14d）死亡率之间的剂量-效应关系（张强，2016）

表 7-26　14d 时 Cd 在 6 种土壤中对赤子爱胜蚓半数致死浓度的 LC_{50}（张强，2016）

土壤	回归方程	LC_{50}/(mg/kg)	95%置信区间/(mg/kg)	R^{2**}
紫色土	$y=\dfrac{-105.81}{1+e^{(x-1301.65)313.11}}+103.74$	1292	1250～1335	0.9868
水稻土	$y=\dfrac{-110.56}{1+e^{(x-873.81)267.38}}+105.62$	871	841～899	0.9927
黄棕壤	$y=\dfrac{-102.61}{1+e^{(x-941.29)182.0}}+102.81$	931	909～952	0.9942
黄壤	$y=\dfrac{-119.56}{1+e^{(x-1145.35)481.88}}+108.86$	1161	1119～1203	0.9895
红壤	$y=\dfrac{-98.93}{1+e^{(x-1041.04)94.03}}+100.52$	1037	1002～1107	0.9949
石灰土	$y=\dfrac{-100.92}{1+e^{(x-1005.96)166.6}}+103.21$	988	957～1021	0.9847

**表示回归模型系数以及整体方程的显著性均在 $P < 0.001$。

在喀斯特分布的云南红壤区研究表明（图 7-32），第 7d 时蚯蚓 NADH 脱氢酶与 Cd^{2+}

浓度呈现出低浓度抑制高浓度促进的关系，15mg/kg、30mg/kg 处理下分别比对照组降低了 30.28%、24.37%，45mg/kg 处理组增加了 22.40%；第 14d 时 NADH 含量随浓度的升高而升高，15mg/kg、30mg/kg、45mg/kg 处理组分别比对照组高 45.65%、92.25%、85.22%。对照组处理下蚯蚓 NADH 脱氢酶含量随着时间的延长显著降低（第 14d 蚯蚓 NADH 脱氢酶含量比第 7d 低 47.17%）；15mg/kg、30mg/kg 处理组 NADH 脱氢酶含量随着时间的延长略有增加（分别增加 10.37%、34.30%）；45mg/kg 处理下 NADH 脱氢酶含量略有降低（20.05%）。NADH 脱氢酶是呼吸链传递电子给辅酶 Q 的关键酶，是蚯蚓呼吸作用的关键酶。随着镉污染浓度的增加，NADH 脱氢酶含量显著升高，这代表着蚯蚓为适应重金属环境需要更多的氧气与能量消耗。

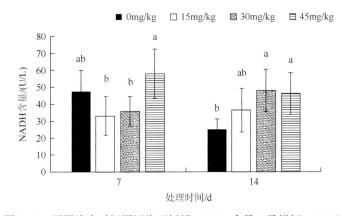

图 7-32　不同浓度时间镉污染下蚯蚓 NADH 含量（孟祥怀，2019）

蚯蚓超氧化物歧化酶（SOD）活性与土壤 Cd 浓度呈现出低浓度促进高浓度抑制的关系（图 7-33）。15mg/kg 时蚯蚓 SOD 活性显著高于对照组，随镉浓度的增加却逐渐降低，在 Cd^{2+} 浓度为 45mg/kg 处理下 SOD 活性显著低于对照组。SOD 为蚯蚓超氧化物歧化酶体系中的关键酶，对 Cd 胁迫下蚯蚓机体发生氧化损伤而产生的自由基具有较强的清除作用。SOD 活性随着重金属浓度的升高表现出先升高后降低的规律，低浓度镉污染胁迫可使蚯蚓体内产生大量自由基，SOD 活性随之升高，保护蚯蚓免于氧化损伤。但随污染浓度的持续提升，SOD 活性受到抑制，机体内或出现氧化损伤。

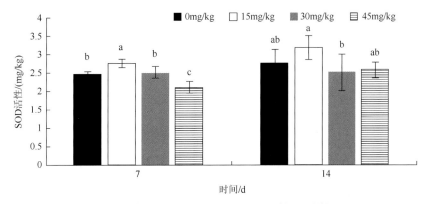

图 7-33　不同浓度时间镉污染下蚯蚓 SOD 活性（孟祥怀，2019）

蚯蚓 NADH 脱氢酶与 Cd 浓度表现出极显著的正相关关系（表 7-27）。Cd 污染时间与浓度在决定 NADH 脱氢酶含量上存在较为明显的交互作用。蚯蚓 SOD 活性同时受暴露时间、Cd^{2+} 浓度两因素的制约（$P<0.01$），且交互作用显著（$P<0.039$）。

表 7-27　镉污染下蚯蚓生理指标各影响因素分析（孟祥怀，2019）

显著性	皮尔逊相关性（双尾）		双因素方差分析		
	时间	浓度	时间	浓度	时间×浓度
NADH 脱氢酶	−0.153	0.430**	1.46	4.41*	4.26*
SOD 活性	0.495**	−0.256	21.84**	8.68**	3.13*

*表示显著相关；**表示极显著相关。

2）镉胁迫对蚯蚓的致死效应

为进一步研究重金属 Cd 对蚯蚓的毒性效应，从 2000～2023 年国内外学者公开发表的学术论文中提取了 Cd 对蚯蚓毒性的实验数据，进行了广义的 Meta 分析。总结所收集整理的文献，研究方法分成了以下三种：①人工土壤法（共 16 条数据）；②自然土壤法（共 54 条数据）；③滤纸接触法（共 20 条数据）。由于不同试验方法间，Cd 浓度单位差异，且无法换算为统一度量单位，将滤纸接触法与人工土壤法和自然土壤法分开统计分析。结果显示所提取的蚯蚓的 LC_{50} 值大多分布在 0～200mg/kg 和 800～1000mg/kg 这两个区间（图 7-34）。

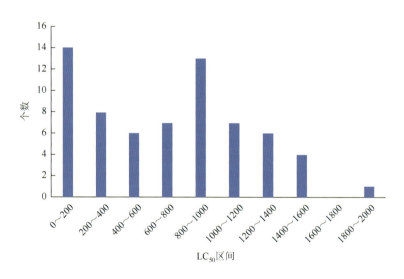

图 7-34　蚯蚓的 LC_{50} 分布直方图

暴露时间与蚯蚓的致死效应具有显著的相关关系，蚯蚓在被 Cd 污染的土壤中暴露时间越长，蚯蚓的 LC_{50} 越低（图 7-35）。随暴露时间的增加，蚯蚓的 LC_{50} 值逐渐降低，原因可能是受到重金属胁迫，蚯蚓机体内氧自由基含量升高，为保证机体正常生理代谢，蚯蚓的抗氧化酶活性升高用以清除环境胁迫产生的自由基，因此蚯蚓的 LC_{50} 值较高；随着暴露时间的延长，Cd 对蚯蚓的胁迫程度增加，大量氧自由基在蚯蚓体内累积，造成严重的毒害作用，蚯蚓自身防御系统、抗氧化酶系统遭到严重损害（金慧英等，2000）。由图 7-35 可以看出，7～28d，蚯蚓 LC_{50} 值快速下降；暴露时间为 28～60d 时，已经处于暴露后期，蚯蚓的防御系统完全破坏，所以 LC_{50} 值降低速度变缓。

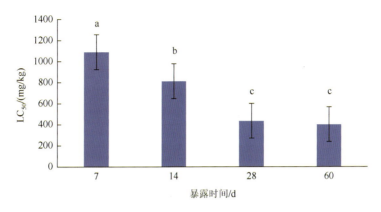

图 7-35　暴露时间与蚯蚓 LC_{50} 值的关系

为探究试验方法是否会影响 Cd 对蚯蚓的致死效应，利用所提取的数据分析发现，自然土壤法和人工土壤法两种方法间并没有显著的差异（图 7-36）。

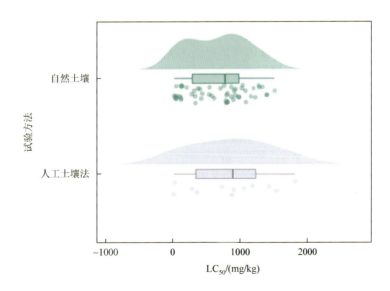

图 7-36　不同试验方法之间蚯蚓的 LC_{50} 的分布

不同蚯蚓物种间 LC_{50} 具有差异，具体表现为赤子爱胜蚓和安德爱胜蚓的 LC_{50} 显著高于其他品种蚯蚓（图 7-37）。根据已有国外学者进行的蚯蚓品种对镉敏感性的研究，不同的蚯蚓品种对 Cd 的敏感度不同（Sinkakarimi et al.，2020），所以 Cd 对不同品种蚯蚓的致死效应是有差别的。

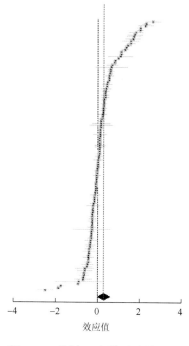

图 7-40　外源 Cd 污染对土壤 CAT
活性影响的随机森林图

CAT 的活性与测试土壤的 pH 呈极显著的负相关关系。由此表明,在酸性条件下,蚯蚓通过提高体内 CAT 的活性从而抵御土壤中重金属 Cd 的生物毒性;碱性条件下,土壤重金属 Cd 的毒性较低,因而蚯蚓体内的抗氧化酶 CAT 的活性也相对较低。

对每条研究的超氧化物歧化酶(SOD)活性进行了响应值大小及 95% 置信区间计算,结果显示,除少数研究的置信区间较宽、误差较大外,大多数研究趋于正常值范围(图 7-41)。随机效应模型计算平均效应值 Es 的 95% 置信区间均大于 0（Es = 0.32,95%cl = 0.029~0.610）,表明土壤 Cd 胁迫显著促进了蚯蚓体内 SOD 的活性。

对每条研究的谷胱甘肽(GSH)活性进行了响应值大小及 95% 置信区间计算,结果显示除少数研究的置信区间较宽、误差较大外,大多数研究趋于正常值范围(图 7-42)。随机效应模型计算平均效应值 Es 的 95% 置信区间均大于 0（Es = 0.76,95%cl = 0.231~1.285）,表明土壤 Cd 胁迫显著促进了蚯蚓体内 GSH 的活性。

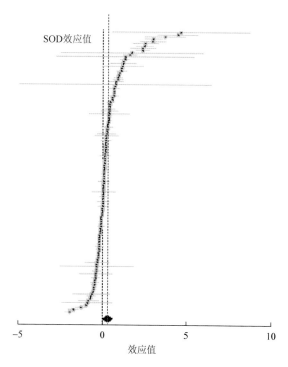

图 7-41　外源 Cd 污染对土壤 SOD 活性
影响的随机森林图

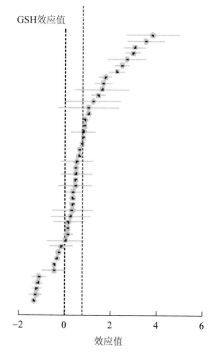

图 7-42　外源 Cd 污染对土壤 GSH 活性
影响的随机森林图

对每条研究的丙二醛（MDA）含量进行了响应值大小及 95%置信区间计算，结果显示，除少数研究的置信区间较宽、误差较大外，大多数研究趋于正常值范围（图 7-43）。随机效应模型计算平均效应值 Es = 0.05，表明总体上土壤 Cd 胁迫可促进蚯蚓体内 MDA 的积累；但 Es 的 95%置信区间包含 0（95%cl = −0.008～0.116），表明 Cd 胁迫对蚯蚓体内 MDA 含量的影响不显著。

对每条研究的谷胱甘肽巯基转移酶（GST）活性进行了响应值大小及 95%置信区间计算，结果显示，除少数研究的置信区间较宽、误差较大外，大多数研究趋于正常值范围（图 7-44）。随机效应模型计算平均效应值 Es = −0.02，表明总体上土壤 Cd 胁迫抑制蚯蚓体内 GST 的活性；但 Es 的 95%置信区间包含 0（95%cl = −0.146～0.102），表明 Cd 胁迫对蚯蚓体内 GST 活性的影响不显著。

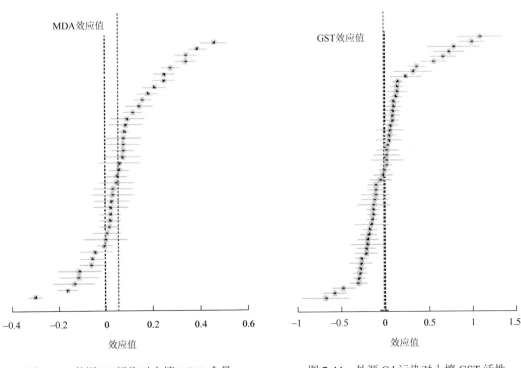

图 7-43　外源 Cd 污染对土壤 MDA 含量　　　　图 7-44　外源 Cd 污染对土壤 GST 活性
影响的随机森林图　　　　　　　　　　影响的随机森林图

对每条研究的金属硫蛋白（MT）含量进行了响应值大小及 95%置信区间计算，结果显示，除少数研究的置信区间较宽、误差较大外，大多数研究趋于正常值范围（图 7-45）。随机效应模型计算平均效应值 Es 的 95%置信区间均大于 0（Es = 1.72，95%cl = 1.203～2.233），表明土壤 Cd 胁迫显著促进了蚯蚓体内 MT 的含量。

对每条研究的 POD 酶活性进行了响应值大小及 95%置信区间计算，结果显示，除少数研究的置信区间较宽、误差较大外，大多数研究趋于正常值范围（图 7-46）。随机效应模型计算平均效应值 Es＝0.066，表明总体上土壤 Cd 胁迫可促进蚯蚓体内 POD 酶的活性；但 Es 的 95%置信区间包含 0（95%cl＝−0.089～0.221），表明 Cd 胁迫对蚯蚓体内 POD 酶活性的影响不显著。

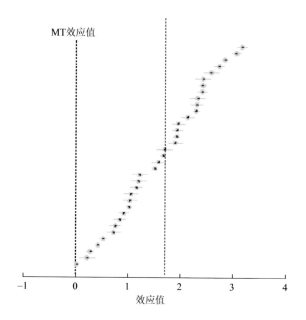

图 7-45　外源 Cd 污染对土壤 MT 含量影响的
随机森林图

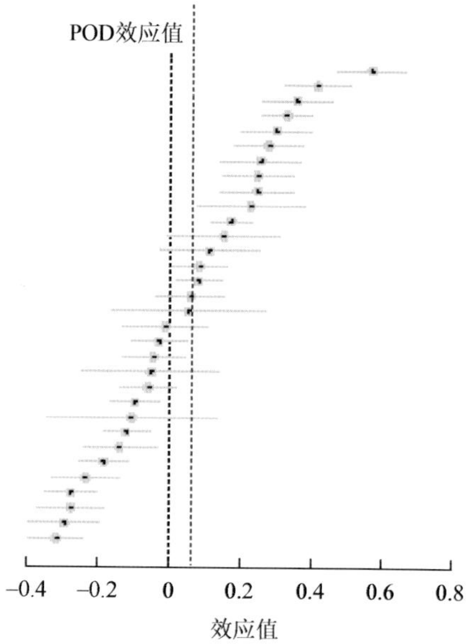

图 7-46　外源 Cd 污染对土壤 POD 酶活性
影响的随机森林图

　　对每条研究的乙酰胆碱酯酶（AChE）活性进行了响应值大小及 95%置信区间计算，结果显示，除少数研究的置信区间较宽、误差较大外，大多数研究趋于正常值范围（图7-47）。随机效应模型计算平均效应值 Es 的 95%置信区间均大于 0（Es＝0.55，95%cl＝0.284～0.814），表明土壤 Cd 胁迫显著促进了蚯蚓体内 AChE 的活性。

　　对每条研究的总抗氧化能力（T-AOC）进行了响应值大小及 95%置信区间计算，结果显示，除少数研究的置信区间较宽、误差较大外，大多数研究趋于正常值范围（图 7-48）。随机效应模型计算平均效应值 Es＝0.547，表明总体上土壤 Cd 胁迫可促进蚯蚓体内 T-AOC；但 Es 的 95%置信区间包含 0（95%cl＝−0.362～1.455），表明 Cd 胁迫对蚯蚓体内 T-AOC 的影响不显著。效应值与受试土壤 pH 的相关分析结果显示（图 7-49）：低 Cd 胁迫下蚯蚓体内 AChE、SOD 和 GST 的效应值与受试土壤 pH 显著负相关（$P < 0.05$），在碱性条件下（AChE，pH＞7.0；GST，pH＞7.5；SOD，pH＞8.5），效应值甚至低于 0。综上表明，随受试土壤 pH 升高，Cd 胁迫对蚯蚓体内 AChE、SOD 和 GST 活性的促进作用减弱；在碱性条件下，Cd 胁迫甚至抑制 AChE、SOD 和 GST 的活性。

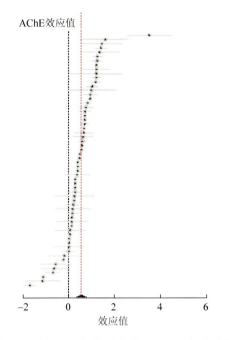

图 7-47　外源 Cd 污染对土壤 AChE 活性影响的随机森林图

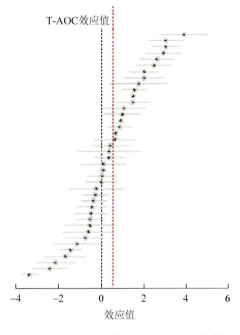

图 7-48　外源 Cd 污染对土壤 T-AOC 影响的随机森林图

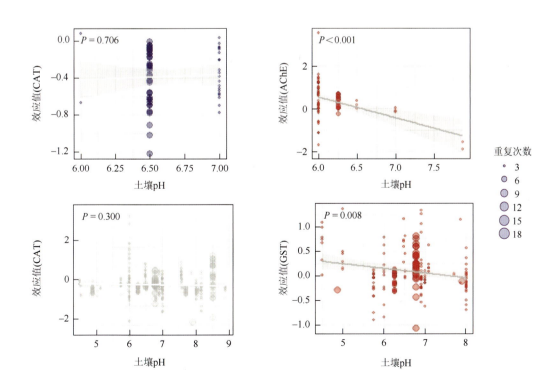

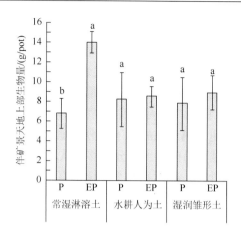

图 7-53 伴矿景天地上部生物量（王孜楠，2020）

图中同一土壤下不同处理间采用 t 检验法进行差异分析（$P<0.05$），分析结果由小写字母表示

伴矿景天地上部 Cd 浓度显示（图 7-54），酸性常湿淋溶土 EP 处理下伴矿景天 Cd 浓度显著降低，降低比例为 15.6%。碱性湿润雏形土中 EP 处理伴矿景天 Cd 浓度降低 11.7%。从总吸收量结果来看（图 7-54），酸性常湿淋溶土 EP 处理下伴矿景天 Cd 吸收总量为 1.87mg/pot，为 P 处理修复总量的 172%。

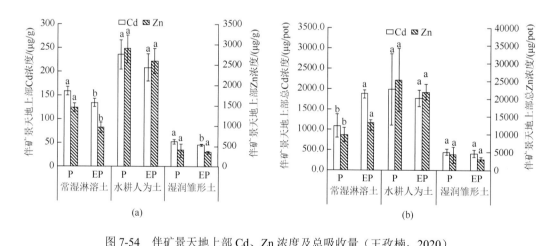

图 7-54 伴矿景天地上部 Cd、Zn 浓度及总吸收量（王孜楠，2020）

图中同一土壤下不同处理间采用 t 检验法进行差异分析（$P<0.05$），分析结果由小写字母表示；P-第一季伴矿景天种植；
EP-添加蚯蚓+第一季伴矿景天种植

引入蚯蚓使伴矿景天对养分元素吸收量得到较大幅度提高，其中以氮吸收增加最为显著。有研究表明蚯蚓可能通过多种途径促进植物吸收氮素，进而影响植物的生长（李辉信等，2002；Ortiz-Ceballos et al.，2007）。例如，蚯蚓体表、肠道的分泌物、蚯蚓活动对土壤有机质的加速矿化等，以及蚯蚓作用下可增加土壤固氮菌，进而提高土壤氮素有效性（Jusselme et al.，2013）。除提高氮素吸收外，蚯蚓能够加快土壤有机磷矿化，从而增强土壤磷的释放（Hendrix et al.，1999）。结合修复后土壤有效养分的结果，EP 处理下的养分相比 P 处理较高，可能是蚯蚓活动使土壤养分加快释放（张宁等，2012）。而出现种植后 EP 处理养分情况低于 P 处理的情况，则更多的是蚯蚓分泌物刺激了伴矿景天根系对该养分的捕获和加速吸收（Cameron et al.，2014），但两种情况也可能同时发生。蚯蚓强化修复效果仅体现在酸性常湿淋溶土，主要是伴矿景天生物量的大幅度增加，进而导致伴矿景天对重金属吸收增加。除增加生物量外，强化超积累植物修复也可体现在地上部重金属浓度的增加。在常湿淋溶土、水耕人为土和湿润雏形土 3 种土壤上蚯蚓均并没有显著影响伴矿景天地上部 Cd、Zn 浓度（图 7-54）。并且在酸性常湿淋溶土中，伴矿景天 Cd、Zn 浓度在添加蚯蚓处理下显著降低，这可能是伴矿景天生长较快，而土壤 Cd、Zn 释放较慢，植物生长稀释效应所致。蚯蚓活动能够影响土壤重金属有效性（Sizmur et al.，2011a；Leveque et al.，2014），但在不同情况下可能产生不同的效应。例如，蚯蚓黏液在土壤中可能降低重金属的迁移率（Sizmur et al.，2010），在采矿活动污染后的土壤中可能产生活化效应（Sizmur et al.，2011b）。

7.3　小　　结

　　土壤中的 Cd 含量与土壤微生物和动物活性及群落结构密切相关，同时土壤微生物和动物群落的变化可作为土壤重金属污染的敏感指示。研究发现，通过应用不同的生物修复策略，如利用微生物和土壤动物与植物相结合的方式，可以有效地促进受重金属污染土壤的修复。

　　Cd 胁迫对土壤微生物的影响表现为对微生物酶蛋白活性的干扰以及对微生物种群和群落结构的破坏。高浓度 Cd 主要通过阻断微生物的氨氧化作用造成影响，而对于耐受性较强的古菌而言，Cd 浓度增加则可能促使其通过非氨氧化途径获取能量。土壤微生物群落的变化通过群落成员之间的功能多样性和冗余性来保持群落的稳定性。土壤 Cd 的存在对土壤中的细菌和真菌丰度产生显著影响，不同的土地利用方式和土壤类型也会影响这些微生物群落的稳定性。目前，用于 Cd 污染土壤修复的微生物主要有芽孢杆菌、真菌、硫酸盐还原菌等，这些微生物具有不同的修复机制和特点，在不同环境条件下表现出不同的修复效果。

　　土壤动物，尤其是蚯蚓，对 Cd 胁迫表现出一定的敏感性。蚯蚓能够通过提高其体内 Cd 浓度的耐受性机制来响应土壤中的 Cd 污染。此外，它们还能通过其生物活动改变土壤的物理化学性质，从而间接影响土壤中重金属的形态和生物有效性。耕地中重金属 Cd 含量越高，土壤动物的类群数、个体数量越少。文献计量分析结果表明导致蚯蚓死亡率为 50% 的 Cd 浓度（LC_{50}）大多分布在 800～1000mg/kg。不同蚯蚓物种的 LC_{50} 差异达显著水平，赤子爱胜蚓的 LC_{50} 值相对较高。重金属暴露时间越长，蚯蚓死亡率越高，Cd 对蚯蚓的致死效应就越明显。蚯蚓的 LC_{50} 值与土壤 pH 呈现显著的正相关关系，与土壤有机质含量的相关性未达显著水平。蚯蚓通过调节体内酶活性增强对 Cd 的抗性，土壤 Cd 胁迫显著抑制了丙二醛（MDA）的产生，显著促进了蚯蚓体内谷胱甘肽转硫酶（GST）、过氧化氢酶（CAT）、超氧化物歧化酶（SOD）的活性和金属硫蛋白（MT）的产生；低Cd 胁迫下蚯蚓体内 CAT、GST、SOD 的活性与测试土壤的 pH 呈极显著的负相关关系；蚯蚓体内 MT 和 MDA 的含量与测试土壤的 pH 呈极显著的正相关关系。

蚯蚓修复重金属污染土壤是一项备受关注的环境修复技术，通过利用蚯蚓的生物富集和迁移能力，可以将重金属从污染土壤中移除，从而降低土壤中的重金属含量，改善土壤质量。首先，蚯蚓可以生物富集重金属 Cd，将重金属富集在自身组织中，从而减少土壤中的重金属 Cd 含量。其次，蚯蚓还可以通过改善土壤物理化学性质、调控土壤微生物，从而增强 Cd 污染区域植物修复的效果。然而，蚯蚓修复重金属污染土壤也存在一些挑战和限制。例如，高浓度的重金属 Cd 对蚯蚓的毒性较大，会导致蚯蚓死亡或迁移出污染区域。此外，蚯蚓对重金属 Cd 的生物富集能力受到许多环境因素，如温度、湿度、土壤有机质等的影响。

在生物修复技术中，利用蚯蚓和特定微生物联合处理重金属污染土壤，可以有效提高修复效率。这些生物不仅能够直接或间接地降低土壤中重金属的生物可利用性，还能通过促进植物生长和增加植物吸收重金属的能力来达到修复目的。

第8章　土壤镉的食物链传递及人体健康风险

8.1　耕地土壤重金属的食物链风险

8.1.1　喀斯特土壤主要农作物镉的累积特征

Cd 因具有极高的生物毒性而被认为是当前环境研究的焦点，Cd 进入食物链后将对人体造成慢性毒害（马玲等，2010）。《第六次中国总膳食研究》（2016—2019）中报道了中国 24 个省（区、市）主要农作物食物中重金属 Cd 含量的情况（表 8-1）。其中，豆类中 Cd 的平均含量最高（16.8μg/kg），其次是谷物类（15.5μg/kg），蔬菜（12.5μg/kg）和马铃薯（11.1μg/kg）中的 Cd 含量相当，水果（0.9μg/kg）中的 Cd 含量最低。

表 8-1　《第六次中国总膳食研究》中中国主要农作物食品 Cd 含量（Zhao et al., 2022）（单位：μg/kg）

	食物类型	平均含量	最低含量	最高含量
1	谷物类	14.5±33.5	3.0	83.2
2	豆类	16.8±18.5	4.5	41.9
3	马铃薯	11.1±14.4	2.3	30.8
4	蔬菜	12.5±19.1	2.9	46.6
5	水果	0.9±1.7	0.3	4.3

喀斯特地区的土壤常具有富集 Cd 的特征，在这种具有高 Cd 地质背景特征的区域土壤中种植作物，极可能造成作物中 Cd 的富集，严重影响区域农产品安全，威胁食用人群的健康。

采用 BCF 评价喀斯特地区主要农作物可食用部位对重金属 Cd 的富集能力。BCF 由以下计算公式得出（Boim et al., 2016）：BCF = Cr/Cs。式中，Cr 表示可食用植物中的重金属含量（mg/kg）；Cs 表示土壤中的重金属含量（mg/kg）。

通过文献资料整理，贵州喀斯特地区主要农作物对重金属 Cd 的富集能力和全国非喀斯特地区主要作物对重金属 Cd 的富集能力分别见表 8-2 和表 8-3。由表可知，喀斯特地区主要作物的 Cd 的 BCF 为 0.01～1.63，非喀斯特地区作物的 Cd 的 BCF 为 0.03～1.16。总体上，喀斯特地区主要作物对 Cd 的富集能力要强于非喀斯特地区的作物，这可能与喀斯特地区重金属 Cd 的地质高背景有关，也可能与该区域相对较低的土壤 pH 环境有关。

表 8-2 喀斯特地区主要农作物镉的累积特征

序号	研究区	pH	样本数	作物类型	土壤中 Cd 含量/(mg/kg)	作物中 Cd 含量/(mg/kg)	BCF	参考文献
1	贵州册亨	6.83	13	辣椒	0.186	0.018	0.10	
2	贵州赫章	7.38	9	辣椒	0.937	0.022	0.02	
3	贵州罗甸	7.12	24	辣椒	1.622	0.044	0.03	
4	贵州桐梓	7.52	14	辣椒	0.473	0.051	0.11	
5	贵州万山	7.13	10	辣椒	0.829	0.022	0.03	
6	贵州威宁	7.38	14	辣椒	3.548	0.110	0.03	
7	贵州兴仁	7.66	15	辣椒	0.270	0.005	0.02	
8	贵州红花岗	8.01	5	辣椒	0.293	0.013	0.04	刘青栋，2019；王旭莲等，2021；未发布数据
9	贵州册亨	5.12	8	马铃薯	0.27	0.017	0.06	
10	贵州长顺	5.51	20	马铃薯	0.67	0.045	0.07	
11	贵州赫章	7.00	13	马铃薯	7.9	0.055	0.01	
12	贵州威宁	6.23	86	马铃薯	6.62	0.068	0.01	
13	贵州水城	5.64	3	莲花白	1.99	0.01	0.01	
14	贵州威宁	6.43	6	莲花白	5.04	0.10	0.01	
15	贵州钟山	6.91	8	莲花白	36.09	0.09	0.01	
16	贵州水城	5.62	5	白菜	1.53	0.04	0.02	
17	贵州威宁	6.16	8	白菜	6.07	0.06	0.02	
18	贵州钟山	7.37	4	白菜	20.63	0.17	0.01	
19	贵州		4	水稻	1.68	0.10	0.08	
20	贵州		3	玉米		0.13	0.10	
21	贵州		4	辣椒		0.87	0.36	王兴富等，2020
22	贵州		4	红薯		0.11	0.04	
23	贵州		4	萝卜		0.86	0.48	
24	贵州		3	白菜		0.48	0.14	
25	贵州		55	玉米	2.40	0.033	0.01	
26	贵州		35	水稻		0.109	0.04	唐启琳，2019
27	贵州		50	水稻	4.13	0.102	0.02	
28	广西	6.21	41	甘蔗	7.56	0.89	0.12	
29	广西	6.41	39	甘蔗	3.38	0.40	0.12	
30	广西	5.90	36	甘蔗	0.88	0.24	0.27	
31	广西	6.21	36	玉米	7.56	0.33	0.04	
32	广西	6.41	40	玉米	3.38	0.18	0.05	
33	广西	5.90	40	玉米	0.88	0.21	0.24	吴玉峰，2016
34	广西	6.21	37	花生	7.56	1.25	0.17	
35	广西	6.41	22	花生	3.38	0.34	0.10	
36	广西	5.90	7	花生	0.88	1.43	1.63	
37	广西	5.90	34	水稻	0.88	0.24	0.27	

表 8-3　非喀斯特地区主要农作物镉的累积特征

序号	研究区	pH	样本数	作物类型	土壤中 Cd 含量/(mg/kg)	作物中 Cd 含量/(mg/kg)	BCF	参考文献
1	浙江	5.86	216	稻谷	0.75		0.62	
2	浙江	5.86	21	玉米			0.03	
3	浙江	5.86	14	番薯			0.04	
4	浙江	5.86	111	叶菜			0.21	张耿苗和赵钰杰，2022
5	浙江	5.86	72	瓜茄果蔬菜			0.28	
6	浙江	5.86	23	根茎蔬菜			0.09	
7	浙江	5.86	16	豆类蔬菜			0.11	
8	四川		171	水稻	0.25	0.08	0.30	刘才泽等，2024
9	江苏	7.45	12	空心菜	7.30	3.13	0.43	
10	江苏	7.45	12	苋菜		3.66	0.51	王梦雨，2021
11	江苏	7.45	18	青菜		4.19	0.57	
12	湖南		60	水稻			0.92	
13	河北、河南		50	小麦			0.19	
14	河北、河南		30	夏玉米			0.18	陈洁等，2021
15	辽宁		65	春玉米			0.13	
16	湖北		18	水稻	0.78	0.24	0.78	
17	湖北		120	玉米		0.16	0.13	
18	湖北		38	红薯		0.06	0.05	
19	湖北		30	辣椒		0.10	1.16	唐世琪等，2021
20	湖北		70	马铃薯		0.04	0.04	
21	湖北		20	大蒜		0.45	0.50	
22	河北	7.46		小麦	0.168		0.09	
23	河北	7.46		小麦	0.317		0.12	
24	河北	7.46		小麦	0.284		0.15	邵金秋等，2019
25	河北	7.46		玉米	0.168		0.06	
26	河北	7.46		玉米	0.317		0.07	
27	河北	7.46		玉米	0.284		0.05	

1）辣椒对重金属镉的富集特征

辣椒是贵州的特色农作物。在喀斯特贵州镉地球化学异常地区，通过对耕地实地采集样品，建立土壤镉与辣椒果实镉的耦合关系，探明辣椒的 Cd 富集特征。根据贵州省地表碳酸盐岩分布情况，并结合贵州省重金属镉地球化学含量图，在贵州省的威宁县、赫章县、兴仁市、册亨县、罗甸县、桐梓县、红花岗区、雷山县和万山特区 9 个市区县的辣椒主产区，采集 105 组辣椒果实和土壤样品。将辣椒对重金属 Cd 的 BCF 与环境因子做相关分析，结果显示土壤总 Cd 含量、pH 和有机质是影响辣椒对 Cd 富集能力的主要

的现象（白瑞琴等，2012），在马铃薯各器官中呈现根>茎叶>块茎或叶>茎>根>块茎的分布特点，块茎是富集 Cd 最少的器官。

位于贵州喀斯特地区的威宁县土法炼锌活动已有 300 多年历史，土壤存在自然源和工业源的叠加污染，其土壤污染程度超过贵州其他地区，而且威宁县是贵州省马铃薯主产区，马铃薯常年种植面积约 1100km^2。通过对威宁县马铃薯产地土壤 Cd 含量与马铃薯块茎中 Cd 含量进行线性拟合（表 8-5），地质高背景区土壤 Cd 的总量和有效态含量越高，马铃薯中富集的 Cd 含量也越高，且土壤有效态 Cd 对马铃薯 Cd 含量的影响越大。

表 8-5 威宁 Cd 地质高背景区马铃薯镉安全生产土壤有效态 Cd 阈值（王旭莲等，2021）

	土壤 Cd	回归方程	相关系数
1	总 Cd	$y = 0.004x + 0.05$	0.06*
2	有效态 Cd	$y = 0.18x + 0.06$	0.40*

注：y 表示马铃薯 Cd 含量，x 表示土壤 Cd 含量。

在喀斯特贵州镉地球化学异常地区，通过对耕地实地采集样品，建立土壤镉与马铃薯镉的耦合关系，探明马铃薯对重金属 Cd 的富集特征（周显勇，2019，王旭莲等，2021）。在喀斯特 Cd 地球化学高背景区的黔西北赫章县（HZ）和威宁县（WN）、黔南州长顺县（CS）、黔西南州册亨县（CH）、黔东南州雷山县（LS）等区域，采集耕作层（0~20cm）土壤样品及对应马铃薯块茎样品 105 组，其中 LS 2 组、HZ 13 组、WN 62 组、CS 20 组、CH 8 组。采集的马铃薯品种为贵州省主栽品种：会-2 号、宣薯 2 号、青薯 9 号、威芋 5 号、黔芋 7 号、费乌瑞它等。

105 组马铃薯样品中有 18 个样品 Cd 超标，点位超标率为 17.1%；超标倍数仅为 0.01~1.11 倍，均值为 0.30 倍。HZ、WN 和 CS 的马铃薯均存在 Cd 超标现象，LS 和 CH 的马铃薯未超标。对比表 8-6 和图 8-3 可知，用地累积指数法评价 CS 土壤 Cd 污染程度，其处于无污染，而种植的马铃薯存在超标现象。CS 存在超过农用地土壤污染筛选值的点位，其土壤可能存在健康风险；CS 土壤 pH 介于 4.5~6.8，均值为 5.56，土壤中 Cd 的生物有效性相较 HZ 和 WN 高。马铃薯块茎中 Cd 含量主要受体内运输和分配 Cd 生理过程的影响（彭益书，2018），这可能引起土壤超标而马铃薯未超标。

表 8-6 不同研究区土壤 Cd 的累积指数及其分级（王旭莲等，2021）

研究区	I_{geo} 最小值	I_{geo} 最大值	I_{geo} 平均值	分级	污染程度
LS	−2.64	−1.77	−2.21	0	无污染
HZ	0.24	4.27	2.71	2~3	中度-重度污染
WN	−0.73	5.25	2.36	2~3	中度-重度污染
CS	−2.75	−0.06	−1.18	0	无污染
CH	−2.71	−1.14	−2.03	0	无污染

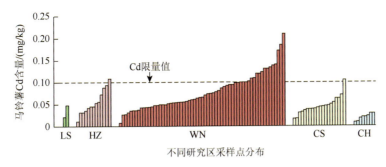

图 8-3　不同研究区马铃薯 Cd 含量分布及超标情况（王旭莲等，2021）

马铃薯 Cd 含量与土壤基本理化性质的相关性分析结果表明，马铃薯 Cd 与土壤总 Cd 呈极显著正相关（$R = 0.587$，$P<0.01$），与有效态 Cd 呈极显著正相关（$R = 0.755$，$P<0.01$）（表 8-7）。马铃薯主要吸收有效态 Cd，在酸性条件下土壤中的 Cd 快速解吸，有效态含量增加，马铃薯对 Cd 的吸收也增加。在 Cd 的赋存形态中，碳酸盐结合态、交换态 Cd 迁移性强，随着土壤 pH 和有机质的改变，赋存状态会相互转化。土壤 pH 与有效态 Cd 呈极显著负相关（$R = -0.633$，$P<0.01$）。pH 因影响 Cd 的赋存形态，从而影响 Cd 的生物有效性；随着 pH 的升高，土壤中逐渐生成 Cd 的硫化物、氢氧化物、碳酸盐和磷酸盐的沉淀，Cd 的生物有效性降低（Altin et al.，1999）。

表 8-7　马铃薯 Cd 含量与土壤基本理化性质的相关性（王旭莲等，2021）

	马铃薯 Cd	总 Cd	有效态 Cd	土壤 pH	有机质
马铃薯 Cd	1				
总 Cd	0.345**	1			
有效态 Cd	0.570**	0.015	1		
土壤 pH	−0.031	0.419**	−0.401**	1	
有机质	0.031	0.467**	−0.187	0.242*	1

土壤 pH 与土壤总 Cd 呈极显著正相关（$R = 0.647$，$P<0.01$）；有机质与土壤总 Cd 呈极显著正相关（$R = 0.683$，$P<0.01$），而与有效态 Cd 无显著相关性。部分原因可能是与马铃薯栽培管理过程中为提升土壤肥力、提高马铃薯产量而施入大量的有机肥和化肥有关。有机肥中含有的大量 Cd 会引起土壤总 Cd 含量增加，有机质可直接与 Cd 发生吸附、离子交换等作用形成有机结合态 Cd 而影响 Cd 的有效性；大量施用化肥造成土壤酸化，而化肥中大量阴阳离子可与土壤中 Cd 发生沉淀反应、离子交换作用、拮抗交互作用等影响土壤中 Cd 的行为。土壤的淋溶作用、土壤动物（如蚯蚓）的运动，也会对土壤中 Cd 进行重新分配。

马铃薯 Cd 含量与土壤基本理化性质的相关性分析结果表明，马铃薯 Cd 与土壤总 Cd 呈极显著正相关（$R = 0.587$，$P<0.01$），与有效态 Cd 呈极显著正相关（$R = 0.755$，$P<0.01$）。马铃薯主要吸收有效态 Cd，在酸性条件下土壤中的 Cd 快速解吸，有效态含量增加，马铃薯对 Cd 的吸收也增加（表 8-8）。

表 8-8　贵州喀斯特地区马铃薯对 Cd 富集能力与土壤理化指标的相关性（王旭莲等，2021）

项目	相关性			
	土壤总 Cd	土壤有效 Cd	土壤 pH	土壤有机质
富集能力	0.35**	0.57**	−0.031**	0.031

**表示 $P<0.01$。

相关性分析结果表明，土壤有效态 Cd 含量及部分土壤理化性质显著影响马铃薯块茎中 Cd 含量。因此，将土壤理化性质作为变量和土壤有效态 Cd 含量结合起来，应用多元回归分析推导出扩展的 Freundlich 方程，建立马铃薯 Cd 积累预测模型（表 8-9）。

表 8-9　马铃薯 Cd 与土壤理化性质的逐步回归方程（周显勇，2019）

	预测模型	相关系数	P
1	$y = 0.16x_1 + 0.052$	0.565	<0.05
2	$y = 0.187x_1 + 0.08\text{pH} - 0.002$	0.640	<0.05

注：y 表示马铃薯 Cd 含量，x_1 表示土壤 $CaCl_2$-Cd 含量。

通过逐步回归分析可以看出，基于土壤有效态 Cd 含量、pH 的回归模型的相关系数最大为 0.640，得到的预测方程为 $y = 0.187x_1 + 0.08\text{pH} - 0.002$。可以由上面方程预测马铃薯块茎中的 Cd 含量。

由贵州喀斯特地区 5 个县区 105 个马铃薯 Cd 含量与对应土壤样品 Cd 含量拟合的线性方程可以看出，两者呈正相关关系：对于土壤总 Cd 的线性回归方程为 $y = 0.002x + 0.052$（$R^2 = 0.11^{**}$），对于土壤有效态 Cd 的线性回归方程为 $y = 0.16x + 0.052$（$R^2 = 0.32^{**}$）。表明土壤 Cd 的总量和有效态 Cd 含量越高，马铃薯中富集的 Cd 含量也越高，土壤有效态 Cd 对马铃薯 Cd 含量的影响越大（表 8-10）。

表 8-10　马铃薯 Cd 安全生产土壤 Cd 阈值（周显勇，2019）

	类别	回归方程	相关系数
1	土壤总 Cd	$y = 0.002x + 0.052$	0.11**
2	土壤有效态 Cd	$y = 0.16x + 0.052$	0.32**

注：y 表示马铃薯 Cd 含量，x 表示土壤 Cd 含量。

在不同 pH 下土壤中全量 Cd 的安全阈值回归方程（表 8-11）：在 pH≤6.5 的土壤中，马铃薯 Cd 含量与土壤 Cd 总量和有效态含量的关系达显著水平；在 pH＞7.5 的土壤中，马铃薯 Cd 含量与土壤 Cd 总量和有效态含量未达显著水平。马铃薯主要是吸收重金属有效态，pH 是影响土壤重金属有效态含量的主要因子，在酸性土壤中 Cd 快速解吸，有效态 Cd 含量增加，植物对 Cd 的吸收也增加。由此可以推测，在碱性（pH＞7.5）土壤中，马铃薯对 Cd 吸收无规律性。在 GB 15618—2018 中，pH≤5.5、5.5＜pH≤6.5、6.5＜pH≤7.5、pH＞7.5 的土壤污染风险管制值分别为 1.5mg/kg、2.0mg/kg、3.0mg/kg、4.0mg/kg。通过拟合得到贵州喀斯特地区马铃薯生产土壤总 Cd 的风险阈值分别为 4.30mg/kg（pH≤6.5）、7.34mg/kg（6.5＜pH≤7.5）、9.39mg/kg（pH＞7.5），土壤有效态 Cd 的风险阈值分别为 0.22mg/kg（pH≤6.5）、0.02mg/kg（6.5＜pH≤7.5）、0.01mg/kg（pH＞7.5）（王旭莲等，2021）。拟合出的土壤总 Cd 阈值远高于现行土壤环境质量评价二级标准，分别高出农用地土壤污染风险管制值 1.15 倍、1.45 倍、1.35 倍。

表 8-11　马铃薯镉安全生产土壤 Cd 阈值（王旭莲等，2021）

类别	土壤 pH	样本量	回归方程	相关系数 R^2
	≤6.5	48	$y = 0.01x + 0.03$	0.59**
土壤总 Cd	6.5～7.5	34	$y = 0.002x + 0.05$	0.12*
	＞7.5	21	$y = 0.002x + 0.05$	0.12
	≤6.5	48	$y = 0.18x + 0.04$	0.43**
土壤有效态 Cd	6.5～7.5	34	$y = 0.15x + 0.06$	0.002
	＞7.5	21	$y = 0.47x + 0.05$	0.03

3）水稻对重金属镉的富集特征

水稻是中国南方最主要的粮食作物。贵州水稻土总面积为 $155.02 \times 10^4 hm^2$，水稻土重金属超标率高。贵州省喀斯特地区稻米镉含量最大值为 1.095mg/kg，最小值为 0.009mg/kg，平均值为 0.043mg/kg，最大值是最小值的 121 倍多，变异系数为 162.79%，稻米镉含量分布极其不均，差异性极大（田茂苑，2019）。贵州喀斯特区域红壤性水稻土与其对应稻米存在正相关关系；黄壤性水稻土和石灰土性水稻土与其对应稻米镉存在极显著正相关关系，其相关系数分别为 0.127（$n = 1694$）和 0.106（$n = 925$）；紫色土性水稻土和其对应稻米镉含量存在不显著负相关关系。总体上，水稻土和对应稻米镉含量正相关，相关系数为 0.081（$n = 2961$），拟合方程为 $y = 0.0073x + 0.039$（表 8-12）。

表 8-12　贵州喀斯特地区水稻土与对应稻米镉含量的相关系数及拟合方程（田茂苑，2019）

土壤 Cd-稻米 Cd	样本量	拟合方程	相关系数
红壤性水稻土-稻米	199	$y = 0.0199x + 0.0369$	0.092
黄壤性水稻土-稻米	1694	$y = 0.0278x + 0.0355$	0.127**
石灰土性水稻土-稻米	925	$y = 0.0096x + 0.0278$	0.106**
紫色土性水稻土-稻米	145	$y = -0.022x + 0.0441$	−0.041
所有水稻土-稻米	2961	$y = 0.0073x + 0.039$	0.081**

pH 是影响稻米重金属镉含量的重要因子，按照《土壤环境质量 农用地土壤污染风险管控标准（试行）》（GB 15618—2018）将土壤 pH 进行分段，分成 4 段，即 pH≤5.5、5.5＜pH≤6.5、6.5＜pH≤7.5、pH＞7.5。得到各 pH 区间土壤和稻米镉的拟合方程和相关关系（表 8-13）：各 pH 环境下，紫色土性水稻土 Cd 含量与稻米 Cd 含量之间的相关关系均不显著；在 pH≤6.5 和 pH＞7.5 条件下，不同类型水稻土 Cd 含量与稻米 Cd 含量的相关关系均较强，而在中性条件（6.5＜pH≤7.5）二者的相关关系不显著。

表 8-13 不同 pH 下贵州喀斯特地区水稻土与对应稻米镉含量的相关性系数及拟合方程（田茂苑，2019）

土壤 pH	土壤 Cd-稻米 Cd	样本量	拟合方程	相关系数
pH≤5.5	红壤性水稻土-稻米	98	$y = 0.1022x + 0.0216$	0.255**
	黄壤性水稻土-稻米	618	$y = 0.091x + 0.0256$	0.268**
	紫色土性水稻土-稻米	43	$y = 0.0061x + 0.0664$	0.008
	所有水稻土-稻米	759	$y = 0.0435x + 0.0427$	0.246**
5.5＜pH≤6.5	红壤性水稻土-稻米	64	$y = 0.0118x + 0.0323$	0.096
	黄壤性水稻土-稻米	827	$y = 0.0134x + 0.0353$	0.077*
	紫色土性水稻土-稻米	35	$y = 0.0154x + 0.0267$	0.082
	所有水稻土-稻米	926	$y = 0.0136x + 0.0346$	0.079*
6.5＜pH≤7.5	红壤性水稻土-稻米	37	$y = -0.0015x + 0.0365$	−0.032
	黄壤性水稻土-稻米	249	$y = 0.0111x + 0.0361$	0.076
	石灰土性水稻土-稻米	599	$y = 0.0076x + 0.0299$	0.086*
	紫色土性水稻土-稻米	49	$y = -0.0064x + 0.0309$	−0.071
	所有水稻土-稻米	934	$y = 0.0081x + 0.0317$	0.077
pH＞7.5	石灰土性水稻土-稻米	326	$y = 0.0133x + 0.0238$	0.141*
	紫色土性水稻土-稻米	16	$y = 0.0026x + 0.018$	0.099
	所有水稻土-稻米	342	$y = 0.0133x + 0.023$	0.142**

黄壤性水稻土和石灰性水稻土是贵州最主要的水稻土类型，为进一步摸清水稻土和对应稻米镉超标关系，按照 pH 区间，对黄壤性水稻土和石灰性水稻土镉含量及对应的稻米镉含量的点位分布作图（图 8-4 和图 8-5）。在贵州喀斯特地区，随土壤镉含量的增加，稻米镉超标比例呈增加趋势，但增加趋势有限。说明贵州喀斯特地区水稻土受镉污染，但对应稻米并不一定受镉污染。

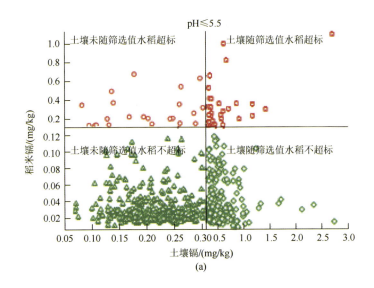

(a)

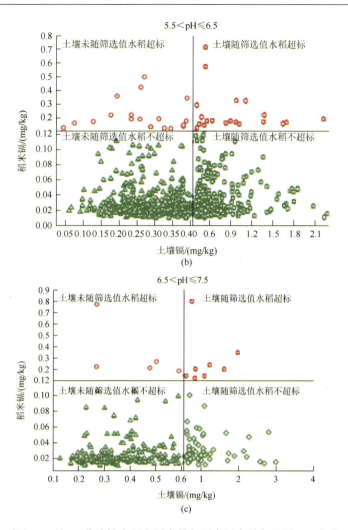

图 8-4　不同 pH 区间下黄壤性水稻土镉含量与稻米镉含量象限图（田茂苑，2019）

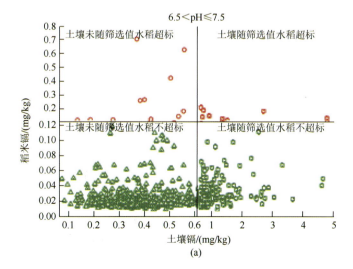

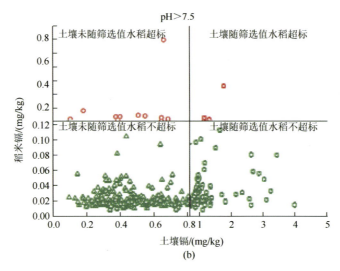

图 8-5　不同 pH 区间下石灰性水稻土镉含量与稻米镉含量象限图（田茂苑，2019）

8.1.2　不同农作物镉的限值标准及食物链风险

近年来，食物安全问题受世界各国政府和人民广泛关注，农作物可食用部分中的有毒有害物更是关注的焦点。污染物限量标准是控制食物污染，保证食品安全的重要手段。

中国关于农作物中重金属限量由中华人民共和国国家卫生健康委员会和国家市场监督管理总局联合发布的《食品安全国家标准　食品中污染物限量》规定，该标准属于强制执行的标准。标准对保障食品安全、规范食品生产经营、维护公众健康具有重要意义。为进一步完善我国食品安全国家标准体系，根据最新风险监测和风险评估结果，结合国际近年来污染物管理动态及标准跟踪评价意见对该标准进行修订，于 2022 年 6 月 30 日发布，2023 年6 月 30 日正式实施。《食品安全国家标准　食品中污染物限量》（GB 2762—2022）的修订坚持以保障公众健康为目的，重点对我国居民健康构成较大风险的食品污染物和对居民膳食暴露量有较大影响的食品种类设置限量规定；以风险评估为基础，参考国际食品法典委员会（Codex Alimentarius Commission，CAC）食品中污染物标准制定原则，结合污染物风险监测数据和暴露评估结果，确定污染物及其在相关食品中的限量。标准的修订充分考虑我国实际污染情况及行业生产经营状况，兼顾行业发展和监管需要，将源头污染控制和生产过程控制相结合，重点对食品原料中污染物进行控制，确保标准的科学性和可行性。

《食品安全国家标准　食品中污染物限量》（GB 2762—2022）标准的修订在《食品安全国家标准　食品中污染物限量》（GB2762—2017）及第 1 号修改单的基础上，对应用原则，可食用部分术语定义，部分食品中镉、铅、砷、汞等指标都做了进一步完善。针对重金属镉来说，标准的修订主要在稻米和食用菌。国家食品安全风险评估专家委员会对我国居民膳食中镉污染暴露情况进行了全面的风险评估，评估结果表明，我国居民膳食中镉污染水平整体安全，部分地区人群镉暴露水平仍然较高。稻谷不同部位镉含量分布不稳定，通过稻谷脱壳不会显著降低大米中镉的污染水平，难以分别设置稻谷和大米的限量。为保护消费者健康，稻米（含稻谷、糙米、大米）中镉限量维持原标准 0.2mg/kg

的限量要求。食用菌可分为栽培食用菌和野生食用菌。野生食用菌通常指在自然界完全处于野生状态、不能人工培育的可食用菌，因其较为稀少而名贵，其消费量也远少于我们日常食用的栽培食用菌。野生食用菌中重金属的污染受生长环境影响，无法通过人为措施予以控制，并且个别野生食用菌品种对于某些重金属有富集特性。新标准修订收集了我国常见栽培食用菌和野生食用菌中重金属污染数据，分析各类食用菌对不同重金属的富集特性，开展食用菌中重金属暴露的风险评估，在保障消费者食用安全的前提条件下，对食用菌中镉、铅、汞、砷四项重金属限量进行了调整。修订后食用菌及其制品的重金属镉限量指标更加有针对性，如食用菌及其制品（香菇、羊肚菌、獐头菌、青头菌、鸡油菌、榛蘑、松茸、牛肝菌、鸡枞、多汁乳菇、松露、姬松茸、木耳、银耳及以上食用菌的制品除外）中重金属 Cd 的限量为 0.2mg/kg，香菇及其制品中重金属 Cd 的限量为 0.5mg/kg，羊肚菌、獐头菌、青头菌、鸡油菌、榛蘑及以上食用菌的制品中重金属 Cd 的限量为 0.6mg/kg，松茸、牛肝菌、鸡枞、多汁乳菇及以上食用菌的制品中重金属 Cd 的限量为 1.0mg/kg，松露、姬松茸及以上食用菌的制品中重金属 Cd 的限量为 2.0mg/kg，木耳及其制品、银耳及其制品中重金属 Cd 的限量为 0.5mg/kg（干重计）。

《食品安全国家标准　食品中污染物限量》（GB 2762—2022）中关于农作物可食用部分重金属 Cd 的限量标准，具体见表 8-14。

表 8-14　中国农作物可食用部分中镉的限量指标

食品（农作物）类别（名称）	限量（以 Cd 计）/(mg/kg)
谷物及其制品	
谷物（稻谷 [a] 除外）	0.1
谷物碾磨加工品[糙米、大米（粉）除外]	0.1
稻谷 [a]、糙米、大米（粉）	0.2
蔬菜及其制品	0.05
新鲜蔬菜（叶菜蔬菜、豆类蔬菜、块根和块茎蔬菜、茎类蔬菜、黄花菜除外）	
叶菜蔬菜	0.2
豆类蔬菜、块根和块茎蔬菜、茎类蔬菜（芹菜除外）	0.1
芹菜、黄花菜	0.2
水果及其制品	
新鲜水果	0.05
食用菌及其制品（香菇、羊肚菌、獐头菌、青头菌、鸡油菌、榛蘑、松茸、牛肝菌、鸡枞、多汁乳菇、松露、姬松茸、木耳、银耳及以上食用菌的制品除外）	0.2
香菇及其制品	0.5
羊肚菌、獐头菌、青头菌、鸡油菌、榛蘑及以上食用菌的制品	0.6
松茸、牛肝菌、鸡枞、多汁乳菇及以上食用菌的制品	1.0
松露、姬松茸及以上食用菌的制品	2.0
木耳及其制品、银耳及其制品	0.5（干重计）
豆类及其制品	
豆类	0.2
坚果及籽粒	
花生	0.5

a 稻谷以糙米计。

1）中国食品中 Cd 限量标准与国际标准的比较

国际食品法典委员会（CAC）根据食品添加剂联合专家委员会（Joint FAO/WHO Expert Committee on Food Additives，JECFA）的评估结论，结合各国具体情况，并经过各国协调，制定出国际上通行的标准，既能在适宜的水平上保护人类的健康，又能最大限度地促进贸易。现有的 CAC 污染物标准是联合国粮食及农业组织和世界卫生组织联合发布的《食品中污染物和毒素含量通则》[*Codex General Standard for Contaminants and Toxinsin Food and Feed（Codex Stan 193—1995）*]。该标准于 1995 年通过，食品法典委员会（CAC）规定了农作物可食用部分镉限量指标，具体见表 8-15。

表 8-15　食品法典委员会（CAC）农作物可食用部分中镉限量指标

农作物类别（名称）	限量值 /(mg/kg)	最大限量适用的商品/产品部位	备注
十字花科蔬菜	0.05	卷心菜和甘蓝：去除明显腐烂或萎蔫叶片后上市的完整商品 花椰菜和花茎甘蓝：头状花序（仅未成熟的花序）。球芽甘蓝：仅"芽部"	该最大限量不适用于十字花科叶菜
鳞茎类蔬菜	0.05	鳞茎/干燥大葱和大蒜：去除根部、黏附的泥土及所有易于剥离的外皮后的完整商品	
果类蔬菜，瓜类	0.05	去茎后的完整商品 甜玉米和鲜食玉米：穗粒加穗轴，但不带外皮	该最大限量不适用于西红柿及食用菌
果类蔬菜，除瓜类外	0.05		
叶菜类	0.2	通常去除明显腐烂或萎蔫叶片后上市的完整商品	该最大限量也适用于十字花科叶菜
豆类蔬菜	0.1	消费时的完整商品。新鲜状态可整个豆荚或去荚食用	
豆类	0.1	完整商品	该最大限量不适用于（干）大豆
块根和块茎类蔬菜	0.1	去除顶部后的完整商品。去除黏附的泥土（如在流水中冲洗或轻轻擦拭干燥商品） 马铃薯：去皮马铃薯	该最大限量不适用于块根芹
茎类蔬菜	0.1	去除明显腐烂或萎蔫叶片后上市的完整商品。食用 大黄：仅叶柄。 洋蓟：仅头状花序。 芹菜和芦笋：去除黏附的泥土	
谷物	0.1	完整商品	该最大限量不适用于荞麦、苍白茎藜、藜麦、小麦及大米
精米	0.4	完整商品	
小麦	0.2	完整商品	该最大限量适用于普通小麦、硬质小麦、斯佩耳特小麦及二粒小麦

与 CAC 标准相比，中国《食品安全国家标准　食品中污染物限量》（GB 2762—2022）对大米、面粉、蔬菜、水果中镉的要求较严格，这主要是因为它们在中国膳食结构中占较大比例。

2）中国与欧盟重金属 Cd 限量标准的比较

欧盟 2006 年颁布的第 1881 条委员会条例（No 1881/2006 Setting Maximum Levels for Certain Contaminants in Foodstuffs，食品中某些污染物最高含量限值）详细规定了欧盟水产品、谷物、蔬菜、水果、牛奶等食品中镉、铅、汞、锡重金属的限量。随后欧盟分别发布委员会条例（EC）No 629/2008、委员会条例（EU）No 105/2010、委员会条例（UD）No 420/2011 及其勘误和委员会条例（EU）No 488/2014，修订（EC）No 1881/2006，调整镉、铅、汞、锡等重金属在各类食品中的含量。

2007 年欧盟发布的委员会条例（EC）No 333/2007 制定了食品中的镉、铅、汞、无机锡的官方控制的 3-氯丙醇（3-MCPD）的取样和分析方法。2011 年欧盟发布了委员会条例（EU）No 836/2011，修订了条例（EC）No 333/2007。

欧盟食品中重金属 Cd 的限量标准具体见表 8-16。

表 8-16　中国标准与欧盟标准重金属 Cd 限量指标比较

食品类别	中国限量值/(mg/kg)	欧盟限量值/(mg/kg)
谷类（小麦、糙米、大米除外）	0.1	0.1
小麦、糙米	0.2	0.2
大米	0.2	0.15
豆类	0.2	0.2
蔬菜（叶菜、新鲜蔬菜、块根和块茎类蔬菜）	0.05	0.05
新鲜蔬菜	0.2	0.2
叶菜、芹菜	0.1	0.2
块根、块茎、茎类蔬菜	0.1	0.1
萝卜	0.2、0.5、0.6、1.0	0.02
食用菌	2.0	0.2、1.0

欧盟标准从大体上也和中国标准一样，分为蔬菜、水果、粮食、肉类、奶和奶制品等，但是欧盟针对食品的不同状态制定了相应的标准，如菠菜分为冷冻菠菜和新鲜菠菜。

3）中国与美国重金属 Cd 限量标准的比较

美国标准：《2004 年美国政府污染物限量对外通报意见反馈》。中国标准与美国标准重金属 Cd 限量指标比较见表 8-17。

表 8-17　中国标准与美国标准重金属 Cd 限量指标比较

中国		美国	
食品	限量值/(mg/kg)	食品	限量值/(mg/kg)
粮食、花生、面粉、肉类、水果、蔬菜、菌类、鲜蛋、鱼等	0.05～1.0	甲壳类、双壳软体	0.1～2.0

4）中国与澳大利亚重金属 Cd 限量标准的比较

澳大利亚新标准：澳新《食品标准法典》中"1.4 污染与残留"中的"1.4.1 污染物和天然毒素"。

从表 8-18 可见，①由于澳大利亚新标准多半采用的是 CAC 的标准，中国标准也尽可能采用 CAC 标准，所以两国的限量值大部分相同。②不相同的大部分是中国比澳大利亚新的标准低，如花生、蔬菜和大米。

表 8-18　中国标准与澳大利亚标准重金属 Cd 限量指标比较

食品类别	中国限量值/(mg/kg)	澳大利亚新限量值/(mg/kg)
花生	0.5	0.1
谷类	0.2	0.2
豆类	0.2	0.2
叶菜类蔬菜	0.2	0.1
块根、块茎类蔬菜	0.1	0.1
大米	0.2	0.1
小麦	0.1	0.1

5）中国与韩国重金属 Cd 限量标准的比较

韩国对食品中污染物限量的要求主要集中在《韩国食品法典》第二章第 5 条"食品通用标准和规范"中。2014 年 10 月 21 日韩国食品药品管理局发布了《食品通用标准和规范》修订提案，实行日期为 2014 年 11 月 4 日。

韩国修订后的《食品通用标准和规范》对农产品中污染物限量的规定如表 8-19 所示。

表 8-19　中国标准与韩国标准重金属 Cd 限量指标比较

食品类别	中国限量值/(mg/kg)	韩国限量值/(mg/kg)
谷类（糙米除外）	0.1	0.1
小麦、大米	0.2	0.2
薯类	0.1	0.1
豆类（大豆除外）	0.2	0.1
大豆	0.2	0.2
水果类	0.05	0.05
叶菜类	0.2	0.2
叶茎菜类	0.05	0.05
根菜类（洋葱、人参、山养参、桔梗、沙参除外）	0.05	0.1
洋葱	0.1	0.5
人参、山阳参、桔梗、沙参	0.1	2.0
果菜类（辣椒、南瓜除外）	0.05	0.05
辣椒、南瓜	0.05	0.1

续表

食品类别	中国限量值 /(mg/kg)	韩国限量值 /(mg/kg)
蘑菇类（洋香菇、平菇、杏鲍菇、香菇、松茸、金针菇、木耳除外）	0.2	0.3
洋香菇、平菇、杏鲍菇、香菇、松茸、金针菇、木耳	0.2～2.0	0.2
芝麻		0.2

8.2　基于农产品暴露的镉人体健康风险及其评价方法

镉是广泛存在于自然环境的有毒物质，被国际癌症机构归为第一类人体致癌物质。环境中的镉可以通过包括膳食摄入、吸烟、呼吸和饮用水等多种暴露途径进入人体。膳食摄入是人体镉暴露的主要途径，约占总镉暴露量的90%（Satarug et al.，2010）。

8.2.1　不同农产品摄入量分析

1）中国居民不同农产品摄入量

农产品是人类饮食的重要组成部分，它们提供了大量的营养物质，对维持人们的生命和健康起着关键作用。经文献调研，中国居民对农产品的摄入量见表8-20。由表可知，中国居民的农产品摄入包括多种类型，如谷物、蔬菜、水果、豆类等。这些产品涵盖了丰富的营养成分，如碳水化合物、蛋白质、维生素、矿物质等。我国大多数人群膳食结构仍保持植物性为主，谷类食物仍是能量的主要食物来源，蔬菜供应品种更加丰富，季节性差异明显缩小，居民蔬菜摄入量仍稳定在人均每日270g，与其他国家相比一直处于较好的水平（中国营养学会，2021）。根据2022年中国居民膳食营养素参考摄入量，18～49岁成年人推荐每天摄入大豆及坚果类25～30g，蔬菜类300～500g，水果类200～350g，谷类200～300g（其中全谷物和杂豆50～150g），薯类500～100g（中国营养学会，2022）。

表 8-20　文献调研中国居民农产品摄入量

地区	食物类型	食用量/(g/d)	参考文献
南方某省	果菜类蔬菜	125（春夏） 100（秋冬）	刘发欣等，2007
	叶菜类蔬菜	150（春夏） 125（秋冬）	
	根茎类蔬菜	50（春夏） 75（秋冬）	
湖南	大米	371（成人） 56（儿童）	赵迪，2019

地区	食物类型	食用量/(g/d)	参考文献
浙江	粮食作物	293（成人） 110（儿童）	李嘉蕊，2019
	水果作物	36（成人） 97（儿童）	
	蔬菜作物	225（成人） 123（儿童）	
山西	玉米	150（成人） 100（儿童）	刘子姣和范智睿，2019
吉林	玉米	245（成人） 187（儿童）	李彤等，2022
四川德阳	大米	420（成人） 150（儿童）	兰玉书等，2021
四川成都	大米	402（成人） 231（儿童）	陈春坛等，2021
广东	大米	320（成人） 140（儿童）	陈家乐等，2021 Wu et al.，2015
广东广州	大米	355（成人） 233（儿童）	韩瑜，2020
江西	大米	328	周墨等，2021
安徽	大米	453（成人） 318（儿童）	杨贝贝，2020
河南安阳	小麦	500（成人） 117（儿童）	李浩杰等，2022
河南新乡	小麦	375（成人） 290（儿童）	王伟全等，2022
广东	蔬菜	400	张冲等，2008
中国南方地区	大米	300	师荣光等，2008
	深色蔬菜	82	
	浅色蔬菜	280	
	水果	14	
	其他谷物（玉米）	6	
贵州	马铃薯	100（成人） 50（儿童）	张洁，2023

2）国外居民农产品摄入

中国营养学会通过对 2016~2020 年 5 年文献和书籍搜索、比较等研究，对世界各国 46 个英文版本的膳食指南全文、91 个不同国家（地区）的膳食指南图形进行梳理和学习，汇集研究了相关关键推荐食物信息和消费指导的信息。

对于谷薯类以及全谷物，经检索后收集了 22 个有具体建议的国家或地区，但只有 8 个国家进一步给出了全谷物的推荐摄入量,7 个国家在谷物摄入的基础上建议最好选择全谷物（表 8-21）。关于蔬菜和水果,大多数具有推荐摄入量的国家建议每天摄入超过 300g,并建议尽可能选择新鲜的、颜色多样的蔬菜和水果。此外,肯尼亚、巴拿马、墨西哥和牙买加等国提倡大量食用蔬菜和水果,但没有给出具体建议。对于坚果而言,虽然大多数膳食指南提及了坚果,但仅收集到 13 个国家或地区关于坚果的建议,中国、荷兰等 7 个国家给出了具体的推荐摄入量,美国、新西兰等 6 个国家将坚果和其他食物归为一组进行推荐（中国营养学会,2021）。

表 8-21 中国与国外代表性国家不同食物/食物组推荐量（中国营养学会,2021）

食物	摄入量								
	中国	日本	印度	美国	英国	澳大利亚	瑞典	南非	土耳其
谷薯类主食	250～400g/d	200～280g 碳水化合物/d	—	170g/d	—	4～6 份[a]/d		—	
全谷物	20～150g/d,包括杂豆	—	—	>48g/d	—	—	女性:70g/d 男性:90g/d		300g/d
蔬菜	300～500g/d	350～420g/d	>300g/d	592mL/d		>375g/d	500g/d	>400g/d	5 份/d
水果	200～350g/d	200g/d	100g/d	473mL/d	>400g/d	>300g/d			
大豆及坚果	25～35g/d	18～30g/d	—	142g/周	—	1～3 份[b]/d	几汤匙/d	—	20g/d

a 1 份 = 1 片面包或半块中等大小的卷面包或扁面包（40g）= 半杯煮熟的米饭、意大利面、面条、大麦等（75～120g）。
b 1 份 = 65g 熟透的红肉（如牛肉、猪肉）或半杯精瘦肉末,两小块排骨,两片烤肉（生肉 90～100g）。

8.2.2 健康风险评价标准分析

健康风险评价是一种估算有害物质影响人类健康概率的方法,可以对人体健康造成的伤害损失进行评估、预防管理,即对有害有毒物质危害人体健康或造成生态系统的损害程度进行概率估算,并提出有针对性的预防措施的过程（黄龙,2010）。

健康风险评价过程主要包括以下几个方面：①风险识别是个体暴露在有害因子影响下,有害健康效应提高所发生的概率。目前对化学有害因子识别的途径主要是依据已有相关资料,来预测其对人体健康或生态环境可能造成的危害,并结合相关规范对资料进行取舍,充分分析资料的相关信息,最终对风险度进行判断（杨长林,2012）。②剂量-反应评估是对污染物的暴露水平与人群间不良健康产生概率的定量估算的过程。③暴露评估是预估人类暴露在有毒环境因子中的时间、强度等。确定某一群体受到有害因子暴露的水平度,通常是根据污染物的排放情况及其迁移转化性质等多方面因素,通过数学模式进行计算得出,一般是计算受害群体终身接触水平的平均值。④风险表征是通过收集处理前面三个阶段计算得来的数据,对不同暴露条件下,可能对人体造成的健康危害程度或这种危害发生的概率进行估算的过程（田裴学,1997）。风险评价一方面是对有害物质的风险大小进行预测；另一个方面是对评价过程进行讨论,然后对评价结果给出解

因此，在喀斯特 Ca、Mg 含量高的背景下，作物中镉的相对生物有效性可能较低，从而对人体的危害可能也相对较小，现行的标准对喀斯特地区可能相对较严格。

8.3　小　　结

目前的研究表明，经口的膳食摄入是人体 Cd 暴露的主要途径，其中谷物、蔬菜和水果是 Cd 的主要来源。不同地区的人群摄入量有所不同，谷物和蔬菜摄入量较高。不同国家对 Cd 的摄入量限值标准也有所差异，中国的膳食推荐摄入量限值标准与日本、美国等国家相比更为严格，推荐的蔬菜、水果及大部分谷物的摄入量限定标准值都比较低，这对喀斯特 Cd 地质高背景区农作物安全生产带来极大的挑战。

喀斯特地区主要作物的 Cd 的 BCF 为 $0.01\sim1.63$，非喀斯特地区作物的 Cd 的 BCF 为 $0.03\sim1.16$，总体上，喀斯特地区主要作物对 Cd 的富集能力要强于非喀斯特地区的作物，这与喀斯特地区重金属 Cd 的地质高背景有关，也可能与该区域相对较低的土壤 pH 环境有关。针对喀斯特地区主要旱地作物（玉米、马铃薯、白菜、辣椒等），进行大面积的样品采集分析发现，土壤 Cd 含量与作物可食用部分 Cd 含量基本成正比，但依据《土壤环境质量　农用地土壤污染风险管控标准（试行）》（GB 15618—2018）和《食品安全国家标准　食品中污染物限量》（GB 2762—2022），在重金属 Cd 含量超标的土壤上种出的农产品可食用部分的 Cd 含量不一定超标。在酸性土壤上 Cd 的食物链人体健康风险较大，但在喀斯特石灰（岩）土上生长的农作物安全性高，可能与土壤 pH 和钙、镁离子含量高有关。Ca^{2+} 和 Cd^{2+} 的离子半径相似，Cd^{2+} 可以与 Ca^{2+} 的转运体结合并通过钙吸收通道，因而 Cd 的生物有效性与钙浓度之间具有负相关关系，Ca^{2+} 对 Cd 胁迫具有较强的拮抗作用。

Cd 的人体健康风险评价一般从以下几个方面入手：一是风险识别，识别可能的健康风险；二是剂量反应评估，定量估算污染物暴露水平与健康影响之间的关系；三是暴露评估，评估人类接触污染物的环境和方式；四是风险评估，汇总数据，评估健康危害的可能性。特别对于 Cd 的暴露评估，需要考虑背景水平、生物有效性和不同暴露途径的差异性。根据暴露方式（呼吸、经口、皮肤接触），评估非致癌和致癌风险。此外，国际食品安全标准对 Cd 的耐受摄入量进行了制定和调整，反映了针对 Cd 的健康风险评估的动态更新和国际合作的重要性。

第9章 喀斯特耕地土壤镉污染的修复技术及效应

9.1 喀斯特地区安全利用类耕地土壤镉污染修复技术

根据国家《农用地土壤环境管理办法（试行）》等的要求，对安全利用类耕地，应当优先采取农艺调控、替代种植、轮作、间作等措施，阻断或者减少污染物和其他有毒有害物质进入农作物可食部分，降低农产品超标风险。对需要采取治理与修复工程措施的安全利用类或者严格管控类耕地，应当优先采取不影响农业生产、不降低土壤生产功能的生物修复措施，或辅助采取物理、化学治理与修复措施。严格管控类耕地土壤的污染修复技术以种植结构调整为主，包括烟草、桑树、杨树以及纤维植物的替代种植。

9.1.1 优化施肥

由于其易获得性和有效性，优化施肥在安全利用类耕地土壤 Cd 污染修复技术中居首位。施用农家肥可以通过提高土壤结构和肥力来提高作物产量，同时有机肥的添加能提高土壤有机质并改变受污染土壤中 Cd 的有效性。这种修复方式在土壤有机质相对较低的喀斯特地区尤为重要。

在作用机制方面，土壤有机质与土壤中 Cd 存在显著的亲和力。土壤有机质能吸附、螯合/络合土壤中游离的 Cd^{2+}，形成有机-Cd 结合物，从而显著改变 Cd 在土壤中的有效性。例如，有机肥分解形成的黄腐酸和腐殖酸中相关的羧基和酚羟基等官能团能够使酸与 Cd 相互作用，形成金属 Cd 络合物，从而在改变 Cd 在土壤中的生物有效性、迁移和溶解性方面发挥主要作用。此外，施用有机肥能改良土壤结构、提高土壤微生物量及酶活性，提供农作物生长所需营养元素并促进农作物生长等。土壤弱酸可提取态 Cd 含量与弱酸可提取态 P 和 Mg 含量均存在不同程度的负相关关系，这表明施加有机肥后土壤中 P 与 Mg 活性均对 Cd 活性具有一定程度的抑制作用。土壤中 P 含量较高时，土壤溶液中的 PO_4^{3-} 可与 Cd^{2+} 形成磷酸盐沉淀，减少土壤弱酸可提取态 Cd 含量，降低土壤 Cd 的流动性。土壤中 Mg 与 Cd 具有拮抗作用，在受污染的土壤中施用 Mg 肥对土壤中 Cd 的有效性具有一定的调控作用。在农作物方面，在优化施肥措施实施后，农作物各部位 K、P、Mg、Ca 含量提高，这有利于 Cd 含量的降低。此外，对水稻而言施用有机肥显著提高了成熟期水稻根系中 Cd、Fe 含量，超过 95% 的 Fe 和约 20% 的 Cd 在水稻根系中累积，这一结果应与水稻根表铁膜的形成有关。有机肥施用可提高水稻根际泌氧，同时为水稻根系提供 Fe 源，进而促进根表铁膜形成。根表铁膜会通过自身表面多种活性官能团络合或吸附大量土壤中的 Cd，成为土壤-水稻根系微界面 Cd 的富集库，同时减少水稻根系对根际土壤中 Cd 的摄取。此外，添加含 Zn 有机肥对 Cd 在农作物中积累的影响同样明显。例如，在土壤和农作物体内 Zn 与 Cd 存在一定的拮抗关系。在土壤中，Zn 与 Cd 竞争土壤胶体吸附位点，将更多 Cd^{2+} 交换出来，使土壤中有效态 Cd 含量明显增加；植物细胞表面 Zn 竞争 Cd 的结合位点，同时抑制 Cd 结合蛋白生物合成，促使 Cd 从根部向顶部转移。

9.1.2 水分调控

作为农业生产中的一项重要技术措施，土壤水分管理显著影响土壤中 Cd 的生物有效性以及农作物对 Cd 的吸收和积累。一般来说，淹水处理下土壤孔隙度与根际氧气分泌速率均高于非淹水处理。农作物根表面的 Fe 和 Mn 含量也较高，这些过程均有利于降低农作物对土壤中 Cd 的摄取。水稻是一种半水生植物，土壤水分调节显著影响水稻对 Cd 的吸收和积累。水稻生长期内长期淹水，尤其是植物生长后期的长期淹水，可以有效减少水稻 Cd 含量。水稻不同部位 Cd 含量下降的原因是长期淹水降低了土壤氧化还原电位，促进了土壤中还原的 Fe^{2+}、Mn^{2+} 等阳离子和 Cd^{2+} 的竞争吸附，以及阳离子、S^{2-} 和其他阴离子与 Cd^{2+} 的共沉淀，降低了土壤中有效 Cd 的含量并阻止植物对 Cd 的吸收。

生活在潮湿环境中的水稻通过其根系的氧气运输组织释放氧气和氧化物，以增加根际面积，从而使水稻根系表面土壤中的大量还原性 Fe、Mn 等物质被氧化，形成可见的铁锰氧化物黏附膜"根表铁膜"。由于根表铁膜的特殊电化学性质，对重金属离子进入水稻有重要影响。根表铁膜具有很强的富集土壤中重金属离子的能力，并能进行离子吸附和解吸反应。根表铁膜是否能促进或抑制水稻根系对 Cd 的吸收，取决于根表铁膜的厚度和外部环境条件。铁膜的组成和形成量受根际土壤的 Eh 和 pH 的影响。如果根表铁膜很薄，Cd 容易通过并被根系吸收。如果根表铁膜数量超过一定的厚度，它可以抑制根对 Fe、Mn、Zn、Cd 和其他重金属离子的吸收，并降低其毒性。

9.1.3 品种调整

制定和实施适当的品种调整计划是加强耕地土壤 Cd 污染防治的重要途径。一般来说，不同作物对 Cd 的吸收富集能力不同，且同一作物的不同品种对 Cd 的吸收富集能力也存在一定差异。同时 Cd 在不同基因型水稻或玉米植株中的迁移能力也不同。品种调整修复技术可以分为不同农作物间的品种调整和相同农作物内的品种调整。相关研究证实了，从作物基因筛选方面寻找低 Cd 栽培品种的可能性。例如，*Nramp5* 基因的不同表达和转运活性可能是水稻与玉米对 Cd 吸收能力不同的重要原因；Cd 离子转运蛋白（包括铜转运蛋白 6、锌转运蛋白 10 和一些 Cd 相关蛋白）、应激反应蛋白（OSHSPs、OsHSFs、OsDJA5 等）和细胞壁（几丁质酶）在抗 Cd 胁迫中起重要作用；ZmHMA3 和 ZmHMA4 与籽粒 Cd 积累相关，并证实 ZmHMA3 影响玉米籽粒 Cd 积累。对水稻来说，产量较高的杂交稻，其糙米中 Cd 浓度较高；产量较低的优质水稻，其糙米中的 Cd 浓度较低；粳型水稻对 Cd 的吸收和运输能力较弱；通过筛选 Cd 低积累的基因型（亲本），创制和培育籽粒 Cd 低积累的环保型品种，可为轻、中度 Cd 污染土壤持续生产安全稻米提供一条经济、有效的途径。例如，重金属富集能力低的瓜果类蔬菜可以种植在受 Cd 污染的耕地上。Cd 污染稻田的双栽水稻种植模式可以适应"低 Cd 积累玉米、高 Cd 积累水稻"的轮作模式，达到生产食用玉米和利用水稻修复污染土壤的目的。一般来说，谷物类作物籽粒的Cd 含量是麦类（大小麦）＞水稻＞玉米，杂交稻＞常规稻，糯稻＞粳稻或籼稻，晚稻＞早稻，前期研究表明可以在喀斯特地区种植的对 Cd 累积能力较低的水稻品种有宜香优2115、Y 两优 1 号、Y 两优 302、中浙优 1 号、中浙优 8 号、深两优 5814、博优 3550 及本地红优 70、糯香 18 等。可以在喀斯特地区种植的对 Cd 累积能力较低的玉米品种有安单 3 号、惠农单 15、胜玉 2 号、惠农单 1 号、北玉 1521 等。

9.1.4　石灰及土壤调理剂调控

土壤中 Cd 的形态与土壤中 Cd 的生物活性、迁移性、溶解性以及污染土壤的修复过程密切相关。普遍认为，Cd 在酸性土壤中具有较高的生物有效性，而在碱性条件下 Cd 容易与土壤中氢氧根结合形成 Cd 沉淀物，导致 Cd 的流动性下降。尽管喀斯特地区的土壤以石灰性土为主，但由于黄壤的广泛分布以及长期人为耕作，喀斯特地区土壤整体呈弱酸性。在对污染土壤施用改性剂后，如碱性物质、有机材料、黏土矿物等，这些改性剂或钝化剂对 Cd 的吸附、氧化还原反应或沉淀，可以改变土壤的理化性质，提高对 Cd 的吸附能力或直接与 Cd 相互作用形成沉淀或低溶解度络合物。为了降低 Cd 的水溶性、迁移性和生物有效性以及 Cd 渗透水的能力，微生物和植物降低了 Cd 通过食物链的风险，并达到了污染土壤生态修复的目的。在种植土壤适用条件下，利用矿物或改性矿物材料优越的吸附、稳定化功能以达到 Cd 污染土壤修复的目的。根据农用地 Cd 污染程度实情以及农用地利用类型合理施用矿物或土壤调理剂，通过提高土壤 pH，调节土壤阳离子交换量，改善土壤质地结构，增加土壤对 Cd 的吸附、固持容量，降低土壤中 Cd 活性，抑制 Cd 向农作物地上部分的转运。因此，石灰及土壤调理剂调控也是喀斯特地区安全利用类耕地土壤 Cd 污染修复的重要技术之一。

1）石灰石

石灰石是目前主要的土壤重金属钝化剂之一。在 Cd 污染土壤中添加石灰石可以提高酸性土壤的 pH，改善土壤结构，这有助于改善植物的生长环境。石灰石对土壤中 Cd 的固定机制主要是由于土壤 pH 的变化和土壤中 Cd 的沉淀以及其他物理化学反应。外源添加石灰石也可以通过黏土吸附土壤中的 Cd。各种研究表明，由于石灰石的强碱性，向土壤中添加石灰石会增加土壤的 pH，也会增加土壤表面的负电荷，从而增强土壤对重金属的吸附作用。此外，石灰石中的钙离子也会显著影响土壤中 Cd 离子的化学行为。因此，向重金属污染土壤中添加石灰石可以显著降低土壤中重金属的生物有效性。然而，石灰石应优先考虑在酸性土壤中施用。如果土壤碱性过高，这会增加 Cd 的迁移和运输，因为重金属 Cd 在土壤溶液中形成络合物。石灰石主要用于通过增加土壤的 pH 来钝化土壤中的重金属。如果土壤的 pH 发生变化，先前固定在土壤中的重金属离子可能变得活跃，并危及环境和人类健康。同时，石灰石会破坏土壤的物理结构，应考虑施用石灰石的量。

2）黏土矿物

黏土矿物是粒径小于 2μm 的矿物质。黏土矿物具有极性、良好的吸附性和环境相容性。在大多数情况下，它具有负电荷、多孔性和较大的比表面积，可以有效地控制重金属离子在土壤中固液界面之间的相互作用；在受 Cd 污染的土壤中，黏土矿物通过层间离子交换、表面配位和沉淀以相反的电荷吸附 Cd^{2+}，从而降低 Cd 的有效浓度、活性和迁移率。鉴于黏土矿物种类繁多、储量丰富、来源广泛、成本低廉，黏土矿物作为修复重金属污染土壤的钝化材料具有一定的优势，尤其是工农业生产活动造成的非点源污染。

3）生物炭

生物炭是指固体废物（如木材、畜禽粪便和秸秆）在低氧和相对低温（<700℃）条件下热分解得到的固体产物。在生物炭钝化土壤中 Cd 的机理包括矿物沉淀、表面吸附、离子交换和络合。生物炭具有较高的 pH 和碳含量，含有大量的酚羟基、羧基和羰基等官能团；它具有丰富的微孔结构和较大的比表面积，因此具有良好的重金属吸附性能。在土壤中直接施用生物炭不仅可以减少土壤污染物，还可以增加土壤碳、氮和磷等养分含量，提高土壤肥力。生物炭原料廉价、种类繁多、来源丰富、环境兼容性好。生物炭的原料包括动物粪便、农作物秸秆、草本植物、树皮、锯末等。生物炭吸附剂可以降低水溶液中 Cd^{2+}、Cu^{2+} 和 Zn^{2+}。同样，生物炭可以通过吸附或络合降低土壤中高活性重金属的含量。生物炭对 Cd 的吸附性能因热解温度和原料类型而异。当生物炭的热解温度超过 400℃时，其碳结构更加有序和稳定，增强了生物炭的化学稳定性和吸附能力。

4）Si-Ca 型土壤调理剂

Si-Ca 型土壤调理剂是现在常见的市售土壤调理剂。Si 是地壳中含量第二丰富的元素。它不仅是植物生长和发育的有用元素，还可以增加植物对各种生物和非生物负荷的抵抗力。Si 还可以通过吸附和沉淀使土壤中的重金属阳离子失活。Si 可以减少 Cd 对如水稻、玉米、小麦和小白菜等主要农作物的毒性。钝化材料中的 Si 降低了重金属从根到地上部位的转运系数，降低了重金属对植物的毒性。目前，含 Si 材料在耕地 Cd 污染治理中的应用十分广泛。硅是水稻生长所需的营养元素。在稻田施用含 Si 肥料有利于水稻生长，能有效减少重金属在水稻不同部位的积累，保证农作物的安全生产。Si 通过抑制根系对 Cd 的吸收、Cd 的转运和抗氧化活性，提高了大白菜对 Cd 毒性的抗性。Si 通过促进植物光合作用和提高抗氧化酶、降低水稻不同部位之间的转运系数等过程来提高农作物的耐 Cd 性。各种钙基改性剂可用于减少重金属污染的危害，如石膏、烟气脱硫石膏、生石灰、白云石、磷酸钙、磷石膏和铝土矿废料等。大多数含钙物质，如石膏，通常与铁基和铝基产品结合使用。石膏、熟石灰和生石灰的应用可以通过改善土壤结构、改善土壤营养状况来修复重金属污染、土壤的 pH。含钙物质可以固定土壤 P，并与 Cd 结合，并防止土壤和动物粪便中的氨蒸发。含钙土壤修复剂对 Ca、Cd 具有竞争吸附作用。外源钙通过降低土壤中有效 Cd 的含量，减少植物对 Cd 的吸收和积累。施用 Ca 可以通过调节土壤 pH，提高团聚体的稳定性，显著减少重金属在植物体内的积累和危害。

5）P 型土壤调理剂

P 型土壤调理剂是一种应用广泛的重金属污染土壤改良剂，由于其溶解性可分为水溶性和不溶性磷酸盐化合物。包括磷酸、磷酸盐和钙镁磷肥，后者包括磷矿、羟基磷灰石、磷矿粉和骨粉。磷材料钝化 Cd 的机理包括直接吸附和沉淀。施用磷肥可以调整土壤的离子强度和 pH，以减少 Cd 的吸附，提高其生物有效性。施用磷肥降低了胡萝卜、莴苣和小麦中的 Cd 含量。Cd 和其他重金属也可以通过离子交换被磷材料吸附。磷酸二氢钾和磷灰石在 Cd 污染土壤中的应用降低了 Cd 的活性和生物有效性，并抑制了培养物中 Cd 的吸收和积累。然而，磷酸二氢钾的使用并不影响 Cd 的迁移率或吸收。磷矿石和羟基磷灰石改善了土壤胶体对重金属的吸附，并减少了植物的吸收。

9.1.5　叶面阻控

叶面阻控技术是在植物叶片表面喷施阻控剂，改变 Cd 在植物中的分布，阻止 Cd 向农产品可食用部位迁移，降低农产品中 Cd 的含量。虽然叶面阻控技术受天气因素的限制较大，不适用于高污染地区，但由于其成本低、环境友好，在喀斯特地区具有较高修复潜力。叶面阻控技术机理主要包括以下三个方面。

（1）抗氧化。Cd 过度消耗谷胱甘肽等抗氧化剂，影响抗氧化酶的活性，影响植物生长、细胞分裂和其他代谢活动，导致生物量和质量下降。谷胱甘肽与抗氧化酶（如 SOD、CAT、POD、APX）共同控制植物细胞中活性氧簇的含量，在 Cd 解毒、基因激活和保护植物免受氧化损伤等方面发挥着重要作用。在叶片上喷洒叶面阻控剂 Si 和 Se，可增强抗氧化酶 SOD 和 APX 活性，清除 Cd 胁迫产生的大量活性自由基，保护细胞膜结构的完整性，有效降低 Cd 对植物光合系统的损害。矿质元素锌和氨基酸的螯合物提供了丰富的 Zn 和 N，有利于小麦的生长；Zn 能维持叶绿体酮基二磷酸羧化酶的活性，促进光合作用；Zn 和 Cd 拮抗作用是小麦 Cd 含量下降的主要原因。叶面喷施的效果不仅与喷施物和 Cd 的拮抗作用有关，还受到不同植物品种的强烈影响。

（2）区隔作用。Cd 的分配是有效降低细胞质中 Cd 浓度的重要解毒机制之一。细胞壁中的 Cd 结合成分是含有羧基和羟基位点的各种化合物（如胶体、木质素、半纤维素等）。液泡中富含各种有机酸、蛋白质、有机碱、糖等可与 Cd 结合的物质，是隔离 Cd 离子的理想场所。目前，有研究推测，叶面喷施技术可以分离细胞壁或液泡等细胞器中的 Cd，进而影响 Cd 在细胞中的扩散和吸收，实现解毒。然而，没有直接证据表明叶片屏障的功能。

（3）螯合作用。谷胱甘肽、组氨酸、草酸、苹果酸、植物螯合素、金属硫蛋白、非蛋白硫醇化合物等小分子可以螯合 Cd，在 Cd 解毒机制中发挥重要作用。植物螯合素与 Cd 金属离子螯合作用合成无毒形式的 Cd 络合物，降低细胞内游离 Cd 离子浓度，减轻对植物的毒性作用。金属硫蛋白能与细胞内游离金属离子形成金属硫醇络合物，从而降低细胞内游离 Cd 的浓度。安全利用类耕地土壤 Cd 污染修复技术的修复效果如表 9-1 所示。

表 9-1 安全利用类耕地土壤 Cd 污染修复技术的修复效果

修复技术	处理（添加量）	效果	参考文献
无机改良剂	石灰（40t/hm²）	CaCl₂ 可提取态 Cd 浓度显著降低 77%～88%	Meng et al.，2018
	石灰、泥炭土（1.25g/kg 石灰+10g/kg 泥炭土）	有效态 Cd 为对照组的 15%～18.3%	Chen et al.，2016
	海泡石（0.75～2.25kg/m²）	显著降低可食部位中 Cd 浓度（<0.2mg/kg）	Liang et al.，2016
	海泡石（1～3kg/m²）	水稻可食部位 Cd 浓度降低 54.7%～73.7%	Yin et al.，2017
	膨润土（0%～5%）	Cd 可交换态浓度下降 11.1%～42.5%	Sun et al.，2015
	钠基膨润土（1%～6.6%）	Cd 的 CaCl₂ 可提取态浓度降低 63.4%	Usman et al.，2006
	钙基膨润土（2%）	Cd 不稳定组分浓度降低 36%，水稻地上部分浓度降低 37%	Usman et al.，2006
	沸石（0%～6%）	Cd 可交换态浓度下降 9.4%～36.2%	Boostani et al.，2018
	凹凸棒土（2.25t/hm²）	使得水稻籽粒中 Cd 浓度从 0.26mg/kg 降至 0.14mg/kg	He et al.，2021
	纳米蒙脱土（0.5%）	CaCl₂ 可提取态 Cd 浓度显著降低 9.28%～22.66%	Liu et al.，2022
水分管理	水稻整个生育期淹水	籽粒 Cd 积累量降至 0.005mg/kg	Arao et al.，2009
	连续淹水	籽粒 Cd 浓度降至 0.02～0.13mg/kg	Li et al.，2022
	好氧淹水处理	籽粒中 Cd 浓度降低 9.38 倍	Sun et al.，2014
	水稻抽穗期淹水处理	可交换态 Cd 浓度降至 40%	Sun et al.，2007
	间歇灌溉（3 天淹水 5 天排水）	籽粒中 Cd 浓度最低下降至 0.068mg/kg	Honma et al.，2016
	长期淹水	籽粒中 Cd 浓度最高下降 95.5%	Yao et al.，2022
无机肥	尿素（分蘖期施 30%，追施 40%，穗期追施 40%）	可食部位中 Cd 浓度（40.7%）显著低于对照组	Zhou et al.，2022
	氮肥 NH₄Cl（0.1g/kg）	可食部位中 Cd 浓度降低至 0.2mg/kg 以下	Zhang et al.，2020
	磷酸三钙（PO₄/Cd=4/1）	土壤中可提取态 Cd 浓度从 42.64mg/kg 下降到 35.59mg/kg	Yan et al.，2015
	硫肥（0.2g/kg）	籽粒中 Cd 浓度下降 12.1%～36.6%	Sun et al.，2021
	硫肥（2.64mmol/L 和 5.28mmol/L）	可食部位中 Cd 浓度分别降低 23.5% 和 39.5%	Cao et al.，2018
	硒肥（0.5mg/kg、1mg/kg）	可食部位中 Cd 浓度最大下降 44%	Hu et al.，2015
	硒肥 Na₂SeO₃（0.9～1.2mg/kg）	可食部位中的 Cd 浓度降低至 0.2mg/kg 以下	Huang et al.，2017
	硅酸盐（1600mg/kg）	籽粒中 Cd 浓度下降 12.3%～16.3%	Ning et al.，2016
	铁肥 EDTANa₂Fe（II）和 EDDHAFe（III）（120kg/hm²）	可食部位中 Cd 浓度下降 80%	Chen et al.，2017

续表

修复技术	处理（添加量）	效果	参考文献
有机肥	牛粪和骨粉（5%）	Cd 的浸出率分别下降 63.1%和 72.9%	Houben et al.，2012
	鸡粪（2%+连续淹水）	籽粒中 Cd 浓度下降 17.2%	Liu et al.，2019
	鸡粪（5.5%~16.5%）	可食部位中 Cd 浓度下降 77.8%	Huang et al.，2020
	绿色废弃物（50%）	土壤孔隙水中 Cd 积累量下降 82%	Beesley et al.，2010
	小麦秸秆残渣（1%）	有效态 Cd 浓度降低 8.8%，总 Cd 浓度减少 66.9%	Xu et al.，2016
生物炭	稻草生物炭（5%）	水稻地上部分 Cd 浓度降低 57.5%	Rizwan et al.，2018
	花生壳、秸秆生物炭（0.5%）	籽粒中 Cd 浓度降低 22.9%和 29.1%	Xu et al.，2018
	竹片生物炭（1.0%）	Cd 浓度降低 48.09%	Wang R et al.，2019
	稻草生物炭（5%）	籽粒中 Cd 浓度降低 57%	Abbas et al.，2018
	小麦秸秆生物炭（0.7%~2.9%）	可交换态 Cd 浓度减少 8.0%~44.6%	Cui et al.，2016
	铁改性生物炭（0.5%~1.5%）	土壤中 Cd 浓度降低 45.9%~79.4%	Irshad et al.，2020
	铁改性生物炭（2.0%）	籽粒中 Cd 浓度降低 85%	Pan et al.，2019
	高锰酸钾和硝酸铁改性生物炭（2%）	水稻籽粒中 Cd 浓度降低 66.7%~74.1%	Zhou et al.，2018

9.2　喀斯特地区严格管控类耕地土壤镉风险管控技术

以贵州省为例，农用地土壤污染状况详查和耕地土壤环境质量类别划分结果显示，尽管贵州省严格管控类耕地土壤中的 Cd 浓度均处于严格管控水平（超出管制值），但超过一半的农作物未出现浓度高于标准限值。对于上述地区，安全利用类耕地土壤 Cd 污染修复技术可以被充分考虑。此外，重度污染耕地（严格管控类）且种植农作物浓度高于标准限值的风险管控思路为采用种植结构调整、退耕还林和发展设施农业的风险管控模式。可以被考虑的种植结构调整包括如下几种。

9.2.1　替代种植

烟草是茄科烟草属的一种植物，主要用作烟草工业的原料。整株植物也可以用作杀虫剂，或者用作医用麻醉剂、出汗剂、镇静剂和呕吐剂。烟草具有生物量大、生长快、易栽培、地理分布广等特点。近年来，学者在现场试验的基础上进一步研究了其对重金属的提取潜力，并试图通过佐剂和基因来提高提取效率。烟叶具有很强的富集 Cd 的能力，尤其是它的薄片可以积累大量的 Cd。烟草对 Cd 的富集能力明显高于其对 Co、Cr、Cu、Hg、Mo、Ni、Pb 和 Zn 的富集能力，具有良好的 Cd 积累特性，具有超积累植物的特征，在 Cd 污染修复方面具有很大潜力。在卷烟产品的生产过程中，应评估卷烟中 Cd 的安全性。目前，国内外对烟草制品中的重金属浓度没有限制值。研究人员主要根据模型评估烟草中重金属的安全性。在此背景下，有必要进一步评估烟草中 Cd 浓度对人类健康的影响，提高烟草中重金属的限量标准，避免烟草种植的隐蔽扩张所造成的重金属和对公众健康的风险。烟草在农药、医疗和科学研究方面也有很大的价值。因此，烟草中的杀虫剂对青蛙等有益生物无害，并能杀死害虫。这是一种环境友好的草药；烟草中的烟碱、茄尼醇、泛酮可作为药用原料；转基因烟草可用于生产治疗癌症的生物药物以及预防和治疗其他疾病的疫苗。此外，烟草废料还可以用作有机肥料或工业原料。因此，未来需进一步探索烟草在医药、农药、工业等领域的广泛使用。

棉花是我国应用广泛的一种纤维植物，具有较高的经济价值。就 Cd 污染而言，棉纤维中的 Cd 富集程度在所有织物中最低。Cd 胁迫对棉花的经济效益和使用价值的影响有限。当土壤 Cd 浓度低于 1mg/kg 时，Cd 胁迫在一定程度上提高了棉花的产量和品质。当土壤被 Cd 严重污染（2mg/kg）时，Cd 胁迫下棉花产量的下降幅度也不足 5%，纤维质量没有显著差异。棉花有很强的吸收和积累 Cd 的能力。多年种植棉花（去除棉花茎）可以显著降低土壤中 Cd 的污染程度。棉花地上部分、营养器官和整株植株 Cd 的 BCF 均大于 1，地上部分 Cd 的积累量远大于根系，表明棉花地上部分 Cd 的积累量大于根系 Cd 的积累量，具有良好的 Cd 迁移机制，可作为超级富集植物用于控制土壤 Cd 污染，表明利用棉花修复受 Cd 污染的耕地具有很大的潜力和可行性。

苎麻是荨麻科苎麻属多年生草本植物，是我国特有的纤维植物。它具有根系大、生长速度快的特点。苎麻对 Cd 有较强的耐受性，Cd 的累积量是普通植株的 2.10 倍，最大累积系数可达 2.1。苎麻是多年生植物，每年收获三次，使其更有效地修复土壤中的 Cd 污染。此外，苎麻具有很强的水土保持能力，特别适合在斜坡上种植。它是修复 Cd 污染土壤的理想植物。有学者在 Cd 污染耕地高积累苎麻的筛选结果中表明，不同苎麻品种根际土壤 Cd 浓度均低于非根际土壤，尤其是积累量最高的伊春红心麻品种，其根际土壤 Cd 浓度比非根际土壤低 80.84%，积累量最低的品种 8322 号也可降低 34.85%的根际土壤 Cd 浓度。苎麻纤维的品质是评价其发芽率的重要指标之一。当苎麻种植在 Cd 浓度大于 100mg/kg 的土壤中时，其经济特性和纤维产量没有下降，所生产的苎麻纤维仍能满足加工中等质量苎麻织物的要求。

蓖麻是大戟科重要的非食用油料植物，不进入食物链，具有良好的经济价值。在高 Cd 污染土壤中蓖麻仍能正常生长。蓖麻属植物对 Cd 的耐受指数在 80%以上，表现出较强的耐性，且生物量的下降十分有限。一些科学家指出，尽管蓖麻具有很强的 Cd 富集能力，但其运输能力较差。因此，它更多地被定义为富集植物，而不是超富集植物。由于其对 Cd 的高耐受性，蓖麻仍然具有修复严重 Cd 污染土壤的潜力。鉴于目前大多数相关研究仍处于盆栽或水培阶段，有必要进一步研究大田条件下蓖麻对土壤 Cd 的累积特性，并加强其在 Cd 污染土壤修复中的实际应用。

9.2.2 种植结构调整

桑树喜温暖湿润气候，对土壤适应性强，耐旱、耐瘠薄，能在土壤 pH 为 4.5～9.0 的地区正常生长发育。与其他树种相比，由于桑树发达的根系，其修复受重金属污染土壤的潜力更大。早在 20 世纪 90 年代，一些当地科学家就证实了桑树种植和蚕业的经济、生态模式在处理 Cd 污染耕地方面的重要作用。近年来，据报道，桑树已成功用于植物调节 Cd、Pb、Hg、Cr、Ni 和其他污染土壤。在 Cd 高污染水平的土壤上种植桑树，约 50% 的 Cd 在桑树根中积累，仅有 10%在桑树叶中积累。即使土壤中的 Cd 浓度达到 145mg/kg，桑树薄片中的 Cd 浓度也不超过 2.5mg/kg。在严格管控土壤中种植桑树并开展养蚕业，蚕的生长发育和茧的质量符合国家标准。除了养蚕，桑叶也可以作为饲料来源。虽然饲料桑树不是 Cd 超富集植物，但它可以作为修复 Cd 污染土壤的替代植物。

杨树在潜在的 Cd 植物修复物种中，因生长迅速、生物量大、繁殖能力强、养分需求低、易于管理、经济价值高、易于被公众接受、立地稳定等特点，在土壤修复中得到广泛应用。杨树是北半球最常用的植物调节物种。杨树具有较强的 Cd 富集和转运能力，尤其适合提取土壤中的 Cd。杨树用于 Cd 污染土壤修复的主要机制是植物固定。杨树是经济的绿化树种，可用于生物能源生产。杨树可以与平根草本植物混合，修复不同深度土壤中的重金属污染。杨树基因组已经完全测序。它是一种很好的基因工程材料，因此已成为植物修复的理想选择。

9.3　黔西北地质高背景区镉污染耕地安全利用项目案例分析

9.3.1　污染状况分析

该案例实施地点位于贵州省六盘水市水城区土壤重金属含量超《土壤环境质量　农用地土壤污染风险管控标准（试行）》（GB15618—2018）中土壤筛选值标准或管控值标准的耕地。安全利用类耕地试点区位于米箩镇米箩村，面积为 20.00 亩。实施的安全利用单项技术措施主要包括：水分调控修复、品种调整修复、叶面阻控修复、优化施肥修复、石灰石及调理剂修复，共计实施措施 118 项。严格管控类耕地试点区位于比德镇布拱村，面积为 23.00 亩，共计种植桑树苗木 920 株。

根据项目前期调查结果，项目集中推进区范围内共 47 个土壤点位。其中，优先保护类点位 1 个，安全利用类点位 36 个，严格管控类点位 10 个，均是 Cd 为首要污染物。项目集中推进试点区范围内有 1 个土壤点位。结果分析如表 9-2 和图 9-1 所示。

表 9-2　土壤样点数据分析

编号	土壤 pH	Cd/(mg/kg)	Hg/(mg/kg)	As/(mg/kg)	Pb/(mg/kg)	Cr/(mg/kg)
1	5.98	2.72	0.276	15	26.7	157
2	4.98	1.83	0.295	9.29	29.1	117
3	5.03	1.78	0.3	7.69	36	104
4	4.46	1.22	0.23	8.81	30.6	239
5	4.74	1.64	0.098	4.09	25.2	60.9
6	4.75	1.3	0.159	6.65	25.4	183
7	4.78	1.48	0.178	12.2	34.3	105

编号	土壤 pH	Cd/(mg/kg)	Hg/(mg/kg)	As/(mg/kg)	Pb/(mg/kg)	Cr/(mg/kg)
8	5.72	1.74	0.179	5.6	27.8	126
9	4.54	1.51	0.342	15.8	29	75.2
10	4.9	1.28	0.173	4.09	23.6	92.9
11	5.72	2.51	0.215	12	32.6	117
12	5.7	1.29	0.136	4.27	24.4	124
13	4.88	1.33	0.234	7.9	33.4	260
14	6.18	1.69	0.235	24.8	21.3	78.8
15	5.07	1.61	0.207	6.93	25.1	121
16	4.77	1.34	0.298	11.8	35.6	108
17	4.67	1.09	0.188	7.63	30.7	95.6
18	5.44	0.451	0.217	16.5	32.6	80
19	7.69	7.21	0.157	30.3	443	122
20	5.17	1.21	0.092	13.6	16.3	159
21	4.9	1.75	0.152	21.5	84.8	82.3
22	5.03	0.843	0.076	3.92	27.5	154
23	5.28	2.21	0.134	15.2	81	62.9
24	6.86	0.802	0.273	33.1	38	72.4
25	5.86	0.526	0.162	3.85	21.8	73.3
26	5.14	0.539	0.097	6.72	23	216
27	5.33	0.889	0.141	5.05	25.4	72.5
28	5.44	0.753	0.148	5.27	21.2	257
29	3.82	0.162	0.173	12	18.8	192
30	5.67	0.744	0.143	6.06	28	275
31	6.4	0.664	0.194	17.5	37.2	79.3
32	4.57	1.24	0.206	6.8	27.9	74
33	5.54	0.713	0.088	4.34	22.3	213
34	5.33	0.809	0.069	3.02	22	271
35	5.61	0.572	0.074	3.96	14.6	180
36	4.89	0.912	0.124	7.43	24.2	84.5
37	6.88	1.06	0.062	5.08	17	144
38	8.12	0.685	0.052	7.34	23.8	167
39	7.22	0.875	0.041	2.82	17.5	209
40	4.83	0.871	0.077	3.29	21.4	162
41	5.23	1.36	0.142	4.87	25.1	66.9
42	4.44	0.437	0.122	4.63	20.4	211
43	6.31	1.28	0.066	4.4	20.7	181
44	4.44	0.496	0.076	6.09	22.6	114
45	5.43	1.16	0.132	6.14	22.6	233
46	5.55	1.05	0.048	3.35	23	247
47	5.3	0.543	0.084	6.13	18.2	255

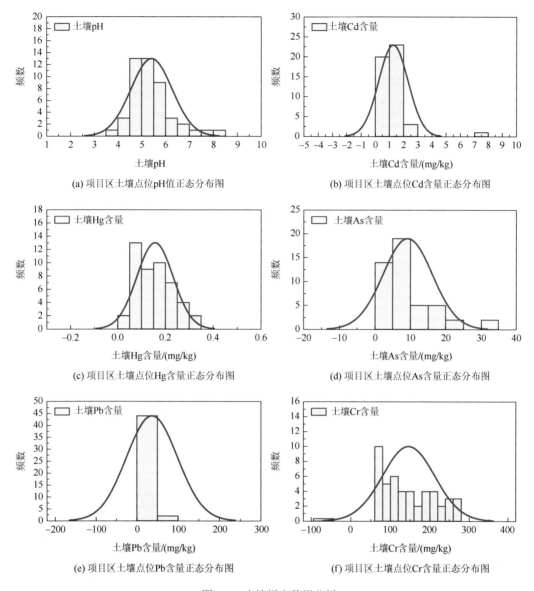

(a) 项目区土壤点位pH值正态分布图　　(b) 项目区土壤点位Cd含量正态分布图

(c) 项目区土壤点位Hg含量正态分布图　　(d) 项目区土壤点位As含量正态分布图

(e) 项目区土壤点位Pb含量正态分布图　　(f) 项目区土壤点位Cr含量正态分布图

图 9-1　土壤样点数据分析

　　可以看出，项目区土壤 pH 整体呈中性偏酸，平均值为 5.41，中位数为 5.30，约有 40% 的土壤点位 pH 低于 5.5。对于 5 种重金属而言，土壤中首要污染物为 Cd，其平均值含量为 1.28mg/kg，中位值为 1.21mg/kg，超过 95% 的土壤点位 Cd 含量高于《土壤环境质量　农用地土壤污染风险管控标准（试行）》（GB15618—2018）中土壤筛选值标准，约有 27.0% 的土壤点位 Cd 含量高于土壤管控值标准。其次是 Pb，其平均值含量为 36.9mg/kg，中位值为 25.2mg/kg，约有 27.6% 的土壤点位 Pb 含量高于土壤筛选值标准。而土壤中 Hg、As、Cr 的含量较低，风险可忽略。

　　此外，项目区范围内还包括了 7 个农产品（水稻）样品，其中 2 个农产品轻度超标点位分别位于巴郎社区居委会和草果村［参考《食品安全国家标准　食品中污染物限量》

（GB2762—2022）标准中谷物-水稻 Cd 的限量值]，而其他 5 个超标的农产品（水稻）分别位于倮么村（1 个）、草果村（1 个）和米箩村（3 个），其他地区的点位均未超标。结果分析如表 9-3 所示。

表 9-3 农产品样点数据分析 （单位：mg/kg）

编号	Cd	Hg	As	Pb	Cr
1	0.113	0.0015	0.0356	0.0339	0.0785
2	0.0836	0.0045	0.0212	0.0204	0.144
3	0.0485	0.00092	0.0461	0.0235	0.11
4	0.279	0.0015	0.00794	0.0281	0.15
5	0.0925	0.0017	0.0487	0.0175	0.152
6	0.00723	0.0018	0.0265	0.0151	0.0974
7	0.216	0.0024	0.0431	0.0101	0.134

9.3.2 修复方案

米箩镇耕地土壤重金属污染整体水平较高，特别是 Cd 的污染，超标范围较大，污染程度较高，且在受污染地块上存在种植的水稻糙米 Cd 含量超标的情况。本项目针对水城区米箩镇耕地土壤污染环境，需在减少对当地生产活动影响的基础上，采用农艺调控和种植结构调整措施，减少重金属通过食物链进入人体。

1. 联合攻关示范区安全利用类修复工程方案设计

前期土地平整及沟渠建设。根据作物习性，在种植前需要对大田土地进行精细化平整。整地时要进行土壤翻耕，要求畦面平整，无土块，四周开深排水沟，沟深 30cm、宽 30cm，畦间开浅沟，深 15～20cm，宽 20cm，做到田间无积水，土壤保持湿润，又不淹苗。

优化水肥管理。该技术适用于项目水稻、玉米、马铃薯、白萝卜、白菜和荞麦安全利用类示范区。在种植土壤适用条件下开展精准化水肥调控技术示范工程，也可与其他治理技术有机耦合，建立区域单一 Cd 污染农用地、复合污染农用地土壤安全利用示范区，实现不同污染农用地上作物品种安全生产。在此基础上形成适于喀斯特地区的典型农业重金属污染土壤修复技术体系，编制相关农业土壤重金属污染修复技术方法和标准体系。

1）精准水分管理技术

利用符合我国《食用农产品产地环境质量评价标准》（HJ/T 332—2006）的灌溉水环境质量评价指标限值的当地河水进行灌溉，实时对土壤水分进行精准调控。

基施水稻、马铃薯、辣椒、蔬菜专用复合肥，肥料用量 750kg/hm²；施追肥尿素（含N 46%）98.0kg/hm²；养分总投入量，N 225kg/hm²，P_2O_5 83kg/hm²，K_2O 90kg/hm²。所有供试肥料中重金属含量均远低于我国《有机无机复混肥料》（GB/T 18877—2020）标准。马铃薯、白菜、辣椒种植后，采用滴灌系统进行灌溉，滴灌系统包括输水主管以及分别与主管连通的地面滴灌管和不同埋深的地下滴灌管。作物苗期，采用地面滴灌管进行滴灌，在之后的生育期内，根据作物的扎根深度，逐步开通与根系距离为 5～10cm 的地下滴灌管进行滴灌。其中，灌溉水为符合我国《食用农产品产地环境质量评价标准》（HJ/T 332—2006）的灌溉水环境质量评价指标限值的当地河水。农作物苗期灌水 450m³/hm²，农作物生育期内灌水量为 750m³/hm²。

土壤中重金属污染通常集中于土壤表层，利用不同埋深的地下滴灌系统诱导作物根系更快地向下生长，巧妙利用根系的向水性，避开表层的重金属积累层，同时在土壤表层施加钝化剂，达到联合修复重金属污染土壤的目的。另外，通过上述精准的水肥管理措施保障农作物高产，高产可减少农作物的累积量。

依托高标准耕地建设工程，通过田间灌排系统控制土壤水分平衡节点，精确调控土壤水分含量，调理土壤重金属的介质环境（pH、Eh、EC 等），有效调节污染土壤中重金属的有效态含量和赋存形态，降低农作物对重金属元素的吸收和累积，使农产品可食部位重金属含量低于《食品安全国家标准 食品中污染物限量》（GB 2762—2022）标准。

2）精准肥料管理技术

中低产田基础地力培肥结合测土配方施肥技术，通过有机质提升和氮磷钾肥的施用，在改善土壤肥力的同时，调节 Cd 及复合污染土壤中特征元素有效态含量及赋存形态；配合施用解磷菌、厌氧发酵菌、重金属转化菌等功能微生物、中微量肥料调控根际土壤 Cd 活性，减少土壤中重金属向作物地上部分的转运；配合土壤动物（蚯蚓）活动调节土壤有机质，动物粪便颗粒调节土壤空隙，动物排泄解毒过程调节土壤微生物环境。集成的精准水肥管理技术将通过调节污染土壤中重金属的有效态含量和赋存形态，降低农作物对重金属元素的吸收和累积，使农产品可食部位重金属含量低于《食品安全国家标准 食品中污染物限量》（GB 2762—2022）标准。

品种调整。该技术适用于项目水稻、玉米、马铃薯、白萝卜、白菜和荞麦安全利用类示范区。在种植土壤适用条件下开展 Cd 低累积品种应用示范工程，也可与其他治理技术有机地耦合，建立区域单一 Cd 污染农用地，复合污染农用地上优质马铃薯、白菜、玉米和荞麦品种推荐清单，实现不同污染农用地上作物品种安全生产。在此基础上形成适宜于喀斯特地区典型农业重金属污染土壤修复的技术体系，编制相关农业土壤重金属污染修复技术方法和标准体系。

在开展马铃薯和白菜低累积品种种植前，对土地进行精细化平整，整地时要进行土壤翻耕，翻耕深度为 20cm 以上，要求畦面平整，无土块，四周开深排水沟，沟深 30cm、宽 30cm，畦间开浅沟，深 15～20cm，宽 20cm，做到田间无积水，土壤保持湿润，且不淹苗。根据文献资料、调查研究，拟筛选出水稻低累积品种有'宜香优 2115'、'Y 两优 1 号'、'Y 两优 302'、'中浙优 1 号'、'中浙优 8 号'、'深两优 5814'、'博优 3550'等及本地'红优 70'、'糯香 18'。同时，在项目实施过程中，需适当考虑涉及地块农民的种植习惯和意愿，对水稻品种进行优选种植。马铃薯低累积品种有'威芋 5 号'、'宣薯 2 号'和'黔芋 7 号'，低累积的白菜主栽品种主要有'山东 19 号'、'鸡窝趴地白'和'优早黄'。按当地的种植习惯，在安全利用类和严格管控类农用地上分别种植低累积马铃薯品种（'威芋 5 号'、'宣薯 2 号'和'黔芋 7 号'）、低累积的白菜主栽品种

（'山东 19 号'、'鸡窝趴地白'和'优早黄'）。马铃薯和白菜的株距为 30cm。

石灰及土壤调理剂调控。该技术适用于项目水稻、马铃薯、白萝卜、白菜、荞麦和玉米安全利用类示范区。在种植土壤适用条件下利用矿物或改性矿物材料优越的吸附、稳定化功能，通过石灰、多种矿物材料（磷矿粉、钙镁磷肥等）以及土壤调理剂，根据农用地重金属污染程度实情以及农用地利用类型合理施用矿物或土壤调理剂，通过提高土壤 pH，调节土壤阳离子交换量，改善土壤质地结构，增加土壤对 Cd 的吸附、固持容量，降低土壤中重金属活性，抑制重金属向农作物地上部分的转运，或与其他治理技术有机地耦合，建立区域单一 Cd 污染农用地、复合污染农用地矿物或改性矿物钝化技术示范区，实现不同污染农用地上作物品种安全生产。在此基础上形成适宜于喀斯特地区典型农业重金属污染土壤修复技术体系，编制相关农业土壤重金属污染修复技术方法和标准体系。

选择项目区中轻度复合污染农地以及单一高 Cd 污染农用地进行安全生产示范。以水稻、马铃薯、白菜、白萝卜、荞麦和玉米为模式生物建立示范区，每个示范区分别建设矿物或改性矿物钝化技术示范小区，共计 30 个示范小区，每个小区面积根据实地情况划分，且保证不小于 5 亩。农用地坡度应不大于 25°。每个小区间由至少厚 30cm、高 20cm 土墙隔开，且供给水应相对独立，无明显的相互影响。

在适宜的季节分别在每个处理的试验小区和大田试验区种植马铃薯、白菜、白萝卜、荞麦和玉米。施肥和田间管理按照当地农业管理进行。利用符合我国《食用农产品产地环境质量评价标准》（HJ/T 332—2006）的灌溉水环境质量评价指标限值的当地河水进行灌溉。测定施用矿物或改性矿物钝化材料前后土壤重金属活性态含量。待各作物分别成熟后，测定各试验小区产量，并采集各试验小区的土壤及作物样品。评价农作物组织中重金属削减率以及生石灰、磷矿粉、钙镁磷肥等措施对土壤重金属的钝化效果。土壤重金属削减率应保证在 50%以上，如未达到应及时补加钝化剂。

（1）田间施用方案。结合示范区种植农作物种类及土壤重金属总量和活性态（以 0.1mol/L CaCl$_2$ 提取）含量，制定如下矿物或改性矿物钝化剂田间施用方案（表 9-4）。

表 9-4　石灰石及土壤调理剂钝化剂等田间施用量　　　　　　（单位：kg/亩）

农产品类型	农用地类别	石灰石	土壤调理剂	磷矿粉	钙镁磷肥
水稻	旱地	150	150	100	50
	水田	250	250	150	100
马铃薯	旱地	150	150	100	50
	水田	250	250	150	100
白菜	旱地	150	150	100	50
	水田	250	250	150	100
白萝卜	旱地	150	150	100	50
	水田	250	250	150	100

续表

农产品类型	农用地类别	石灰石	土壤调理剂	磷矿粉	钙镁磷肥
荞麦	旱地	150	150	100	50
	水田	250	250	150	100
玉米	旱地	150	150	100	50
	水田	250	250	150	100

施用土壤矿物或改性矿物钝化剂后，进行翻耕，直至矿物或改性矿物钝化剂与土壤混合均匀，平衡稳定 7 天即可进行正常播种，全程水肥管理方式与当地传统方式保持一致。

（2）不达标区域进行补施。测定施用矿物或改性矿物钝化剂前后，土壤重金属活性态含量的下降情况，如发现土壤矿物或改性矿物钝化剂施用不到位区域，应在种植农作物前或种植农作物后 15 天内补施半量的土壤矿物或改性矿物钝化剂，确保田间土壤重金属的钝化改良效果。

叶面阻控。该技术适用于项目水稻、白菜安全利用类示范区。通过叶面喷施硅、硒、锌等有益元素，提高作物抗逆性，抑制作物根系向可食部位转运重金属，降低可食部位重金属含量。该技术操作简便，主要选用可溶性硅、可溶性锌、可溶性硒等原料，可以根据作物种类、土壤中有效态硅或锌的含量优化组合。

工程设计方案以农作物叶面喷施叶面调控剂为主，根据示范区土壤调查结果和土壤环境质量评价，针对不同区块重金属类型和含量，有针对性地选择叶面调控剂，以达到降低土壤重金属含量和钝化修复效果，农产品可食部位重金属含量低于《食品安全国家标准　食品中污染物限量》（GB 2762—2022）标准。

2. 联合攻关示范区严格管控类修复工程方案设计

土壤重金属污染物主要为 Cd，项目区土壤 Cd 含量均超过风险管制值。严格管控类耕地土壤中的重金属含量均处于严格管控水平（超出管制值），农作物基本出现了重金属含量高于标准限值的情况。重度污染耕地（严格管控类）风险管控思路为采用种植结构调整、退耕还林和发展设施农业的风险管控模式，本项目所采取的风险管控措施为种植结构调整（桑树替代种植）工程。在项目试点区选择桑树作为该区域风险管控的主要替代作物的原因是：目前，桑树种植是水城区进行乡村振兴的重点工程，该植物对重金属具有低累积性，且在该地区也适宜种植。不仅符合该地区的产业发展，也有利于实现该区域 Cd 重度污染土壤风险管控。

项目区严格管控类土壤的风险管控工艺流程包括：土壤平整与培肥、桑树品种筛选、替代种植试点工程、综合效益评价、总结项目联合攻关区种植结构调整（桑树）的成果及技术优化、后续的技术推广。

1）桑苗种植法

（1）种植方法。选择水城区目前主推的桑树品种，种苗前先用磷肥加黄泥水浆根，提高成活率。坡地及旱地平沟种，按上述规格拉线种植，种后回土至青茎部，踏实后淋足定根水。按行距 80cm、株距 15～20cm，用铲插法沿画线浅栽踏实。亩种 5000～6000 株。

（2）淋水及排水。种后干旱时要及时淋水，渍水则及时排水，发现缺苗及时补上。

（3）施肥、除草。新梢长到 9～14cm 高施第一次肥，亩施粪水加尿素 3.5～5kg；长到 16.5～20cm 高结合除草施第二次肥，每亩施农家肥 250～500kg + 复合肥 20kg + 尿素 10kg，肥料离桑苗 10cm 远，以免烧死桑苗，要开沟深施回土。施第二次肥后可喷除草剂一次，注意不能喷到桑苗；隔 20d 后施第三次肥，每亩施生物有机肥 50kg 加尿素 20kg。

2）桑树繁殖法

除了种桑苗外，还可用桑枝繁殖，具体方法如下：①选地及整地。选土质肥沃，不渍水的旱水田为好，犁好耙平。②枝条选择及种植方法。应选择近根 1m 左右的成熟枝条，种植时间最好是 12 月冬伐时进行，随剪随种，提高成活率，种植办法有垂直法和水平埋条法。垂直法：把桑枝锯成 16.5cm（3～4 个芽）左右，开好沟后把枝条垂直摆好（芽向上）回土埋住枝条或露一个芽，压实泥，淋足水，保持 20d 湿润，用满膜盖，待出芽后去掉薄膜。水平埋条法：对于无种子的良种最适宜，平整土地后，按规格开好约 5cm 深的沟，然后把剪成约 66.6cm 长的枝条平摆两条（摆两条是为了保证发芽数）同土约 2.7cm，轻压后淋水，盖薄膜出芽后去掉薄膜。③植后管理待芽长高 16.7cm 后，结合除草，每亩薄施农家肥 150～200kg 和尿素 7.5kg。20d 后再施 1 次，每亩施复合肥 30kg + 尿素 15kg，施肥后进行除虫。

3）桑树剪伐与桑叶收获

桑树剪伐有冬伐（冬至前后）与夏伐（7 月中旬）。有根割和低割形式，根割为平地减去枝条；低割为离地面 30cm 高以上剪伐。剪伐时去弱病枝，留 3～5 条壮枝。根割与低割交替进行。一般采用冬低割、夏根割。桑叶是桑树的营养器官，采叶养蚕与留叶养树兼顾，才能稳产高产。春、秋第一次采叶，在新叶梢长至 80cm 左右时开始，每批采叶枝条上部要留 4～5 片叶，下部叶片全采。只有在剪伐前采光全株叶子。

4）桑树病虫害防治

桑树主要病害有桑树花叶病、桑树枝枯菌核病、桑疫病等；害虫有桑螟、蚜牙、桑象虫等。在桑树种植过程中需采用目前主流的防治方法对这些病虫害进行防治。

3. 集中推进区实施方案设计

安全利用类农用地。根据联合攻关示范区试验结果，在集中推进区应用价格相对较低且能基本保证修复效果的安全利用措施。同时，按照项目实施要求和考核相关规定，做好相应工作台账建设。

严格管控类农用地。采用田间培训、印发技术资料等措施，引导农民自愿采取种植结构调整或退耕还林还草、休耕等严格管控技术措施。同时，做好相应工作台账建设。

9.3.3 修复实施效果评价

1. 评价内容

本项目在受污染耕地上分别开展大田试验和田间示范，分田块实施耕地单项或复合技术措施,以筛选出有针对性的安全利用技术和修复手段,确保后续水城区耕地生产障碍修复利用项目的顺利实施,保障该区域土壤中收获的农产品的质量,保护当地人体健康。在安全利用类或严格管控类农用地上实施治理与修复技术主要包括:水分调控修复、品种调整修复、叶面阻控修复、优化施肥修复、石灰石及调理剂修复。本项目的效果评价体系包括:①通过重金属富集因子(BCF),开展不同修复措施下不同种植农作物对重金属元素富集能力的影响评价;②通过单项修复措施效果评价法,开展不同修复措施对不同类型耕地的生产障碍修复,以形成适宜水城区的安全利用技术模式。

2. 评价程序

(1)重金属富集因子(BCF)是植物某一部位的元素含量与土壤中相应元素含量之比,是衡量植物对重金属积累能力大小的一个重要指标。其计算公式为

$$BCF = C_p / C_s$$

式中,C_p 和 C_s 分别为作物样品和土壤样品中对应重金属的含量。

作物籽粒采用单因子污染指数法和内梅罗综合污染指数法开展评价。土壤谷类农作物中的重金属污染评价临界值分别以我国《土壤环境质量　农用地土壤污染风险管理控标准(试行)》(GB 15618—2018)、《食品安全国家标准　食品中污染物限量》(GB 2762—2022)为依据。

(2)单项修复措施效果评价,评价结果分值越低表示该种单项措施修复效果越佳,计算方式如下:

$$P_j = \frac{\sum_{i=0}^{n}\left(\dfrac{C_{0j} - C_{ij}}{C_{0j}} \times a_{ij} \times 500\right)}{n}$$

式中,P_j 为某单项修复措施 j 的修复效果;C_{ij} 为单项修复措施 j 的农作物中重金属 i 的含量(mg/kg);C_{0j} 为单项修复措施对照处理的农作物中重金属 i 的含量(mg/kg),品种调整措施评价过程中,以各品种重金属含量的平均值为对照;n 为重金属数;a_{ij} 为单项修复措施 j 的重金属 i 的权重系数,计算方法如下:

$$a_{ij} = \frac{C_{ij}}{C_{sj}}$$

式中,C_{ij} 为单项修复措施 j 的对照处理的重金属 i 的实际测量含量(mg/kg),品种调整措施评价过程中,以各品种重金属含量的平均值为对照;C_{sj} 为某农作物在《食品安全国家标准　食品中污染物限量》(GB 2762—2022)中的限量值(mg/kg)。

3. 评价标准

参考《耕地污染治理效果评价准则》进行评价。土壤评价标准参照《土壤环境质量　农用地土壤污染风险管控标准(试行)》(GB 15618—2018),农作物评价标准参照《食品安全国家标准　食品中污染物限量》(GB 2762—2022)。

4. 评价结果

通过上述效果评价体系，逐一对各单项修复措施进行了评价，结果如下。

水分调控措施实施效果：本项目在米箩镇水田进行水分调控措施实施。实施的水分调控包括了全生育期淹水（F）和灌浆前湿润-灌浆后淹水（A-F）两种水分管理方式，其能显著降低水稻稻米中 Cd 的吸收累积。数据结果如表 9-5 所示。

表 9-5　水分调控措施实施后农作物可食部位重金属含量统计表

编号	水分调控内容	农作物	Cd/(mg/kg)	Hg/(mg/kg)	As/(mg/kg)	Pb/(mg/kg)	Cr/(mg/kg)
1	全生育期淹水（F）	水稻	0.037±0.013	ND	ND	ND	ND
2	灌浆前湿润-灌浆后淹水（A-F）	水稻	0.094±0.087	ND	ND	ND	ND
3	常规管理（对照）	水稻	0.145±0.025	ND	ND	ND	ND

注：ND 表示该种重金属在农作物中含量低于仪器检出限。

由表 9-5 可以看出，两种水分管理措施的实施均显著降低了水稻籽粒中 Cd 含量。与对照相比，全生育期淹水（F）和灌浆前湿润-灌浆后淹水（A-F）措施显著降低了水稻籽粒中的 Cd 含量，从 0.145mg/kg 下降到了 0.037mg/kg 和 0.094mg/kg，低于国家食品污染物限量标准。

根据评价程序对水分调控措施实施效果进行评价，结果如图 9-2 所示。由图 9-2 可以看出，全生育期淹水（F）和灌浆前湿润-灌浆后淹水（A-F）措施的评价结果 P_j 值均较高，分别为 54.00 和 25.49。

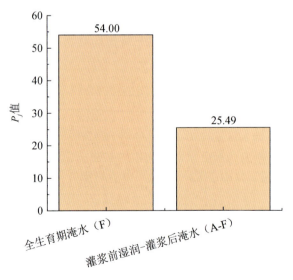

图 9-2　水分调控措施实施效果评价结果

优化施肥措施实施效果。本项目在米箩镇进行优化施肥措施实施。实施的优化施肥包括生物炭、牛粪 + 解磷菌、泥炭土 + 解磷菌、钙镁磷肥 + 解磷菌、菜籽饼肥 + 解磷菌，实施的农作物包括马铃薯、玉米、辣椒和水稻，共计 24 个处理，每个处理 3 个平行。数据结果如表 9-6 所示。

表 9-6　优化施肥措施实施农作物重金属含量统计表

编号	优化施肥内容	农作物	Cd(mg/kg)	Hg(mg/kg)	As(mg/kg)	Pb(mg/kg)	Cr(mg/kg)
1	生物炭	马铃薯	0.087±0.003	ND	ND	ND	ND
2	牛粪 + 解磷菌	马铃薯	0.094±0.015	ND	ND	ND	ND
3	泥炭土 + 解磷菌	马铃薯	0.069±0.012	ND	ND	ND	ND
4	钙镁磷肥 + 解磷菌	马铃薯	0.092±0.002	ND	ND	ND	ND
5	菜籽饼肥 + 解磷菌	马铃薯	0.104±0.021	ND	ND	ND	ND
6	对照（空白处理）	马铃薯	0.081±0.020	ND	ND	ND	ND
7	生物炭	玉米	0.006±0.001	ND	0.003±0.000	ND	0.070±0.010
8	牛粪 + 解磷菌	玉米	0.007±0.001	ND	0.002±0.001	ND	0.050±0.000
9	泥炭土 + 解磷菌	玉米	0.008±0.002	ND	0.004±0.001	ND	0.067±0.006
10	钙镁磷肥 + 解磷菌	玉米	0.008±0.001	ND	0.003±0.001	ND	0.090±0.044
11	菜籽饼肥 + 解磷菌	玉米	0.007±0.002	ND	0.002±0.001	ND	0.137±0.081
12	对照（空白处理）	玉米	0.009±0.002	ND	0.003±0.001	ND	0.057±0.006
13	生物炭	辣椒	0.156±0.011	ND	ND	ND	ND
14	牛粪 + 解磷菌	辣椒	0.171±0.016	ND	ND	ND	ND
15	泥炭土 + 解磷菌	辣椒	0.168±0.009	ND	0.001±0.000	ND	ND
16	钙镁磷肥 + 解磷菌	辣椒	0.134±0.018	ND	0.001±0.000	ND	ND
17	菜籽饼肥 + 解磷菌	辣椒	0.195±0.022	ND	0.001±0.000	ND	ND
18	对照（空白处理）	辣椒	0.189±0.021	ND	0.002±0.002	ND	ND
19	生物炭	水稻	0.045±0.021	ND	0.016±0.004	ND	ND
20	牛粪 + 解磷菌	水稻	0.006±0.001	ND	0.012±0.005	ND	ND
21	泥炭土 + 解磷菌	水稻	0.027±0.011	ND	0.016±0.000	ND	ND
22	钙镁磷肥 + 解磷菌	水稻	0.010±0.004	ND	0.005±0.001	ND	ND
23	菜籽饼肥 + 解磷菌	水稻	0.007±0.001	ND	0.007±0.002	ND	ND
24	对照（空白处理）	水稻	0.009±0.004	ND	0.008±0.003	ND	ND

注：ND 表示该种重金属在农作物中含量低于仪器检出限。

由表 9-6 可以看出，不同优化施肥措施的实施对马铃薯中 Cd 含量的影响不一。与对照相比，泥炭土＋解磷菌措施显著降低了马铃薯中的 Cd 含量，从 0.081mg/kg 下降到了 0.069mg/kg，低于国家食品污染物限量标准。其他优化施肥措施的效果不明显，甚至略微增加了马铃薯中的 Cd 含量，但未达到显著水平。与马铃薯情况不同，与对照相比，不同优化施肥措施的实施均不同程度地降低了玉米中 Cd 含量，其中生物炭处理达到了显著水平。与对照相比，生物炭、牛粪＋解磷菌、泥炭土＋解磷菌、钙镁磷肥＋解磷菌措施降低了辣椒中的 Cd 含量，其中钙镁磷肥＋解磷菌处理达到了显著水平。不同优化施肥措施的实施对水稻中重金属 Cd 含量的影响与上述农作物不同，牛粪＋解磷菌和菜籽饼肥＋解磷菌措施略微降低了水稻中的 Cd 含量，但生物炭和泥炭土＋解磷菌处理却显著增加了水稻对 Cd 的累积（图 9-3）。

通过重金属富集因子（BCF），开展不同修复措施下不同种植农作物对重金属元素富集能力的影响评价，结果如表 9-7 所示。

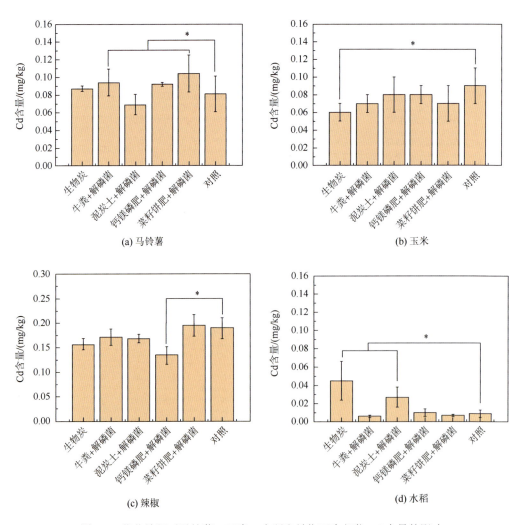

图 9-3　优化施肥对马铃薯、玉米、水稻和辣椒可食部位 Cd 含量的影响

表 9-7　优化施肥措施实施重金属富集因子（BCF）统计表

编号	优化施肥内容	农作物	Cd	Hg	As	Pb	Cr
1	生物炭	马铃薯	0.0073	ND	ND	ND	ND
2	牛粪 + 解磷菌	马铃薯	0.0069	ND	ND	ND	ND
3	泥炭土 + 解磷菌	马铃薯	0.0059	ND	ND	ND	ND
4	钙镁磷肥 + 解磷菌	马铃薯	0.0067	ND	ND	ND	ND
5	菜籽饼肥 + 解磷菌	马铃薯	0.0081	ND	ND	ND	ND
6	对照（空白处理）	马铃薯	0.0055	ND	ND	ND	ND
7	生物炭	玉米	0.0100	ND	0.0001	ND	0.0005
8	牛粪 + 解磷菌	玉米	0.0117	ND	0.0001	ND	0.0004
9	泥炭土 + 解磷菌	玉米	0.0133	ND	0.0001	ND	0.0005
10	钙镁磷肥 + 解磷菌	玉米	0.0128	ND	0.0001	ND	0.0007
11	菜籽饼肥 + 解磷菌	玉米	0.0111	ND	0.0001	ND	0.0010
12	对照（空白处理）	玉米	0.0144	ND	0.0001	ND	0.0004
13	生物炭	辣椒	0.0130	ND	0.0001	ND	ND
14	牛粪 + 解磷菌	辣椒	0.0125	ND	0.0001	ND	ND
15	泥炭土 + 解磷菌	辣椒	0.0144	ND	0.0001	ND	ND
16	钙镁磷肥 + 解磷菌	辣椒	0.0098	ND	0.0001	ND	ND
17	菜籽饼肥 + 解磷菌	辣椒	0.0152	ND	0.0001	ND	ND
18	对照（空白处理）	辣椒	0.0129	ND	0.0001	ND	ND
19	生物炭	水稻	0.100	ND	0.0006	ND	ND
20	牛粪 + 解磷菌	水稻	0.012	ND	0.0004	ND	ND
21	泥炭土 + 解磷菌	水稻	0.059	ND	0.0006	ND	ND
22	钙镁磷肥 + 解磷菌	水稻	0.021	ND	0.0002	ND	ND
23	菜籽饼肥 + 解磷菌	水稻	0.014	ND	0.0002	ND	ND
24	对照（空白处理）	水稻	0.019	ND	0.0003	ND	ND

注：ND 表示该种重金属在农作物中含量低于仪器检出限。

　　由表 9-7 可以看出，马铃薯中各种优化施肥措施均不同程度地增加了重金属 Cd 的 BCF。玉米中各种优化施肥措施均不同程度地降低了重金属 Cd 的 BCF，但未达到显著水平。钙镁磷肥 + 解磷菌处理显著降低了辣椒中重金属 Cd 的 BCF，表明钙镁磷肥 + 解磷菌可能是能降低重金属 Cd 在辣椒中累积较好的措施。生物炭和泥炭土 + 解磷菌处理显著增加了水稻对 Cd 的累积能力，水稻重金属 Cd 的 BCF 从对照的 0.019 增加到泥炭土 + 解磷菌处理的 0.059。其他重金属 Hg、As、Pb、Cr 的含量较低，大多数含量低于仪器检出限，因此不做讨论。

　　根据评价程序对优化施肥措施实施效果进行评价，结果如图 9-4 和表 9-8 所示。可以看出，不同农作物之间评价结果差异明显。除辣椒外，其他农作物的评价结果均出现不同程度的负结果。表明优化施肥措施对马铃薯、玉米和水稻重金属累积性的降低效果不明显。比较同一农作物间的评价结果，可以得到马铃薯的最佳优化施肥措施为泥炭土+解磷菌，评价结果 P_j 值为 11.87；玉米的最佳优化施肥措施为牛粪 + 解磷菌，评价结果 P_j

值为 2.40；辣椒的最佳优化施肥措施为钙镁磷肥+解磷菌，评价结果 P_j 值为 110.60；水稻的最佳优化施肥措施为菜籽饼肥+解磷菌，评价结果 P_j 值为 1.30。

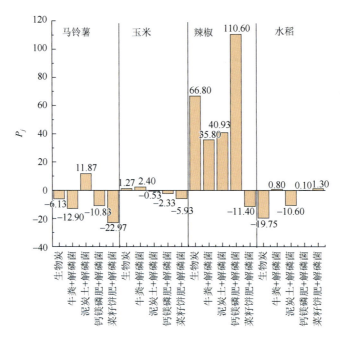

图 9-4　优化施肥措施实施效果评价结果

表 9-8　优化施肥措施实施效果评价结果

编号	优化施肥内容	农作物	P_j
1	生物炭	马铃薯	−6.13
2	牛粪 + 解磷菌	马铃薯	−12.90
3	泥炭土 + 解磷菌	马铃薯	11.87
4	钙镁磷肥 + 解磷菌	马铃薯	−10.83
5	菜籽饼肥 + 解磷菌	马铃薯	−22.97
6	生物炭	玉米	1.27
7	牛粪 + 解磷菌	玉米	2.40
8	泥炭土 + 解磷菌	玉米	−0.53
9	钙镁磷肥 + 解磷菌	玉米	−2.33
10	菜籽饼肥 + 解磷菌	玉米	−5.93
11	生物炭	辣椒	66.80
12	牛粪 + 解磷菌	辣椒	35.80
13	泥炭土 + 解磷菌	辣椒	40.93
14	钙镁磷肥 + 解磷菌	辣椒	110.60
15	菜籽饼肥 + 解磷菌	辣椒	−11.40

续表

编号	优化施肥内容	农作物	P_j
16	生物炭	水稻	−19.75
17	牛粪 + 解磷菌	水稻	0.80
18	泥炭土 + 解磷菌	水稻	−10.60
19	钙镁磷肥 + 解磷菌	水稻	0.10
20	菜籽饼肥 + 解磷菌	水稻	1.30

品种调整措施实施效果。本项目在米箩镇、双水街道水田和旱地分别进行品种调整措施实施。实施的品种调整包括了水稻、蔬菜及玉米，其目的是筛选出适宜当地种植环境且 Cd 低累积的品种。数据结果如表 9-9～表 9-11 所示。

表 9-9　品种调整措施蔬菜可食部位重金属含量统计表

编号	品种名称	农作物	Cd/(mg/kg)	Hg/(mg/kg)	As/(mg/kg)	Pb/(mg/kg)	Cr/(mg/kg)
1	新优黄美人	蔬菜	0.081±0.054	ND	0.004±0.005	ND	ND
2	下锅耙	蔬菜	0.047±0.029	ND	0.004±0.004	ND	ND
3	伟铭山东 19	蔬菜	0.135±0.035	ND	0.006±0.001	ND	ND
4	伟铭麻叶 19 白菜	蔬菜	0.167±0.043	ND	0.005±0.001	ND	ND
5	四季高抗王	蔬菜	0.122±0.046	ND	0.002±0.001	ND	ND
6	四季霸王	蔬菜	0.102±0.052	ND	0.010±0.007	ND	ND
7	农之本 238 大麻叶	蔬菜	0.219±0.005	ND	0.008±0.001	ND	ND
8	农源清口白	蔬菜	0.288±0.258	ND	0.003±0.001	ND	ND
9	火锅王	蔬菜	0.058±0.037	ND	0.005±0.005	ND	ND
10	韩国优早 45	蔬菜	0.089±0.091	ND	0.004±0.005	ND	ND
11	韩国绿元帅	蔬菜	0.158±0.117	ND	0.010±0.000	ND	ND
12	韩国皇贵妃	蔬菜	0.151±0.142	ND	0.005±0.006	ND	ND
13	高抗世纪王	蔬菜	0.060±0.036	ND	0.003±0.003	ND	ND
14	春秋王	蔬菜	0.175±0.151	ND	0.006±0.007	ND	ND
15	迟白八号	蔬菜	0.162±0.054	ND	0.003±0.002	ND	ND

注：ND 表示该种重金属含量低于仪器检出限。

从表 9-9 中可以看出，种植的不同蔬菜品种间可食部位的 Cd 含量差异显著。15 个蔬菜品种中可食部位 Cd 含量最高的是农源清口白，可食部位 Cd 含量最低的是下锅耙。其大小顺序为：下锅耙＜火锅王＜高抗世纪王＜新优黄美人＜韩国优早 45＜四季霸王＜四季高抗王＜伟铭山东 19＜韩国皇贵妃＜韩国绿元帅＜迟白八号＜伟铭麻叶 19 白菜＜春秋王＜农之本 238 大麻叶＜农源清口白，其中，下锅耙、火锅王、高抗世纪王、新优黄美人和韩国优早 45 可食部位的 Cd 含量低于国家食品污染物限量标准，为筛选出的 Cd 低累积的品种。

与种植的蔬菜不同，不同玉米品种间的产量差异较大，且可食部位的 Cd 含量差异显著（表 9-10 和图 9-5）。19 个玉米品种产量较高的品种有盘玉 2 号、靖丰 8 号、北玉 1521、保玉 7 号、荷玉 1 号、宣黄单 12 号、青青 009、宣黄单 2 号和宣白单 2 号，其亩产约在450kg/亩。产量较低的品种有安单 778、毕玉 7 号、毕单 11、安单 3 号、惠农单 15、金玉 818、黔单 988、金贵单 3 号、织金 3 号，其亩产约在 350kg/亩。19 个玉米品种中可食部位 Cd 含量最高的是宣黄单 2 号，可食部位 Cd 含量最低的是安单 778。其大小顺序为安单 778＜宣黄单 12 号＝宣白单 2 号＜毕玉 7 号＝毕单 11＝安单 3 号＝惠农单 15＜盘玉 2 号＝靖丰 8 号＝金秋 151＜北玉 1521＝保玉 7 号＝荷玉 1 号＜金玉 818＝黔单 988＜金贵单 3 号＜织金 3 号＜青青 009＜宣黄单 2 号，其中安单 778、宣黄单 12 号、宣白单 2 号、毕玉 7 号、毕单 11、安单 3 号、惠农单 15、盘玉 2 号、靖丰 8 号、金秋 151、北玉 1521、保玉 7 号、荷玉 1 号可食部位的 Cd 含量均低于国家食品污染物限量标准。同时，综合考虑其产量，宣黄单 12 号、宣白单 2 号、盘玉 2 号、靖丰 8 号、北玉 1521、保玉 7 号和荷玉1 号为筛选出的玉米 Cd 低累积的品种。

表 9-10 品种调整措施玉米可食部位重金属含量统计表

编号	品种名称	农作物	Cd/(mg/kg)	Hg/(mg/kg)	As/(mg/kg)	Pb/(mg/kg)	Cr/(mg/kg)
1	织金 3 号	玉米	0.081±0.029	ND	0.021±0.019	ND	0.815±0.665
2	宣黄单 2 号	玉米	0.242±0.049	ND	0.004±0.001	ND	0.387±0.376
3	宣黄单 12 号	玉米	0.003±0.001	ND	0.003±0.000	ND	0.093±0.059
4	宣白单 2 号	玉米	0.003±0.001	ND	0.003±0.001	ND	0.140±0.069
5	青青 009	玉米	0.118±0.011	ND	0.002±0.000	ND	0.170±0.098
6	黔单 988	玉米	0.010±0.001	ND	0.003±0.001	ND	0.360±0.106
7	盘玉 2 号	玉米	0.005±0.000	ND	0.003±0.000	ND	0.700±0.000
8	靖丰 8 号	玉米	0.005±0.001	ND	0.005±0.005	ND	0.340±0.108
9	金玉 818	玉米	0.010±0.007	ND	0.002±0.001	ND	0.467±0.267
10	金秋 151	玉米	0.005±0.000	ND	0.010±0.010	ND	0.480±0.000
11	金贵单 3 号	玉米	0.018±0.000	ND	0.003±0.000	ND	0.500±0.000
12	惠农单 15	玉米	0.004±0.001	ND	0.004±0.001	ND	0.183±0.100
13	荷玉 1 号	玉米	0.006±0.004	ND	0.003±0.001	ND	0.523±0.353
14	毕玉 7 号	玉米	0.004±0.001	ND	0.002±0.001	ND	0.217±0.116
15	毕单 11	玉米	0.004±0.001	ND	0.003±0.001	ND	0.223±0.172
16	北玉 1521	玉米	0.006±0.001	ND	0.006±0.004	ND	0.123±0.112
17	保玉 7 号	玉米	0.006±0.000	ND	0.004±0.001	ND	0.273±0.006
18	安单 778	玉米	0.002±0.000	ND	0.003±0.000	ND	0.150±0.087
19	安单 3 号	玉米	0.004±0.001	ND	0.003±0.001	ND	0.090±0.020

注：ND 表示该种重金属含量低于仪器检出限。

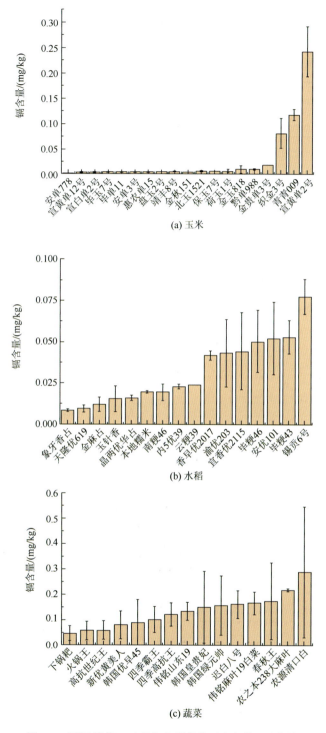

图 9-5　不同蔬菜、玉米和水稻品种可食部位 Cd 含量

不同水稻品种间的产量差异较大，且可食部位的 Cd 含量差异显著，16 个水稻品种可食部位 Cd 含量均低于国家食品污染物限量标准（表 9-11）。可食部位 Cd 含量最高的

是锡贡 6 号（常规稻），可食部位 Cd 含量最低的是象牙香占（常规稻）。其大小顺序为：锡贡 6 号＞毕粳 43 ＝安优 101＞毕粳 46＞宜香优 2115＞渝优 203＞香早优 2017＞云粳 39＞内 5 优 39＞本地糯米 ＝南粳 46＞晶两优华占 ＝玉针香＞金麻占＞天隆优 619＞象牙香占。

表 9-11　品种调整措施水稻可食部位重金属含量统计表

编号	品种名称	农作物	Cd/(mg/kg)	Hg/(mg/kg)	As/(mg/kg)	Pb/(mg/kg)	Cr/(mg/kg)
1	安优 101	水稻	0.053±0.022	ND	0.0085±0.0021	ND	ND
2	本地糯米	水稻	0.020±0.001	ND	0.0025±0.0007	ND	ND
3	毕粳 43	水稻	0.053±0.010	ND	0.0030±0.0000	ND	ND
4	毕粳 46	水稻	0.051±0.019	ND	0.0055±0.0021	ND	ND
5	金麻占	水稻	0.012±0.004	ND	0.0020±0.0000	ND	ND
6	晶两优华占	水稻	0.016±0.001	ND	0.0020±0.0000	ND	ND
7	南粳 46	水稻	0.020±0.005	ND	0.0075±0.0007	ND	ND
8	内 5 优 39	水稻	0.023±0.001	ND	0.0035±0.0007	ND	ND
9	天隆优 619	水稻	0.010±0.002	ND	0.0020±0.0000	ND	ND
10	锡贡 6 号	水稻	0.078±0.011	ND	0.0065±0.0007	ND	ND
11	香早优 2017	水稻	0.042±0.003	ND	0.0060±0.0000	ND	ND
12	象牙香占	水稻	0.009±0.001	ND	0.0020±0.0000	ND	ND
13	宜香优 2115	水稻	0.045±0.023	ND	0.0060±0.0042	ND	ND
14	渝优 203	水稻	0.044±0.021	ND	0.0060±0.0014	ND	ND
15	玉针香	水稻	0.016±0.008	ND	0.0020±0.0014	ND	ND
16	云粳 39	水稻	0.024±0.000	ND	0.0060±0.0042	ND	ND

注：ND 表示该种重金属在农作物中含量低于仪器检出限。

根据评价程序对品种调整（蔬菜）措施实施效果进行评价，结果如表 9-12 所示。可以看出，不同蔬菜品种均呈现出较高的 P_j 值，表明品种调整（蔬菜）措施是较好降低农作物重金属累积的措施之一。评价结果较好的蔬菜品种为下锅耙和火锅王，其 P_j 值分别为 43.89 和 38.29；评价结果较差的蔬菜品种为农之本 238 大麻叶和农源清口白。

表 9-12　品种调整（蔬菜）措施实施效果评价结果

编号	品种名称	农作物	P_j
1	新优黄美人	蔬菜	26.81
2	下锅耙	蔬菜	43.89
3	伟铭山东 19	蔬菜	-0.44
4	伟铭麻叶 19 白菜	蔬菜	-16.24
5	四季高抗王	蔬菜	6.62
6	四季霸王	蔬菜	15.18
7	农之本 238 大麻叶	蔬菜	-42.90
8	农源清口白	蔬菜	-76.56

编号	品种名称	农作物	P_j
9	火锅王	蔬菜	38.29
10	韩国优早 45	蔬菜	22.72
11	韩国绿元帅	蔬菜	−12.83
12	韩国皇贵妃	蔬菜	−8.08
13	高抗世纪王	蔬菜	37.71
14	春秋王	蔬菜	−20.64
15	迟白八号	蔬菜	−13.54

　　根据评价程序对品种调整（玉米）措施实施效果进行评价，结果如表 9-13 所示。与品种调整（蔬菜）不同，不同玉米品种呈现出的 P_j 值差异较大，表明不同玉米品种间重金属的累积能力差异较大，品种调整（玉米）措施或是较好降低农作物重金属累积的措施之一。评价结果较好的玉米品种为宣黄单 12 号、宣白单 2 号、北玉 1521、安单 778 和安单 3 号，其 P_j 值均大于 40；评价结果较差的玉米品种为宣黄单 2 号、织金 3 号和青青 009。

表 9-13　品种调整（玉米）措施实施效果评价结果

编号	品种名称	农作物	P_j
1	织金 3 号	玉米	−104.64
2	宣黄单 2 号	玉米	−219.51
3	宣黄单 12 号	玉米	49.36
4	宣白单 2 号	玉米	44.03
5	青青 009	玉米	−73.11
6	黔单 988	玉米	15.36
7	盘玉 2 号	玉米	−13.64
8	靖丰 8 号	玉米	22.03
9	金玉 818	玉米	5.16
10	金秋 151	玉米	6.96
11	金贵单 3 号	玉米	−6.64
12	惠农单 15	玉米	38.56
13	荷玉 1 号	玉米	2.69
14	毕玉 7 号	玉米	35.56
15	毕单 11	玉米	34.76
16	北玉 1521	玉米	42.83
17	保玉 7 号	玉米	27.89
18	安单 778	玉米	44.36
19	安单 3 号	玉米	47.96

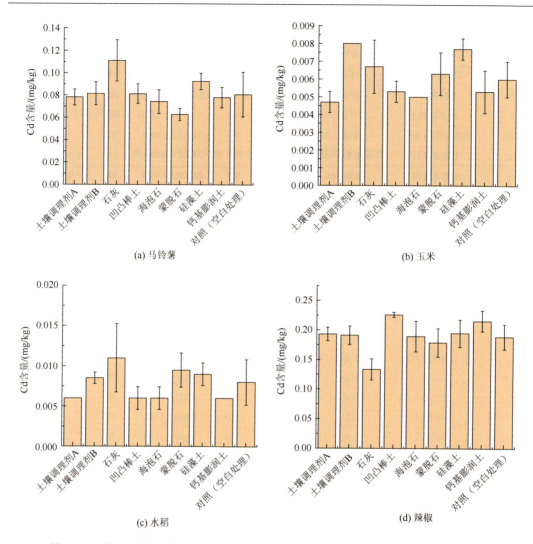

图 9-6　石灰及土壤调理剂调控对马铃薯、玉米、水稻和辣椒可食部位 Cd 含量的影响

　　根据评价程序对石灰及土壤调理剂调控措施实施效果进行评价,结果如表 9-16 所示。8 种石灰及土壤调理剂调控对玉米和马铃薯重金属累积性的评价结果均较差。玉米仅土壤调理剂 A 和蒙脱石处理略微高于零,马铃薯仅土壤调理剂 A、海泡石、蒙脱石和钙基膨润土处理略微高于零,其他几种处理均为负值。

表 9-16　石灰及土壤调理剂调控措施实施效果评价结果

编号	品种名称	农作物	P_j
1	土壤调理剂 A	玉米	3.49
2	土壤调理剂 B	玉米	−8.66
3	石灰	玉米	−10.08
4	凹凸棒土	玉米	−0.22

续表

编号	品种名称	农作物	P_j
5	海泡石	玉米	−8.91
6	蒙脱石	玉米	2.31
7	硅藻土	玉米	−13.18
8	钙基膨润土	玉米	−0.71
9	土壤调理剂 A	马铃薯	4.94
10	土壤调理剂 B	马铃薯	−9.33
11	石灰	马铃薯	−29.46
12	凹凸棒土	马铃薯	−8.76
13	海泡石	马铃薯	7.27
14	蒙脱石	马铃薯	4.55
15	硅藻土	马铃薯	−13.62
16	钙基膨润土	马铃薯	4.90

叶面阻控措施实施效果。本项目在双水街道的旱地进行叶面阻控措施实施。实施的品种为蔬菜，其目的是分析供试叶面阻控剂是否能有效降低不同蔬菜中 Cd 的含量。数据结果如表 9-17 所示。

表 9-17 叶面阻控措施实施效果统计表

蔬菜品种	措施	Cd(mg/kg)	Hg(mg/kg)	As(mg/kg)	Pb(mg/kg)	Cr(mg/kg)
白菜	对照	0.172	ND	0.010	0.06	ND
	处理	0.102	ND	0.001	ND	ND
青菜	对照	0.216	ND	0.002	ND	ND
	处理	0.134	ND	0.008	0.04	ND
莲花白	对照	0.150	ND	0.001	ND	ND
	处理	0.175	ND	0.002	ND	ND
葱	对照	0.225	ND	0.008	0.04	ND
	处理	0.124	ND	0.005	0.02	ND
大蒜	对照	0.220	ND	0.006	0.02	ND
	处理	0.223	ND	0.007	0.03	ND
豌豆尖	对照	0.586	ND	0.005	0.02	ND
	处理	0.214	ND	0.004	0.02	ND
菠菜	对照	0.151	ND	0.003	0.02	ND
	处理	0.128	ND	0.001	ND	ND
辣椒	对照	0.101	ND	0.001	ND	ND
	处理	0.041	ND	0.014	0.08	ND
水稻	对照	0.077	ND	ND	ND	ND
	处理	0.035	ND	ND	ND	ND

可以看出，除莲花白和大蒜外，与对照相比供试的叶面阻控剂均不同程度地降低了不同蔬菜品种的 Cd 含量，其中白菜中 Cd 含量降低了 40.70%，青菜中 Cd 含量降低了 37.96%，葱中 Cd 含量降低了 44.89%，豌豆尖中 Cd 含量降低了 63.48%，菠菜中 Cd 含量降低了 15.23%，辣椒中 Cd 含量降低了 59.41%，水稻中 Cd 含量降低了 54.55%。图 9-7 为不同蔬菜品种间对照与处理间 Cd 含量的比较。

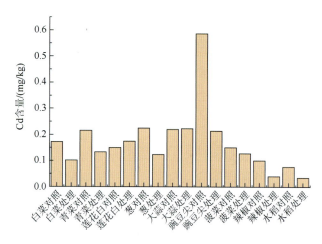

图 9-7　叶面阻控措施实施效果统计表图

不同技术措施成本分析。土壤安全利用修复措施的推广不仅需考虑其修复效果，同时应考虑其实施难度，尤其是不同技术措施成本。基于此，本节在实施过程中同时记录了各项措施的实施费用，估算了各项措施的每亩实施成本，结果如表 9-18 所示。

表 9-18　不同技术措施的成本分析

措施		措施实施单价/(元/亩)
水分调控		0
优化施肥	生物炭	750
	牛粪 + 解磷菌	650
	泥炭土 + 解磷菌	550
	钙镁磷肥 + 解磷菌	550
	菜籽饼肥 + 解磷菌	550
品种调整		100
石灰及土壤调理剂调控	土壤调理剂 A	600
	土壤调理剂 B	600
	石灰	450
	凹凸棒土	550
	海泡石	800

续表

措施		措施实施单价/(元/亩)
石灰及土壤调理剂调控	蒙脱石	850
	硅藻土	850
	钙基膨润土	800
叶面阻控		300
种植结构调整		2000

可以看出，水分调控和品种调整措施的实施费用较低，显著低于优化施肥、石灰及土壤调理剂调控和叶面阻控措施。而涉及投入品的措施实施费用均在 500～850 元/亩。

9.4　小　　结

喀斯特安全利用类耕地土壤 Cd 污染修复技术包括优化施肥、品种调整、石灰及土壤调理剂调控以及叶面阻控。优化施肥主要通过添加农家肥提高土壤有机质，这有助于降低土壤中 Cd 的有效性，从而减少作物对 Cd 的吸收。有机肥中的组成成分可通过各种化学反应降低 Cd 的生物可利用性。品种调整通过选择或培育低 Cd 累积的植物品种，如玉米的某些特定品种，以实现耕地 Cd 污染的安全利用。土壤调理剂使用包括石灰、黏土矿物、生物炭和 Si-Ca 型土壤调理剂等，这些物质可通过改变土壤 pH、阳离子交换量、吸附和沉淀 Cd 来降低其在土壤中的活性和生物有效性。喀斯特严格管控类耕地土壤 Cd 污染修复技术以非食用农作物的替代种植为主，包括烟草、桑树、杨树以及纤维植物等。

黔西北地质高背景区水城区农田土壤修复案例分析结果显示，适宜喀斯特地区种植的作物品种名录如下，玉米品种：宣黄单 12 号、宣白单 2 号、靖丰 8 号、北玉 1521、保玉 7 号、荷玉 1 号。蔬菜品种：下锅耙、火锅王、高抗世纪王、新优黄美、韩国优早 45。适宜喀斯特地区的优化施肥技术：马铃薯：施用 0.2%（质量分数）的泥炭土 + 解磷菌。玉米：施用 0.2%（质量分数）的生物炭。辣椒：施用 0.2%（质量分数）的钙镁磷肥+解磷菌。适宜喀斯特地区的叶面阻控技术有：品牌 A 叶面阻控剂（500mL/667m^2）。由于供试土壤调理剂的效果均不明显，其中部分土壤调理剂还增加了农产品可食部位的 Cd 含量，因此不建议使用石灰及土壤调理剂的调控措施进行 Cd 污染控制。针对该区域土壤酸度大、土壤肥力低、Cd 污染程度不高的现状，优先推荐的修复方案是：低积累作物品种选用、优化施肥和叶面阻控。

根据地质高背景区耕地土壤 Cd 污染研究现状和受污染耕地安全生产实际，对喀斯特地区 Cd 污染耕地的安全利用和严格管控存在的问题及未来发展趋势进行展望。

第10章 展　望

10.1　地质高背景区外源污染叠加效应及耕地土壤镉污染风险识别

2014 年全国土壤污染状况公报和 2018 年全国农用地土壤污染状况详查的结果都显示，西南喀斯特地区是我国农用地土壤重金属污染面积最大的区域，除地质高背景的成因外，长期无序的金属采矿冶炼引发的历史遗留重金属污染叠加也是造成土壤重金属污染严重的重要原因。喀斯特地质高背景与污染叠加区土壤呈现出酸性强、重金属活性高、重金属污染的食物链风险大的特点，亟须开展点源污染叠加效应研究。在充分掌握土壤 Cd 污染来源的基础上，深入剖析地质高背景与污染叠加区重金属 Cd 的赋存形态特征及空间变化规律，并尝试通过对耕地土壤有效态 Cd、生物毒理等指标的深入研究，创建地质高背景区土壤污染风险评估的新技术方法，精准识别耕地土壤 Cd 污染风险，做到地质高背景区的风险分区分级与分类管控，在保障食物链及生态环境安全的同时，避免过度修复。

10.2　山地作物安全生产的土壤镉风险阈值研究

我国现行土壤质量标准《土壤环境质量　农用地土壤污染风险管控标准（试行）》（GB 15618—2018）规定了农用地土壤重金属 Cd 的风险筛选值（risk screening values，RSV）和风险管制值（risk intervention values，RIV）。当农用地土壤中重金属含量≤RSV 时，土壤评价等级为优先保护等级，表明土壤中重金属对农产品质量安全、农作物生长或土壤生态环境的风险低，一般情况下可以忽略。当农用地土壤中重金属含量介于 RSV 和 RIV之间时，土壤评价等级为安全利用等级，表明土壤中重金属对农产品质量安全、农作物生长或土壤生态环境可能存在风险，需加强土壤环境监测和农产品的协同监测。当农用地土壤中重金属＞RIV 时，土壤评价等级为严格管控等级，表明该农用地上种植的可食用性农产品不符中国质量安全标准，将不被允许继续种植可食用农作物。该标准在湖南、福建、江苏等地区均能较准确地对重金属污染土壤进行分类。但中国地域辽阔，不同地区耕地土壤环境质量差异较大，同时不同区域土壤重金属污染来源复杂。大量研究表明采用现行标准对喀斯特地区高 Cd 土壤进行分类及评价的适用性较差，相对其他区域，现行标准应用于喀斯特地区过于严格，导致对农用地的精确分类和管理，以及农业发展带来极大的挑战。在喀斯特地区，玉米、马铃薯、辣椒、蔬菜等是重要的旱地作物，不同作物对 Cd 的吸收、转运和累积的特性差异较大，同时作为区域主要土壤类型存在极大差异，酸性黄红壤 Cd 含量低但风险高，而石灰（岩）土 Cd 含量高但风险低。后续研究可对农作物可食用部分重金属浓度与土壤重金属的有效态浓度或占比进行回归模型的建立，用归一化后的土壤-农作物转运因子来推导出基于农产品质量安全的不同山地作物土壤有效态重金属风险阈值，并建立验证模型，该模型的成果建立可实现对种植农作物重金属累积风险的预测，从而实现精准防控和分类管理。这或将成为突破地方标准必须严于国家标准限制的有效方法和手段。

10.3 安全利用与管控技术原理及分级治理技术方案与模式构建

由于喀斯特地质高背景区 Cd 污染耕地安全利用与管控技术原理的缺失，近年来的生产实践中仍然存在安全利用技术不规范、障碍修复成效差、管控不到位等问题。未来研究可关注低风险耕地土壤 Cd 钝化/阻隔修复技术研发；中轻度风险耕地土壤 Cd 低积累作物安全种植及超积累植物萃取技术研发；Cd 高风险耕地种植结构调整及农艺调控技术研发；专一性强的高科技材料在 Cd 污染耕地土壤上的应用技术研究及新材料研发。在开展农用地土壤环境质量与农产品协同监测与评价的基础上，针对不同地质高背景区土壤 Cd 污染特点和农业产业结构，制定安全利用与管控的技术方案，通过应用示范，形成一套适用于喀斯特地区的土壤 Cd 污染的分级治理方案和技术模式，做到一域一策，精准防控。特别值得注意的还有针对 Cd 严重超标且农作物也超标的双超区，必须执行产业结构调整，利用重金属低富集且经济高效的农作物进行替代种植（如烟草、桑树和杨树等乔木以及苎麻等纤维植物）、退耕还林还草、轮作休耕等严格管控措施，降低食物链的人体健康风险，保障区域生态环境安全。

科学，35（7）：2103-2111.

窦韦强. 2020. 不同耕作制度下农用地土壤镉的生态安全阈值研究. 北京：中国农业科学院.

都雪利，李波，崔杰华，等. 2020. 辽宁某冶炼厂周边农田土壤与农产品重金属污染特征及风险评价. 农业环境科学学报，39（10）：2249-2258.

杜彩艳，段宗颜，曾民，等. 2015. 田间条件下不同组配钝化剂对玉米（*Zea mays*）吸收 Cd、As 和 Pb 影响研究. 生态环境学报，24（10）：1731-1738.

杜建国，赵佳懿，林彩，等. 2013. 应用物种敏感性分布法评估不同形态 Cr 对海洋生物的生态风险. 海洋环境科学，32（4）：570-575.

樊云龙，熊康宁，苏孝良，等. 2010. 喀斯特高原不同植被演替阶段土壤动物群落特征. 山地学报，28（2）：226-233.

范明毅，杨皓，黄先飞，等. 2016. 典型山区燃煤型电厂周边土壤重金属形态特征及污染评价. 中国环境科学，36（8）：2425-2436.

范业赓，廖洁，王天顺，等. 2019. 镉胁迫对甘蔗抗氧化酶系统及非蛋白巯基物质的影响. 湖南农业科学（4）：23-27.

房君佳. 2018. 铅锌尾矿砂影响下的土壤有机碳与微生物交互关系. 重庆：西南大学.

封文利，郭朝晖，彭驰，等. 2018. 中亚热带区典型稻田系统重金属输入/输出平衡. 中国土壤学会土壤环境专业委员会第二十次会议暨农田土壤污染与修复研讨会摘要集.

冯凤玲，成杰民，王德霞. 2006. 蚯蚓在植物修复重金属污染土壤中的应用前景. 土壤通报，37（4）：809-814.

冯济舟. 2008. 贵州省地球化学图集. 北京：地质出版社.

冯先翠，陈亚刚，焦洪鹏，等. 2023. 巯基化蒙脱石用于镉污染农田安全生产的效果及其持久性. 环境科学，44（3）：1706-1713.

冯新斌，等. 2015. 乌江流域水库汞的生物地球化学过程及环境效应. 北京：科学出版社.

付海波，曾艳，陈敬安，等. 2014. 铅锌矿冶炼区农田土壤和马铃薯中 Cd 含量及其化学形态分布. 河南农业科学，43（9）：66-71.

付阳阳. 2019. 自然地理环境对县域贫困化空间分异的影响研究：以贵州省连片特困区为例. 武汉：华中师范大学.

高金涛，王晓玥，周兴，等. 2022. 调理剂配合紫云英还田降低水稻土镉的生物有效性. 植物营养与肥料学报，28（10）：1828-1839.

高瑞忠，张阿龙，张生，等. 2019. 西北内陆盐湖盆地土壤重金属 Cr、Hg、As 空间分布特征及潜在生态风险评价. 生态学报，39（7）：2532-2544.

高志岭，刘建玲，廖文华. 2001. 磷肥施用与镉污染的研究现状及防治对策. 河北农业大学学报，24（3）：90-94.

葛颖，马进川，邹平，等. 2021. 水分管理对镉轻度污染耕地水稻镉积累的影响. 灌溉排水学报，40（3）：79-86.

宫健，何连生，李强，等. 2022. 典型石油场地周边土壤重金属形态特征及源解析. 环境科学，43（12）：5710-5717.

苟体忠，阮运飞. 2020. 万山汞矿区土壤重金属污染特征及来源解析. 化工环保，40（3）：336-341.

古一帆，何明，李进玲，等. 2009. 上海奉贤区土壤理化性质与重金属含量的关系. 上海交通大学学报（农业科学版），27（6）：601-605，623.

顾国平，章明奎. 2006. 蔬菜地土壤有效态重金属提取方法的比较. 生态与农村环境学报，22（4）：67-70.

顾继光，周启星. 2002. 镉污染土壤的治理及植物修复. 生态科学，21（4）：352-356.

顾小凤. 2020. 地球化学异常区土壤重金属污染叠加效应研究. 贵阳：贵州大学.

关共凑，魏兴琥，陈楠纬. 2013. 佛山市郊菜地土壤理化性质与重金属含量及其相关性. 环境科学与管理，38（2）：78-82.

管伟豆. 2021. 北方农田土壤重金属镉（Cd）污染区小麦、玉米安全生产阈值研究. 杨凌：西北农林科技大学.

贵州省统计局，国家统计局贵州调查总队. 2019. 贵州统计年鉴—2019. 北京：中国统计出版社.

贵州省土壤普查办公室. 1994. 贵州土种志. 贵阳：贵州科技出版社.

郭炳跃，杨锟鹏，张璟，等. 2023. 二氧化锰/氨基改性生物炭对铅、镉复合污染土壤的钝化修复研究. 生态与农村环境学报，39（3）：422-428.

郭超，文宇博，杨忠芳，等. 2019. 典型岩溶地质高背景土壤镉生物有效性及其控制因素研究. 南京大学学报（自然科学），55（4）：678-687.

郭卉. 2008. 重金属 Cd、Zn 对马铃薯生长及品质的影响. 长沙：湖南农业大学.

郭卫岗. 2013. 不同提取剂提取的土壤有效态镉比较研究. 科技风（17）：76.

郭晓方，卫泽斌，丘锦荣，等. 2010. 玉米对重金属累积与转运的品种间差异. 生态与农村环境学报，26（4）：367-371.

郭彦海，孙许超，张士兵，等. 2017. 上海某生活垃圾焚烧厂周边土壤重金属污染特征、来源分析及潜在生态风险评价. 环境科学，38（12）：5262-5271.

国家环境保护局. 1990. 中国土壤元素背景值. 北京：中国环境科学出版社.

韩桂琪，王彬，徐卫红，等. 2012. 重金属 Cd、Zn、Cu 和 Pb 复合污染对土壤生物活性的影响. 中国生态农业学报，20（9）：1236-1242.

韩欣笑. 2017. 灌溉水-土壤系统中重金属镉的输入与输出通量的研究. 长沙：湖南农业大学.

韩瑜. 2020. 广州土壤-作物体系中镉的富集迁移及健康风险评估. 广州：华南理工大学.

杭小帅，周健民，王火焰，等. 2007. 粘土矿物修复重金属污染土壤. 环境工程学报，1（9）：113-120.

何博，赵慧，王铁宇，等. 2019. 典型城市化区域土壤重金属污染的空间特征与风险评价. 环境科学，40（6）：2869-2876.

何俊瑜，任艳芳，任明见，等. 2009. 镉对小麦种子萌发、幼苗生长及抗氧化酶活性的影响. 华北农学报，24（5）：135-139.

何如海，薛中俊，刘娜，等. 2020. 两种土地利用方式下土壤重金属污染特征与评价. 长江流域资源与环境，29（8）：1858-1864.

何邵麟，龙超林，刘应忠，等. 2004. 贵州地表土壤及沉积物中镉的地球化学与环境问题. 贵州地质，21（4）：245-250.

何雪. 2022. 马铃薯富集镉的预测模型研究. 贵阳：贵州大学.

何钟响，李尝君，刘尚儒，等. 2021. 不同土壤改良剂对耐盐碱水稻的增产效应研究（英文）. Agricultural Science & Technology，22（3）：1-6.

和君强，贺前锋，刘代欢，等. 2017. 土壤镉食品卫生安全阈值影响因素及预测模型：以长沙某地水稻土为例. 土壤学报，54（5）：1181-1194.

贺纪正. 2014. 土壤生物学前言. 北京：科学出版社.

贺建群，许嘉琳，杨居荣，等. 1994. 土壤中有效态 Cd、Cu、Zn、Pb 提取剂的选择. 农业环境保护，13（6）：246-251.

侯佳渝，申燕，曹淑萍，等. 2013. 天津市郊区菜地土壤重金属通量的研究. 安徽农业科学，41（13）：

5764，5773.

后希康，张凯，段平洲，等.2021. 基于 APCS-MLR 模型的沱河流域污染来源解析. 环境科学研究，34（10）：2350-2357.

胡碧峰，王佳昱，傅婷婷，等.2017. 空间分析在土壤重金属污染研究中的应用. 土壤通报，48（4）：1014-1024.

胡超，徐国华，齐学斌，等.2011. 再生水分根交替地下滴灌对马铃薯品质和重金属积累影响. 灌溉排水学报，30（3）：43-46.

胡静娴.2020. 一株耐镉细菌诱导矿化及对 Cd^{2+} 的吸附作用研究. 沈阳：沈阳化工大学.

胡立志，刘鸿雁，刘青栋，等.2021. 贵州喀斯特地区辣椒镉的累积特性及土壤风险阈值研究. 生态科学，40（3）：193-200.

胡省英，冉伟彦，范宏瑞.2003. 土壤-作物系统中重金属元素的地球化学行为. 地质与勘探，39（5）：84-87.

胡新喜，陈哲明，曹樑，等.2015. 种植模式对冬闲稻田马铃薯植株镉积累的影响//中国作物学会马铃薯专业委员会. 马铃薯产业与现代可持续农业（2015）.

胡玉莲，郭朝晖，徐智，等.2022. 镉污染水稻秸秆生物炭对土壤中镉稳定性的影响. 农业工程学报，38（5）：204-211.

环境保护部，国土资源部.2014. 全国土壤污染状况调查公报. 北京：环境保护部.

黄昌勇.2000. 土壤学. 北京：中国农业出版社.

黄蕾，王鹃，彭培好，等.2011. 川中丘陵区耕作土壤剖面重金属元素含量研究. 江西师范大学学报（自然科学版），35（3）：276-279.

黄龙.2010. 水源地健康风险评价研究：以阳澄湖为例.苏州：苏州科技学院.

黄青青，刘星，张倩，等.2016. 磷肥中镉的环境风险及生物有效性分析. 环境科学与技术，39（2）：156-161.

黄永东，黄永川，于官平，等.2011. 蔬菜对重金属元素的吸收和积累研究进展. 长江蔬菜（10）：1-6.

黄玉源，黄益宗，李秋霞，等.2005. 广州市污水灌溉对菜地土壤和蔬菜的影响. 环境化学，24（6）：731-732.

贾夏，周春娟，董岁明.2011. 镉胁迫对小麦的影响及小麦对镉毒害响应的研究进展. 麦类作物学报，31（4）：786-792.

江玉梅，张晨，黄小兰，等.2016. 重金属污染对鄱阳湖底泥微生物群落结构的影响. 中国环境科学，36（11）：3475-3486.

蒋攀，黄怡，杜艳玲，等.2019. 土壤镉污染及其修复技术的研究进展. 广西农业机械化（4）：52-56.

金皋琪，傅丽青，黄其颖，等.2019. 农田土壤重金属赋存形态和生物有效性分析：以金华市某 100 亩农田为例. 绿色科技，21（24）：74-78.

金慧英，李法卿，谭维国，等.2000. 镉中毒肝脏过氧化氢（H_2O_2）定位及抗氧化系统的变化. 中国公共卫生，16（1）：15-16.

景炬辉，刘晋仙，李毳，等.2017. 中条山铜尾矿坝面土壤细菌群落的结构特征. 应用与环境生物学报（3）：527-534.

柯欣，梁文举，宇万太，等.2004. 下辽河平原不同土地利用方式下土壤微节肢动物群落结构研究. 应用生态学报，15（4）：600-604.

孔祥臻，何伟，秦宁，等.2011. 重金属对淡水生物生态风险的物种敏感性分布评估. 中国环境科学，31（9）：1555-1562.

赖金龙.2021. 甘薯块根对铀/镉吸收、转运、微区分布及逆境生理响应机制. 绵阳：西南科技大学.

兰玉书，石桔岐，杨刚，等.2021. 磷石膏堆场周边水稻土重金属污染特征及稻米的人体健康风险分析. 地球环境学报，12（2）：224-231.

李发生，韩梅，熊代群，等.2003.不同浸提剂对几种典型土壤中重金属有效态的浸提效率研究.农业环境科学学报，22（6）：704-706.

李非里，刘丛强，杨元根，等.2007.贵阳市郊菜园土-辣椒体系中重金属的迁移特征.生态与农村环境学报，23（4）：52-56.

李富荣，文典，王富华，等.2016.广东地区芸薹类叶菜-土壤镉污染相关性分析及土壤镉限量值研究.生态环境学报，25（4）：705-710.

李浩杰，钞锦龙，姚万程，等.2022.小麦籽粒重金属含量特征及人体健康风险评价：以河南省北部某县为例.环境化学，41（4）：1158-1167.

李红月.2015.长白山地丘陵区不同土地利用方式土壤动物的群落特征.长春：东北师范大学.

李辉信，胡锋，沈其荣，等.2002.接种蚯蚓对秸秆还田土壤碳、氮动态和作物产量的影响.应用生态学报，13（12）：1637-1641.

李吉宏，聂达涛，刘梦楠，等.2021.广东典型镉污染稻田土壤镉的生物有效性测定方法及风险管控值初探.农业资源与环境学报，38（6）：1094-1101.

李继平，李敏权，惠娜娜，等.2013.马铃薯连作田土壤中主要病原真菌的种群动态变化规律.草业学报，22（4）：147-152.

李嘉蕊.2019.基于土壤-作物-人体系统的耕地重金属污染评价和健康风险评估.杭州：浙江大学.

李剑睿，徐应明.2021.长期淹水、传统灌溉、湿润灌溉条件下海泡石修复镉污染水稻土效应.江苏农业科学，49（17）：226-231.

李娇，陈海洋，滕彦国，等.2016.拉林河流域土壤重金属污染特征及来源解析.农业工程学报，32（19）：226-233.

李丽.2018.基于GIS的银都矿区土壤重金属空间分布与污染评价.北京：中国地质大学（北京）.

李丽辉，王宝禄.2008.云南省土壤As、Cd元素地球化学特征.物探与化探，32（5）：497-501.

李玲，高畅，董洋洋，等.2013.典型煤矿工业园区土壤重金属污染评价.土壤通报，44（1）：227-231.

李明远，张小婷，刘汉燊，等.2022.水分管理对稻田土壤铁氧化物形态转化的影响及其与镉活性变化的耦合关系.环境科学，43（8）：4301-4312.

李彤，陆继龙，来雅文，等.2022.尾矿周边土壤及玉米中重金属分布特征与风险评价研究：以夹皮沟金矿区尾矿为例.环境科学与管理，47（5）：174-178.

李威.2022.贵州两种土壤种植条件下马铃薯对镉富集的特征研究.贵阳：贵州大学.

李霞，张慧鸣，徐震，等.2016.农田Cd和Hg污染的来源解析与风险评价研究.农业环境科学学报，35（7）：1314-1320.

李小林，颜森，张小平，等.2011.铅锌矿区重金属污染对微生物数量及放线菌群落结构的影响.农业环境科学学报，30（3）：468-475.

李晓强.2014.长白山岳桦林凋落物分解与土壤动物的相互作用.长春：东北师范大学.

李秀梅，周时学，罗胜军，等.2014.地统计学在生态学中的应用.现代农业科技（13）：245，247.

李秀珍，李彬.2008.重金属对植物生长发育及其品质的影响.四川林业科技，29（4）：59-65.

李艳红.2012.巨桉—台湾桤木混合凋落物分解特征及其土壤动物群落动态.成都：四川农业大学.

李增飞，廖国健，石圣杰，等.2023.淹水条件下叶面喷施硒与海泡石联合降低水稻吸收砷镉的风险.农业环境科学学报，42（6）：1208-1218.

李兆伟，莫祖意，孙聪颖，等.2023.OsNAC2d基因编辑水稻突变体的创建及其对干旱胁迫的响应.作物学报，49（2）：365-376.

李正强，熊俊芬，马琼芳，等.2010.4种改良剂对铅锌尾矿污染土壤中光叶紫花苕生长及重金属吸收特性的影响. 中国生态农业学报，18（1）：158-163.

李志博，骆永明，宋静，等. 2008. 基于稻米摄入风险的稻田土壤镉临界值研究：个案研究. 土壤学报，45（1）：76-81.

李忠武，王振中，张友梅，等. 2000. Cd 对土壤动物群落结构的影响. 应用生态学报（6）：931-934.

梁彦秋，关杨，张显龙. 2011. 玉米对镉的累积特性及镉的存在形态研究. 安徽农业科学，39（30）：18569-18570，18572.

梁玉峰，谭长银，曹雪莹，等. 2018. 不同土地利用方式下土壤养分和重金属元素垂直分布特征. 环境工程学报，12（6）：1791-1799.

廖崇惠，李健雄，黄海涛. 1997. 南亚热带森林土壤动物群落多样性研究. 生态学报，17（5）：549-555.

林文杰，肖唐付，敖子强，等. 2007. 黔西北土法炼锌废弃地植被重建的限制因子. 应用生态学报，18（3）：631-635.

林玉锁. 1994. Langmuir，Temkin 和 Freundlich 方程应用于土壤吸附锌的比较. 土壤，26（5）：269-272.

刘才泽，陈敏华，雷风华，等. 2024. 重金属高背景区水稻镉积累与健康安全风险评价：以云南省会泽县娜姑镇为例. 沉积与特提斯地质，44（1）：194-204.

刘东盛，杨忠芳，夏学齐，等. 2008. 成都经济区天降水与下渗水元素地球化学特征及土壤元素输入输出通量. 地学前缘，15（5）：74-81.

刘发欣，伍钧，高怀友，等. 2007. 菜地土壤和蔬菜中 Cd 暴露的人体健康风险分析. 农业环境科学学报，26（5）：1860-1864.

刘高品，刘炳霄，王琨，等. 2022. 土壤-水稻体系镉转运机制及环境安全修复方法研究进展. 环境科学与管理，47（8）：46-50.

刘桂华，任婧，胡岗，等. 2018. 低分子有机酸对石灰性土壤中 Pb、Cd 的淋洗效应. 湖北农业科学，57（6）：43-47.

刘海龙. 2016. 基于蚯蚓生物毒性的土壤 Cd 生态阈值研究. 苏州：苏州科技大学.

刘鸿雁，邢丹，肖玖军，等. 2010. 铅锌矿渣场植被自然演替与基质的交互效应. 应用生态学报，21（12）：3217-3224.

刘克，和文祥，张红，等. 2015. 镉在小麦各部位的富集和转运及籽粒镉含量的预测模型. 农业环境科学学报，34（8）：1441-1448.

刘克. 2016. 我国主要小麦产地土壤 Cd 和 Pb 的安全阈值研究. 杨陵：西北农林科技大学.

刘丽丽. 2010. 土壤中重金属的形态分析及重金属污染土壤的修复. 苏州：苏州科技学院.

刘良，颜小品，王印，等. 2009. 应用物种敏感性分布评估多环芳烃对淡水生物的生态风险. 生态毒理学报，4（5）：647-654.

刘璐璐. 2014. 贵州市关闭煤矿区煤矸石堆场周边水稻土重金属污染特征及评价. 南京：南京农业大学.

刘奇，王晟，赵炫越，等. 2023. 不同叶面阻控剂对玉米 Cd、Pb 积累与转运差异研究. 农业环境科学学报，42（6）：1247-1256.

刘青栋. 2019. 镉在土壤—辣椒体系迁移富集及其耦合关系探究. 贵阳：贵州大学.

刘群群，孟范平，王菲菲，等. 2017. 东营市北部海域沉积物中重金属的分布、来源及生态风险评价. 环境科学，38（9）：3635-3644.

刘任涛，朱凡，赵哈林. 2013. 北方农牧交错区土地利用覆盖变化对大型土壤动物群落结构的影响. 草地学报，21（4）：643-649.

刘田，裴宗平. 2009. 枣庄市大气颗粒物扫描电镜分析和来源识别. 环境科学与管理，34（2）：151-155，174.

刘巍,杨建军,汪君,等.2016.准东煤田露天矿区土壤重金属污染现状评价及来源分析.环境科学,37(5):1938-1945.

刘维涛,周启星.2010.重金属污染预防品种的筛选与培育.生态环境学报,19(6):1452-1458.

刘文楚.2016.基于土地利用方式的城镇土壤重金属空间概率健康风险评价研究.长沙:湖南大学.

刘香香,文典,王其枫,等.2012.广东省不同种类蔬菜与土壤镉污染相关性及阈值研究.中国农学通报,28(10):109-115.

刘香香.2012.广东省4种蔬菜中镉与土壤镉污染相关性及阈值研究.武汉:华中农业大学.

刘旭婷,李明,李法松,等.2018.四种连续提取方案在重金属污染土壤评价中的比较.哈尔滨师范大学自然科学学报,34(6):84-89.

刘雅,辜娇峰,周航,等.2020.谷壳灰对稻田土壤镉、砷生物有效性及糙米镉、砷累积的影响.环境科学学报,40(7):2581-2588.

刘艳萍,刘鸿雁,吴龙华,等.2017.贵阳市某蔬菜地养殖废水污灌土壤重金属、抗生素复合污染研究.环境科学学报,37(3):1074-1082.

刘晏汝,张建伟,包远远,等.2022.区域尺度下水稻土微生物群落对施肥的一致响应.土壤,54(5):968-977.

刘意章,肖唐付,宁增平,等.2013.三峡库区巫山建坪地区土壤镉等重金属分布特征及来源研究.环境科学,34(6):2390-2398.

刘玉玲,姚俊帆,丁司铎,等.2023.添加 Delftia sp. B9 对土壤 Cd 形态分布及水稻吸收积累 Cd 的影响.农业资源与环境学报,40(6):1339-1348.

刘元生,何腾兵,罗海波,等.2003.贵阳市乌当区耕地土壤重金属污染现状及其评价.重庆环境科学,25(10):42-45,93.

刘长海.2008.陕北枣林土壤动物群落的结构及其季节动态.北京:北京林业大学.

刘昭玥,费杨,师华定,等.2021.基于 UNMIX 模型和莫兰指数的湖南省汝城县土壤重金属源解析.环境科学研究,34(10):2446-2458.

刘智峰,呼世斌,宋凤敏,等.2019.陕西某铅锌冶炼区土壤重金属污染特征与形态分析.农业环境科学学报 38(4):818-826.

刘智敏,顾雪元,王晓蓉,等.2013.化学提取法预测土壤中镉对蚯蚓的毒性效应.农业环境科学学报,32(10):1971-1978.

刘子姣,范智睿.2019.焦化厂周边土壤-玉米系统重金属污染风险评价.山西农业科学,47(11):1995-1998.

柳小兰,方慧,王道平,等.2022.土壤镉环境行为对水分管理模式的响应差异.环境科学与技术,45(3):104-110.

龙家寰,刘鸿雁,刘方,等.2014.贵州省典型污染区土壤中镉的空间分布及影响机制.土壤通报,45(5):1252-1259.

龙健,李娟,滕应,等.2003.贵州高原喀斯特环境退化过程土壤质量的生物学特性研究.水土保持学报,17(2):47-50.

龙丽,刘克,张莉莉,等.2024.镉胁迫对不同品种白菜生长生理及亚细胞分布的影响.地球与环境,52(1):65-75.

卢新哲,谷安庆,张言午,等.2019.基于环境地球化学基线的农用地重金属累积特征及其潜在生态危害风险研究.土壤学报,56(2):408-419.

卢新哲,康占军,谷安庆,等.2018.农用地土壤重金属环境地球化学基线研究.地球科学前沿:汉斯,

8（4）：811-819.

芦超峰，胡小锐，蔡加阳，等.2019. 分析与对比 Tessier 五步连续法和 BCR 四步连续法提取各形态的羽毛羽绒重金属元素. 轻纺工业与技术，48（4）：20-22，25.

陆建衡. 2019. 汉源铅锌矿区土壤重金属分布特征及镉、锌迁移行为研究. 成都：成都理工大学.

陆平，赵雪艳，殷宝辉，等.2020. 临沂市 $PM_{2.5}$ 和 PM_{10} 中元素分布特征及来源解析. 环境科学，41（5）：2036-2043.

陆泗进，何立环，孙聪. 2013.2 种连续提取法提取 3 种类型土壤中重金属研究. 北方环境，25（1）：98-102.

陆夏梓. 2022. 铝酸盐材料对镉污染土壤稳定化效果及机制研究. 郑州：河南农业大学.

罗凯. 2020. 喀斯特地区典型农作物对土壤镉的响应及风险阈值研究. 贵阳：贵州大学.

罗美，刘元生，刘方，等. 2007. 贵阳市郊菜地土壤中镉的区域变化与形态特征. 山地农业生物学报，26（6）：527-531.

罗松英，邢雯淋，梁绮霞，等.2019. 湛江湾红树林湿地表层沉积物重金属形态特征、生态风险评价及来源分析. 生态环境学报，28（2）：348-358.

罗唯叶，徐伟健，张志鹏，等.2020. 铅锌矿区土壤中有效态重金属的稳定化研究. 环境工程，38（12）：157-162.

罗宇. 2017. 马铃薯品种镉积累比较及降镉栽培措施研究. 长沙：湖南农业大学.

吕建树，何华春. 2018. 江苏海岸带土壤重金属来源解析及空间分布. 环境科学，39（6）：2853-2864.

吕世海，卢欣石，高吉喜. 2007. 呼伦贝尔草地风蚀沙化土壤动物对环境退化的响应. 应用生态学报，18（9）：2055-2060.

马彩云，蔡定建，严宏.2013.土壤镉污染及其治理技术研究进展. 河南化工，30（16）：17-22.

马莉，陆春胜，王思佳，等.2020.崇明区食用农产品重金属污染状况及健康风险评估. 食品安全质量检测学报，11（13）：4226-4230.

马玲，刘文长，查立新，等. 2010. 土壤样品中镉的形态分析研究. 安徽地质，20（4）：273-276.

毛亚西，符建荣，马军伟，等. 2018. 不同水稻品种的镉吸收特性. 浙江农业学报，30（5）：695-701.

孟祥怀. 2019. 镉污染下蚯蚓行为和微生物群落结构对杨树凋落物分解的影响研究. 昆明：云南大学.

莫斌吉，雷良奇，黄祥林，等. 2014. 镉在硫化矿尾矿中的地球化学行为及其污染防治. 有色金属（矿山部分），66（2）：34-38.

穆景利，王莹，王菊英. 2012. 应用淡水生物毒性数据推导海水水质基准的可行性及适用性初探. 海洋环境科学，31（1）：92-96.

倪珍，闫修民，张兵，等. 2013. 中国土地利用/覆被变化对土壤动物群落多样性的影响研究进展. 安徽农业科学，41（35）：13787-13788，13790-13790.

倪中应，苏瑶，汪亚萍，等. 2022. 不同类型蔬菜重金属镉低积累品种筛选. 浙江农业科学，63（11）：2486-2490.

牛硕，商艳萍，王天齐，等.2023. 南方中稻区镉累积特征及土壤安全阈值研究. 环境科学学报，43（4）：439-447.

农云军，谢继丹，黄名湖，等. 2016. 超声提取法-ICP-MS 测定土壤中有效态铅和镉. 质谱学报，37（1）：68-74.

庞文品，秦樊鑫，吕亚超，等. 2016. 贵州兴仁煤矿区农田土壤重金属化学形态及风险评估. 应用生态学报，27（5）：1468-1478.

彭晚霞，王克林，宋同清，等. 2008. 喀斯特脆弱生态系统复合退化控制与重建模式. 生态学报，28（2）：811-820.

彭炜东. 2019. 农田土壤镉污染现状与修复技术. 云南化工, 46（3）：88-89, 92.

彭益书. 2018. 黔西北土法炼锌区炉渣、土壤与植物系统中重金属分布及迁移研究. 贵阳：贵州大学.

钱建平, 李伟, 张力, 等. 2018. 地下水中重金属污染来源及研究方法综析. 地球与环境, 46（6）：613-620.

乔本梅, 程季珍, 边志勇, 等. 2009. 山西中部菜田土壤养分调查分析. 中国农学通报, 25（23）：268-273.

秦鹏一, 王敏, 高宗军, 等. 2018. 滕州土壤重金属污染特征及生态风险评价. 土壤通报, 49（3）：720-726.

秦世玉, 刘红恩, 梅浩, 等. 2021. 冬小麦对不同镉浓度的响应及镉吸收和亚细胞分布特点研究. 河南农业大学学报, 55（6）：1029-1035.

秦天才, 阮捷, 王腊娇. 2000. 镉对植物光合作用的影响. 环境科学与技术, 23（S1）：33-35, 44.

秦先燕, 李运怀, 孙跃, 等. 2017. 环巢湖典型农业区土壤重金属来源解析. 地球与环境, 45（4）：455-463.

覃朝科, 农泽喜, 黄伟, 等. 2016. 广西某铅锌矿区农田土壤重金属形态分布特征. 安徽农业科学, 44（15）：146-149.

邱莉萍, 张兴昌. 2006. Cu Zn Cd 和 EDTA 对土壤酶活性影响的研究. 农业环境科学学报, 25（1）：30-33.

仇硕, 黄苏珍, 王鸿燕. 2008. Cd 胁迫对黄菖蒲幼苗 4 种抗氧化酶活性的影响. 植物资源与环境学报, 17（1）：28-32.

冉晓追. 2022. 基于化学质量平衡法的黔西北小流域土壤重金属源解析. 贵阳：贵州大学.

任利民, 陈代庚, 陈德友, 等. 2005. 成都盆地浅层土壤中 Cd 来源初探. 地质通报, 24（8）：744-749.

阮玉龙, 李向东, 黎廷宇, 等. 2015. 喀斯特地区农田土壤重金属污染及其对人体健康的危害. 地球与环境, 43（1）：92-97.

赛宁刚, 祁娟, 贾燕伟, 等. 2022. 东祁连山不同土地利用方式下土壤重金属污染评价. 草业学报, 31（10）：99-109.

邵春华. 2011. 三江平原典型地区不同土壤类型耕地与非耕地土壤动物比较研究. 哈尔滨：哈尔滨师范大学.

邵金秋, 刘楚琛, 阎秀兰, 等. 2019. 河北省典型污灌区农田镉污染特征及环境风险评价. 环境科学学报, 39（3）：917-927.

邵学新, 吴明, 蒋科毅. 2007. 土壤重金属污染来源及其解析研究进展. 广东微量元素科学, 14（4）：1-6.

邵莹莹, 陈起伟, 杨丹, 等. 2014. 贵州省石漠化与水土流失的相关性研究：以安顺市为例. 贵州师范学院学报, 30（9）：80-84.

邵玉祥, 杨忠芳, 王磊, 等. 2021. 广西南流江流域土壤-水稻系统 Cd 生物有效性及影响因素. 现代地质, 35（3）：625-636.

邵元虎, 傅声雷. 2007. 试论土壤线虫多样性在生态系统中的作用. 生物多样性, 15（2）：116-123.

师荣光, 赵玉杰, 彭胜巍, 等. 2008. 不同土地利用类型下土壤-作物镉含量积累及其健康风险分析. 资源科学, 30（12）：1904-1909.

石陶然, 赵建, 韩小斌, 等. 2018. 贵州省遵义市主要烟区烟草中重金属含量及其来源研究. 安徽农业科学, 46（3）：53-55, 59.

史贵涛. 2009. 痕量有毒金属元素在农田土壤—作物系统中的生物地球化学循环. 上海：华东师范大学.

史明易, 王祖伟, 王嘉宝, 等. 2020. 基于富集系数对蔬菜地土壤重金属的安全阈值研究. 干旱区资源与环境, 34（2）：130-134.

舒婉钦, 陈光才, 王树凤, 等. 2022. 杞柳 4 个品种 Cd 的亚细胞分布、化学形态及其对 Cd 转运的影响. 植物生理学报, 58（9）：1766-1778.

宋波, 张云霞, 庞瑞, 等. 2018. 广西西江流域农田土壤重金属含量特征及来源解析. 环境科学, 39（9）：4317-4326.

宋博. 2008. 松嫩平原羊草草甸凋落物分解中土壤动物群落特征及其作用研究. 长春：东北师范大学.

宋春然, 何锦林, 谭红, 等. 2005. 贵州省农业土壤重金属污染的初步评价. 贵州农业科学, 33 (2): 13-16.

宋恒飞, 吴克宁, 李婷, 等. 2018. 寒地黑土典型县域土壤重金属空间分布及影响因素分析——以海伦市为例. 土壤通报, 49 (6): 1480-1486.

宋理洪, 王可洪, 闫修民. 2018. 基于 Meta 分析的中国西南喀斯特地区土壤动物群落特征研究. 生态学报, 38 (3): 984-990.

宋书巧, 胡伟. 2015. 广西某喀斯特流域土壤重金属 Cd 分布及其来源分析. 科学技术与工程, 15 (17): 237-241.

宋伟, 陈百明, 刘琳. 2013. 中国耕地土壤重金属污染概况. 水土保持研究, 20 (2): 293-298.

宋文恩, 陈世宝, 唐杰伟. 2014. 稻田生态系统中镉污染及环境风险管理. 农业环境科学学报, 33 (9): 1669-1678.

宋玉婷, 雷泞菲. 2018. 我国土壤镉污染的现状及修复措施. 西昌学院学报 (自然科学版), 32 (3): 79-83.

孙斌. 2020. 不同地质高背景农田土壤水稻 Cd 积累特征及影响因素. 南京: 南京农业大学.

孙聪, 陈世宝, 马义兵, 等. 2013. 基于物种敏感性分布 (Burr-III) 模型预测 Cd 对水稻毒害的生态风险阈值 HC5. 农业环境科学学报, 32 (12): 2316-2322.

孙聪, 陈世宝, 宋文恩, 等. 2014. 不同品种水稻对土壤中镉的富集特征及敏感性分布 (SSD). 中国农业科学, 47 (12): 2384-2394.

孙洪欣, 赵全利, 薛培英, 等. 2015. 不同夏玉米品种对镉、铅积累与转运的差异性田间研究. 生态环境学报, 24 (12): 2068-2074.

孙楠. 2021. 四种景观植物与微生物协同修复铅镉污染土壤研究. 贵阳: 贵州师范大学.

孙向平, 严理, 曾粮斌. 2018. 不同镉污染水平下氮肥对稻田土壤中镉迁移转化的影响. 江苏农业科学, 46 (23): 318-320, 328.

孙亚乔, 姚萌, 段磊, 等. 2015. 煤矸石中重金属连续提取方法的对比研究. 实验技术与管理, 32 (12): 40-43, 48.

唐成. 2013. 大环江两岸农田土壤重金属污染现状及其健康风险评估. 南宁: 广西大学.

唐金刚, 周传艳, 罗时琴, 等. 2012. 岩溶石漠防治新思路: 以贵州省普定县为例. 贵州科学, 30 (3): 87-93.

唐莲, 何权, 李昆, 等. 2016. 四川主要肥料中重金属元素的含量与评价. 四川农业与农机 (5): 38-40, 42.

唐启琳. 2019. 贵州省罗甸北部喀斯特地区土壤和农作物中镉的分布特征及风险评价. 贵阳: 贵州大学.

唐世琪, 刘秀金, 杨柯, 等. 2021. 典型碳酸盐岩区耕地土壤剖面重金属形态迁移转化特征及生态风险评价. 环境科学, 42 (8): 3913-3923.

唐羽. 2013. 蔬菜地土壤重金属的安全阈值与风险评价研究. 杭州: 浙江大学.

陶美霞, 陈明, 杨泉, 等. 2017. GIS 在土壤重金属污染评价和安全预警的应用. 有色金属科学与工程, 8 (6): 92-97.

滕应, 黄昌勇, 骆永明, 等. 2004. 铅锌银尾矿区土壤微生物活性及其群落功能多样性研究. 土壤学报, 41 (1): 113-119.

田茂苑. 2019. 贵州喀斯特地区不同水稻土镉污染风险格局划分. 贵阳: 贵州大学.

田裘学. 1997. 健康风险评价的基本内容与方法. 甘肃环境研究与监测 (4): 33-37.

童文彬, 郭彬, 林义成, 等. 2020. 衢州典型重金属污染农田镉、铅输入输出平衡分析. 核农学报, 34 (5): 1061-1069.

涂峰, 胡鹏杰, 李振炫, 等. 2023. 苏南地区 Cd 低积累水稻品种筛选及土壤 Cd 安全阈值推导. 土壤学报, 60 (2): 435-445.

涂宇. 2020. 黔西北喀斯特小流域农田土壤镉的输入输出通量和质量平衡. 贵阳：贵州大学.

万亚男. 2020. 我国土壤中锌的生态阈值研究. 北京：中国农业科学院.

汪进，韩智勇，冯燕，等. 2021. 成都市工业区绿地土壤重金属形态分布特征及生态风险评价. 生态环境学报，30（9）：1923-1932.

王彬. 2008. 重金属 Cd、Zn、Cu、Pb 污染下土壤生物效应及机理. 重庆：西南大学.

王波，刘晓青，冯昌伟. 2011. 芜湖市部分市售蔬菜重金属含量及其健康风险研究. 中国农学通报，27（31）：143-146.

王翠. 2010. 马铃薯对镉、铅胁迫响应与富集的基因型差异. 成都：四川农业大学.

王丹丹，李辉信，魏正贵，等. 2008. 蚯蚓对污染土壤中黑麦草和印度芥菜吸收累积锌的影响. 土壤，40（1）：73-77.

王佛鹏，肖乃川，周浪，等. 2020. 桂西南地球化学异常区农田重金属空间分布特征及污染评价. 环境科学，41（2）：876-885.

王金凤. 2007. 城市生态系统中不同土地利用类型土壤动物群落学研究. 上海：华东师范大学.

王金贵. 2012. 我国典型农田土壤中重金属镉的吸附—解吸特征研究. 杨凌：西北农林科技大学.

王楷，王丽，王一锟，等. 2023. 外源菌剂联合柠檬酸强化龙葵修复土壤镉污染. 环境科学，44（12）：7024-7035.

王历，周忠发，李丹丹，等. 2017. 基于 PPC 模型与 RI 指数法的茶产地土壤重金属污染评价. 土壤，49（6）：1203-1209.

王梦梦，原梦云，苏德纯. 2017. 我国大气重金属干湿沉降特征及时空变化规律. 中国环境科学，37（11）：4085-4096.

王梦雨. 2021. 蔬菜间镉含量及镉生物有效性差异与调控机制研究. 南京：南京大学.

王农，石静，刘春光，等. 2008. 镉对几种粮食作物子[籽]粒品质的影响. 农业环境与发展，25（2）：114-115.

王沛裘，郑顺林，何彩莲，等. 2016. 液体有机肥对铅、镉污染下马铃薯重金属吸收及干物质积累的研究. 农业环境科学学报，35（3）：425-431.

王润，李思民，陈鹏銮，等. 2022. 我国西南地区代表性蔬菜对重金属的积累特征. 云南师范大学学报（自然科学版），42（4）：49-54.

王邵军. 2009. 武夷山不同海拔土壤动物对凋落物分解的影响. 南京：南京林业大学.

王慎强，陈怀满，司友斌. 1999. 我国土壤环境保护研究的回顾与展望. 土壤，31（5）：255-260.

王士宝，姬亚芹，李树立，等. 2018. 天津市春季道路干沉降 $PM_{2.5}$ 和 PM_{10} 中的元素特征. 环境科学，39（3）：990-996.

王世杰，季宏兵，欧阳自远，等. 1999. 碳酸盐岩风化成土作用的初步研究. 中国科学（D 辑：地球科学），29（5）：441-449.

王维薇，林清. 2017. 国内外土壤镉污染及其修复技术的现状与展望. 绿色科技（4）：90-93.

王维薇. 2018. 广西岩溶地区碳酸盐岩 Cd 元素分布特征研究. 南宁：广西师范学院.

王伟全，徐冬莹，黄青青，等. 2022. 污灌区土壤——小麦系统中重金属富集特征及其对人体健康风险评价. 环境化学，41（10）：3231-3243.

王仙攀，陈浒，熊康宁. 2011. 气候干旱对贵州喀斯特高原山区土壤动物群落的影响：以石桥小流域为例. 热带地理，31（4）：357-361，367.

王小蒙，郑向群，丁永祯，等. 2016. 不同土壤下苋菜镉吸收规律及其阈值研究. 环境科学与技术，39（10）：1-8.

王小庆，韦东普，黄占斌，等. 2013. 物种敏感性分布法在土壤中铜生态阈值建立中的应用研究. 环境科学学报, 33 (6): 1787-1794.

王小庆, 韦东普, 黄占斌, 等. 2012. 物种敏感性分布在土壤中镍生态阈值建立中的应用研究. 农业环境科学学报, 31 (1): 92-98.

王小庆. 2012. 中国农业土壤中铜和镍的生态阈值研究. 北京: 中国矿业大学.

王兴富, 黄先飞, 胡继伟, 等. 2020. 喀斯特山地 Ni-Mo 废弃矿区周围镉污染及农作物富集特征. 环境化学, 39 (7): 1872-1882.

王兴明, 涂俊芳, 李晶, 等. 2006. 镉处理对油菜生长和抗氧化酶系统的影响. 应用生态学报, 17 (1): 102-106.

王旭莲, 刘鸿雁, 周显勇, 等. 2021. 地质高背景区马铃薯安全生产的土壤镉风险阈值. 农业环境科学学报, 40 (2): 355-363.

王雪雯, 刘鸿雁, 顾小凤, 等. 2022. 地质高背景与污染叠加区不同土地利用方式下土壤重金属分布特征. 环境科学, 43 (4): 2094-2103.

王亚平, 黄毅, 王苏明, 等. 2005. 土壤和沉积物中元素的化学形态及其顺序提取法. 地质通报, 24 (8): 728-734.

王颜昊, 刘增辉, 柳新伟, 等. 2019. 黄河三角洲表层土壤重金属空间分布与潜在生态风险评价. 水土保持学报, 33 (3): 305-311, 319.

王洋洋, 李方方, 王笑阳, 等. 2019. 铅锌冶炼厂周边农田土壤重金属污染空间分布特征及风险评估. 环境科学, 40 (1): 437-444.

王一锟, 梁婷, 周国朋, 等. 2024. 不同生物质炭的镉吸附特征及对云南土壤镉污染的调控效应. 土壤学报, 61 (1): 151-162.

王逸群, 许端平, 薛杨, 等. 2018. Pb 和 Cd 赋存形态与土壤理化性质相关性研究. 地球与环境, 46 (5): 451-455.

王印, 王军军, 秦宁, 等. 2009. 应用物种敏感性分布评估 DDT 和林丹对淡水生物的生态风险. 环境科学学报, 29 (11): 2407-2414.

王雨生, 刘鸿雁, 李瑞, 等. 2012. 污泥连续施用对玉米、小麦中 Zn、Cd 累积的影响. 贵州大学学报 (自然科学版), 29 (5): 129-135.

王振海, 殷秀琴, 蒋云峰. 2014. 长白山苔原带土壤动物群落结构及多样性. 生态学报, 34 (3): 755-765.

王孜楠. 2020. 赤子爱胜蚓对典型金属污染土壤镉锌有效性及伴矿景天吸取修复的影响研究. 贵阳: 贵州大学.

王子萱, 陈宏坪, 李明, 等. 2019. 不同土壤中镉对大麦和多年生黑麦草毒性阈值的研究. 土壤, 51 (6): 1151-1159.

王祖伟, 李宗梅, 王景刚, 等. 2007. 天津污灌区土壤重金属含量与理化性质对小麦吸收重金属的影响. 农业环境科学学报, 26 (4): 1406-1410.

韦朝阳, 陈同斌. 2001. 重金属超富集植物及植物修复技术研究进展. 生态学报, 21 (7): 1196-1203.

韦小了, 牟力, 付天岭, 等. 2019. 不同钝化剂组合对水稻各部位吸收积累 Cd 及产量的影响. 土壤学报, 56 (4): 883-894.

韦业川, 张新英, 秦贱荣, 等. 2020. 广西铅锌矿企业周边农产品重金属污染及健康风险评估. 南宁师范大学学报 (自然科学版), 37 (1): 81-85.

魏复盛, 陈静生, 吴燕玉, 等. 1991. 中国土壤环境背景值研究. 环境科学, 12 (4): 12-19, 94.

魏树和, 周启星, 王新. 2003. 18 种杂草对重金属的超积累特性研究. 应用基础与工程科学学报, 11 (2): 152-160.

魏勇. 2021. 燃煤过程中典型重金属的释放、迁移转化及富集机制研究. 合肥: 中国科学技术大学.

文典, 胡霓红, 赵凯, 等. 2012. 小白菜对土壤中 5 种重金属的富集特征及土壤安全临界值的研究. 热带作物学报, 33（11）: 1942-1948.

文吉昌, 杨杰, 姚海艳, 等. 2017. 贵州省土壤镉环境现状分布与特点及修复状况. 环境保护与循环经济, 37（3）: 51-55.

吴呈显. 2013. 农业土壤重金属污染来源解析技术研究. 杭州: 浙江大学.

吴迪, 邓琴, 耿丹, 等. 2015. 贵州废弃铅锌矿区优势植物中铅、锌、铬含量及富集特征. 湖北农业科学, 54（10）: 2363-2366, 2371.

吴迪, 董彬, 尉海东. 2017. 土壤重金属污染来源研究综述. 安徽农学通报, 23（23）: 58-60.

吴东辉, 尹文英, 卜照义. 2008. 松嫩草原中度退化草地不同植被恢复方式下土壤线虫的群落特征. 生态学报, 28（1）: 1-12.

吴丰昌, 孟伟, 曹宇静, 等. 2011. 镉的淡水水生生物水质基准研究. 环境科学研究, 24（2）: 172-184.

吴建军, 蒋艳梅, 吴愉萍, 等. 2008. 重金属复合污染对水稻土微生物生物量和群落结构的影响. 土壤学报, 45（6）: 1102-1109.

吴烈善, 咸思雨, 孔德超, 等. 2016. 单宁酸与柠檬酸复合淋洗去除土壤中重金属 Cd 的研究. 环境工程, 34（8）: 178-181, 165.

吴龙华, 骆永明, 章海波. 2001. 有机络合强化植物修复的环境风险研究 I.EDTA 对复合污染土壤中 TOC 和重金属动态变化的影响. 土壤（4）: 189-192.

吴明, 吴丹, 夏俊荣, 等. 2019. 成都冬季 $PM_{2.5}$ 化学组分污染特征及来源解析. 环境科学, 40（1）: 76-85.

吴攀, 刘丛强, 杨元根, 等. 2002. 炼锌废渣中重金属 Pb、Zn 的矿物学特征. 矿物学报, 22（1）: 39-42.

吴攀, 刘丛强, 杨元根, 等. 2003. 炼锌固体废渣中重金属（Pb、Zn）的存在状态及环境影响. 地球化学, 32（2）: 139-145.

吴鹏飞, 杨大星. 2011. 若尔盖高寒草甸退化对中小型土壤动物群落的影响. 生态学报, 31（13）: 3745-3757.

吴清林, 梁虹, 熊康宁, 等. 2018. 石漠化环境水土综合整治与山地混农林业前沿理论与对策. 水土保持学报, 32（2）: 11-18, 33.

吴廷娟. 2013. 全球变化对土壤动物多样性的影响. 应用生态学报, 24（2）: 581-588.

吴彦瑜, 胡小英, 彭晓春, 等. 2013a. 电路板生产厂区土壤重金属垂向分布特征. 中国环境科学, 33（S1）: 160-164.

吴彦瑜, 彭晓春, 陈志良, 等. 2013b. MAP 沉淀法去除渗滤液中低浓度氨氮. 环境工程学报, 7（3）: 925-930.

吴玉峰. 2016. 广西典型高背景镉地区的生态风险评价. 南宁: 广西师范学院.

夏家淇, 骆永明. 2006. 关于土壤污染的概念和 3 类评价指标的探讨. 生态与农村环境学报, 22（1）: 87-90.

相沙沙. 2016. 矿区重金属污染对土壤微生物群落结构的影响. 广州: 华南农业大学.

肖振林, 王果, 黄瑞卿, 等. 2008. 酸性土壤中有效态镉提取方法研究. 农业环境科学学报, 27（2）: 795-800.

谢婷. 2016. 有限体积法在土壤重金属污染物渗流规律中的仿真应用. 衡阳: 南华大学.

谢文军, 周健民, 王火焰. 2008. 重金属 Cu^{2+}、Cd^{2+} 及氯氰菊酯对不同施肥模式土壤微生物功能多样性的影响. 环境科学, 29（10）: 2919-2924.

解冬利. 2010. 不同类型土壤中镍的生物富集特性及其对蚯蚓的毒性效应. 南京: 南京农业大学.

解冬利, 周娟, 王备新, 等. 2011. 不同类型土壤中外源镍对赤子爱胜蚓的急性毒性. 生态毒理学报, 6（1）: 31-36.

辛绢, 胡承孝, 赵小虎, 等.2015. 幼苗法评价不同基因型萝卜镉污染抗性的研究. 中国农业生态环境保护协会.

辛绢.2018. 镉高、低积累萝卜基因型筛选及其镉积累差异机理研究. 武汉: 华中农业大学.

辛未冬.2011. 松嫩沙地固定沙丘土壤动物群落特征及其在凋落物分解中的作用研究. 长春: 东北师范大学.

邢丹.2010. 铅锌矿区重金属迁移特征及耐性植物的筛选研究. 贵阳: 贵州大学.

邢丹, 李瑞, 曹星星, 等.2010. 土法炼锌渣场大叶醉鱼草对重金属的耐性特征. 山地农业生物学, 29 (3): 226-230.

熊安琪, 陈玉成, 代勇, 等.2016. 基于输入输出平衡的重庆地区城郊菜地土壤铅的通量研究. 环境影响评价, 38 (6): 92-96.

熊婕, 朱奇宏, 黄道友, 等.2018. 南方稻田土壤有效态镉提取方法研究. 农业现代化研究, 39(1): 170-177.

徐火忠, 吴东涛, 李贵松, 等.2021. 松阳县典型中轻度污染耕地镉输入输出平衡研究. 浙江农林大学学报, 38 (6): 1231-1237.

徐颖菲, 谢国雄, 章明奎.2019. 改良剂配合水分管理减少水稻吸收土壤中镉的研究. 水土保持学报, 33 (6): 356-360.

徐源, 师华定, 王超, 等.2021. 湖南省郴州市苏仙区重点污染企业影响区的土壤重金属污染源解析. 环境科学研究, 34 (5): 1213-1222.

许芮, 曹石, 刘猛, 等.2020. 设施黄瓜菜田土壤镉污染预测模型及阈值研究. 中国生态农业学报, 28 (10): 1630-1636.

许云海, 刘亚宾, 伍钢, 等.2019. 湖南某铅锌锰冶炼区总悬浮颗粒物重金属来源及健康风险评价. 环境污染与防治, 41 (7): 803-808.

闫华, 欧阳明, 张旭辉, 等.2018. 不同程度重金属污染对稻田土壤真菌群落结构的影响. 土壤, 50 (3): 513-521.

闫磊, 肖昕, 代喃喃.2015. Pb、Cd 单一及复合胁迫在小麦幼苗中的富集特征. 江苏农业科学, 43 (2): 344-347.

颜绍馗, 张伟东, 刘燕新, 等.2009. 雨雪冰冻灾害干扰对杉木人工林土壤动物的影响. 应用生态学报, 20 (1): 65-70.

颜世红, 吴春发, 胡友彪, 等.2013. 典型土壤中有效态镉 $CaCl_2$ 提取条件优化研究. 中国农学通报, 29 (9): 99-104.

阳安迪, 肖细元, 郭朝晖, 等.2021. 模拟酸雨下铅锌冶炼废渣重金属的静态释放特征. 中国环境科学, 41 (12): 5755-5763.

杨贝贝.2020. 地质高背景区硒、镉在土壤-水稻系统中的迁移及人体健康风险研究. 合肥: 安徽师范大学.

杨大星, 杨茂发, 徐进.2013. 生态恢复方式对喀斯特土壤节肢动物群落特征的影响. 贵州农业科学, 41 (2): 91-94.

杨刚, 沈飞, 钟贵江, 等.2011. 西南山地铅锌矿区耕地土壤和谷类产品重金属含量及健康风险评价. 环境科学学报, 31 (9): 2014-2021.

杨寒雯, 刘秀明, 刘方, 等.2021. 喀斯特高镉地质背景区水稻镉的富集、转运特征与机理. 地球与环境, 49 (1): 18-24.

杨红霞, 陈俊良, 刘崴.2019. 镉对植物的毒害及植物解毒机制研究进展. 江苏农业科学, 47 (2): 1-8.

杨华.2014. 玉米籽粒富集土壤中典型重金属预测模型的建立及种间外推. 贵阳: 贵州师范大学.

杨淑颐, 阳锋, 张程, 等.2018. 成都市文娱区表层土壤重金属健康风险评价. 地球与环境, 46(5): 490-497.

杨文弢, 廖柏寒, 周航, 等.2020. 有机肥施用下水稻不同生育期土壤水稻系统中微量元素与 Cd 的关系.

安全与环境学报, 20（5）: 1932-1941.

杨小粉, 伍湘, 汪泽钱, 等. 2020. 水分管理对水稻镉砷吸收积累的影响研究. 生态环境学报, 29（10）: 2091-2101.

杨晓龙, 王彪, 汪本福, 等. 2023. 不同水分管理方式对旱直播水稻产量和稻米品质的影响. 中国水稻科学, 37（3）: 285-294.

杨效东, 刘宏茂, 郑征, 等. 2003. 砂仁种植对季节雨林土壤节肢动物群落结构影响的初步研究. 生态学杂志, 22（4）: 10-15.

杨兴. 2015. 生物质炭对土壤中重金属生物有效性及其形态分布的影响研究. 杭州: 浙江农林大学.

杨雅伦, 郭燕枝, 孙君茂. 2017. 我国马铃薯产业发展现状及未来展望. 中国农业科技导报, 19（1）: 29-36.

杨妍妍, 李金香, 梁云平, 等. 2015. 应用受体模型（CMB）对北京市大气 $PM_{2.5}$ 来源的解析研究. 环境科学学报, 35（9）: 2693-2700.

杨阳, 李艳玲, 陈卫平, 等. 2017. 蔬菜镉（Cd）富集因子变化特征及其影响因素. 环境科学, 38（1）: 399-404.

杨元根, 刘丛强, 吴攀, 等. 2003. 贵州赫章土法炼锌导致的土壤重金属污染特征及微生物生态效应. 地球化学, 32（2）: 131-138.

杨长林. 2012. 稀土尾矿坝区域土壤重金属污染与农产品健康风险评价. 成都: 四川农业大学.

杨之江, 陈效民, 景峰, 等. 2018. 基于 GIS 和地统计学的稻田土壤养分与重金属空间变异. 应用生态学报, 29（6）: 1893-1901.

杨志新, 冯圣东, 刘树庆. 2005. 镉、锌、铅单元素及其复合污染与土壤过氧化氢酶活性关系的研究. 中国生态农业学报, 13（4）: 138-141.

杨子鹏, 肖荣波, 陈玉萍, 等. 2020. 华南地区典型燃煤电厂周边土壤重金属分布、风险评估及来源分析. 生态学报, 40（14）: 4823-4835.

叶华香, 张思冲, 辛蕊, 等. 2011. 哈尔滨市郊菜地土壤重金属及土壤理化性质. 中国农学通报, 27（2）: 162-166.

叶文玲, 郭贵凤, 何志乐, 等. 2017. 降低稻米中镉富集的农作技术及生物技术研究进展. 环境科学与技术, 40（S1）: 145-149.

叶岳, 周运超. 2009. 喀斯特石漠化小生境对大型土壤动物群落结构的影响. 中国岩溶, 28（4）: 413-418.

易磊, 张增强, 沈锋, 等. 2012. 浸提条件和浸提剂类型对土壤重金属浸提效率的影响. 西北农业学报, 21（1）: 156-160.

易文利, 董奇, 杨飞, 等. 2018. 宝鸡市不同功能区土壤重金属污染特征、来源及风险评价. 生态环境学报, 27（11）: 2142-2149.

殷秀琴, 宋博, 董炜华, 等. 2010. 中国土壤动物生态地理研究进展. 地理学报, 65（1）: 91-102.

尹君, 刘文菊, 谢建治, 等. 2000. 土壤中有效态镉、汞浸提剂和浸提条件研究. 河北农业大学学报, 23（2）: 25-28.

尹文英, 等. 1998. 中国土壤动物检索图鉴. 北京: 科学出版社.

于蕾. 2015. 山东省土壤重金属环境基准及标准体系研究. 济南: 山东师范大学.

于元赫, 吕建树, 王亚梦. 2018. 黄河下游典型区域土壤重金属来源解析及空间分布. 环境科学, 39（6）: 2865-2874.

袁波, 傅瓦利, 蓝家程, 等. 2011. 菜地土壤铅、镉有效态与生物有效性研究. 水土保持学报, 25（5）: 130-134.

袁林, 刘颖, 兰玉书, 等. 2018. 不同玉米品种对镉吸收累积特性研究. 四川农业大学学报, 36（1）: 22-27.

袁文悦. 2017. 上海城郊土壤及蔬菜重金属污染情况研究. 上海：上海交通大学.

袁柱. 2020. 横断山脉地区蚯蚓分类及分化与扩散研究. 上海：上海交通大学.

岳蛟, 叶明亮, 杨梦丽, 等. 2019. 安徽省某市农田土壤与农产品重金属污染评价. 农业资源与环境学报, 36（1）：53-61.

曾庆楠, 安毅, 秦莉, 等. 2018. 物种敏感性分布法在建立土壤生态阈值方面的研究进展. 安全与环境学报, 18（3）：1220-1224.

湛天丽. 2017. 贵州铜仁汞矿区农田土壤重金属污染风险评估和紫花苜蓿修复效果. 贵阳：贵州大学.

张超, 喻先伟, 马媛, 等. 2023. 赤泥和生物炭对耕地镉污染土壤钝化效果研究. 陕西科技大学学报, 41（1）：38-44.

张晨晨, 胡恭任, 于瑞莲, 等. 2015. 晋江感潮河段沉积物重金属的赋存形态与生物有效性. 环境化学, 34（3）：505-513.

张成省. 2020. 烟草根系分泌物介导的黑胫病抗性机制研究. 北京：中国农业科学院.

张冲, 王富华, 赵小虎, 等. 2008. 东莞蔬菜产区蔬菜重金属污染调查评价. 热带作物学报, 29（2）：250-254.

张传琦. 2011. 土壤中重金属砷、镉、铅、铬、汞有效态浸提剂的研究. 合肥：安徽农业大学.

张大众, 杨海川, 菅明阳, 等. 2019. Cd 胁迫下小麦的形态生理响应及 Cd 积累分布特征. 农业环境科学学报, 38（9）：2031-2040.

张耿苗, 赵钰杰. 2022. 诸暨市不同作物对土壤镉铅吸收的研究：富集系数和安全阈值. 中国农学通报, 38（18）：100-106.

张洪芝, 吴鹏飞, 杨大星, 等. 2011. 青藏东缘若尔盖高寒草甸中小型土壤动物群落特征及季节变化. 生态学报, 31（15）：4385-4397.

张佳. 2019. 地质高背景区农田土壤重金属污染来源辨析与防治分区. 北京：中国地质大学（北京）.

张佳, 杨文弢, 廖柏寒, 等. 2020. 有机肥对酸性稻田土壤 Cd 赋存形态的影响途径和机制. 水土保持学报, 34（1）：365-370.

张洁. 2023. 贵州部分地区土壤-马铃薯重金属污染评价及 Cd 阈值研究. 贵阳：贵州大学.

张军. 2017. 乐安河洪泛区土壤-蔬菜重金属污染特征及风险评价. 南昌：南昌工程学院.

张利强. 2012. 水稻重金属镉的吸收、转运和积累特性研究. 北京：中国农业科学院.

张连科, 李海鹏, 黄学敏, 等. 2016. 包头某铝厂周边土壤重金属的空间分布及来源解析. 环境科学, 37（3）：1139-1146.

张乃明. 2001. 大气沉降对土壤重金属累积的影响. 土壤与环境, 10（2）：91-93.

张宁, 廖燕, 孙福来, 等. 2012. 不同土地利用方式下的蚯蚓种群特征及其与土壤生物肥力的关系. 土壤学报, 49（2）：364-372.

张倩, 韩贵琳. 2022. 贵州普定喀斯特关键带土壤重金属形态特征及风险评价. 环境科学, 43（6）：3269-3277.

张强. 2016. 贵州省主要土壤外源 Pb 和 Cd 对大麦和蚯蚓毒性初步研究. 贵阳：贵州师范大学.

张胜爽. 2020. 微生物对植物修复土壤铅污染的促进效应. 贵州师范大学.

张文, 符传良, 吉清妹, 等. 2016. 花生壳基生物炭对生菜镉吸收和土壤 pH 的影响. 安徽农学通报, 22（6）：78-81.

张孝飞, 林玉锁, 俞飞, 等. 2005. 城市典型工业区土壤重金属污染状况研究. 长江流域资源与环境, 14（4）：512-515.

张兴梅, 杨清伟, 李扬. 2010. 土壤镉污染现状及修复研究进展. 河北农业科学, 14（3）：79-81.

张雪萍, 张毅, 侯威岭, 等. 2000. 小兴安岭针叶凋落物的分解与土壤动物的作用. 地理科学, 20（6）：

552-556.

张燕, 江建锋, 黄奇娜, 等. 2021. 水分管理调控水稻镉污染的研究与应用进展. 中国稻米, 27 (3): 10-16.

张玉秀, 于飞, 张媛雅, 等. 2008. 植物对重金属镉的吸收转运和累积机制. 中国生态农业学报, 16 (5): 1317-1321.

张昱, 胡君利, 白建峰, 等. 2017. 电子废弃物拆解区周边农田土壤重金属污染评价及成因解析. 生态环境学报, 26 (7): 1228-1234.

张钰. 2021. 西北某工业园区周边农田土壤重金属形态特征及与小麦重金属空间对应关系研究. 杨凌: 西北农林科技大学.

张志红, 杨文敏. 2001. 汽油车排出颗粒物的化学组分分析. 中国公共卫生, 17 (7): 623-624.

章海波, 骆永明, 李远, 等. 2014. 中国土壤环境质量标准中重金属指标的筛选研究. 土壤学报, 51 (3): 429-438.

赵迪. 2019. 大米中镉的人体生物有效性及其健康风险评价研究. 南京: 南京大学.

赵靓, 梁云平, 陈倩, 等. 2020. 中国北方某市城市绿地土壤重金属空间分布特征、污染评价及来源解析. 环境科学, 41 (12): 5552-5561.

赵其国. 1997. 土壤圈在全球变化中的意义与研究内容. 地学前缘, 4 (1-2): 153-162.

赵其国. 1998. 土壤与环境问题国际研究概况及其发展趋势. 土壤, 30 (6): 281-310.

赵其国, 滕应. 2013. 国际土壤科学研究的新进展. 土壤, 45 (1): 1-7.

赵淑婷, 孙在金, 林祥龙, 等. 2018. 不同性质土壤中锑对小麦根伸长的毒性阈值及预测模型. 安全与环境学报, 18 (1): 380-385.

赵雄伟, 曹艳花, 李玉桦, 等. 2015. 重金属镉对玉米苗期生理特性和转运变化的研究. 华北农学报, 30 (6): 119-127.

赵亚玲. 2018. 土壤蔬菜中铅镉污染评价与富集特征研究. 蔬菜 (12): 60-64.

赵一莎, 刘冲, 李虎, 等. 2016. Cd 胁迫黄土中施用污泥对小麦生长的影响及吸收 Cd 的效应. 兰州大学学报 (自然科学版), 52 (1): 51-55, 61.

赵勇, 李红娟, 孙治强. 2006. 土壤、蔬菜 Cd 污染相关性分析与土壤污染阈限值研究. 农业工程学报, 22 (7): 149-153.

赵志鹏, 邢丹, 刘鸿雁, 等. 2015. 典型黄壤和石灰土对 Cd 的吸附解吸特性. 贵州农业科学, 43 (6): 83-86.

赵中秋, 朱永官, 蔡运龙. 2005. 镉在土壤-植物系统中的迁移转化及其影响因素. 生态环境, 14 (2): 282-286.

郑杰, 王磊, 喻理飞, 等. 2019. 不同土地利用方式对土壤氮磷和重金属含量的影响. 北方园艺 (4): 112-117.

郑杰, 王志杰, 王磊, 等. 2019. 贵州草海流域不同土地利用方式土壤重金属潜在生态风险评价. 生态毒理学报, 14 (6): 204-211.

郑晴之, 王楚栋, 王诗涵, 等. 2018. 典型小城市土壤重金属空间异质性及其风险评价: 以临安市为例. 环境科学, 39 (6): 2875-2883.

郑倩倩. 2018. 江苏省典型水稻土 Cd 安全阈值的推导及生物富集预测模型的建立. 南京: 南京大学.

郑绍建, 胡霭堂, 蒋廷惠, 等. 1995. 污染土壤中镉活性提取剂的选择. 农业环境保护, 14 (2): 49-53.

郑顺安. 2010. 我国典型农业土壤中重金属的转化与迁移特征研究. 杭州: 浙江大学.

郑喜砷, 鲁安怀. 2002. 土壤中重金属污染现状与防治方法. 土壤与环境, 11 (1): 79-84.

中国营养学会. 2021. 中国居民膳食指南科学研究报告. https://zhuanlan.zhihu.com/p/358267313[2021-03-19].

中国营养学会. 2022. 中国居民膳食指南2022. http://dg.cnsoc.org/article/04/x8zaxCk7QQ2wXw9UnNXJ_A.html.

中华人民共和国国家统计局. 2015. 中国统计年鉴-2015. 北京：中国统计出版社.

钟闻桢, 李明顺. 2008. 锰和镉对农作物生长的毒性效应. 环境与健康杂志, 25 (3)：198-201.

周丹燕, 卜丹蓉, 葛之葳, 等. 2015. 氮添加对沿海不同林龄杨树人工林土壤动物群落的影响. 生态学杂志, 34 (9)：2553-2560.

周涵君, 于晓娜, 秦燚鹤, 等. 施用生物炭对 Cd 污染土壤生物学特性及土壤呼吸速率的影响. 中国烟草学报, 23 (6)：61-68.

周墨, 唐志敏, 张明, 等. 2021. 江西赣州地区土壤-水稻系统重金属含量特征及健康风险评价. 地质通报, 40 (12)：2149-2158.

周启星, 罗义, 祝凌燕. 2007. 环境基准值的科学研究与我国环境标准的修订. 农业环境科学学报, 26 (1)：1-5.

周涛. 2004. 贵州汛期河流面雨量的气候特征分析. 贵州气象, 28 (3)：14-18.

周显勇. 2019. 马铃薯主栽品种吸 Cd 特性及安全生产阈值探究. 贵阳：贵州大学.

周艳, 万金忠, 李群, 等. 2020. 铅锌矿区玉米中重金属污染特征及健康风险评价. 环境科学, 41 (10)：4733-4739.

朱聪, 曲春红, 王永春, 等. 2022. 新一轮国际粮食价格上涨：原因及对中国市场的影响. 中国农业资源与区划, 43 (3)：69-80.

朱德强. 2017. 土壤镉污染及其修复方法. 现代农业科技 (11)：175-177.

朱海平, 姚槐应, 张勇勇, 等. 2003. 不同培肥管理措施对土壤微生物生态特征的影响. 土壤通报, 34 (2)：140-142.

朱恒亮, 刘鸿雁, 龙家寰, 等. 2014. 贵州省典型污染区土壤重金属的污染特征分析. 地球与环境, 42 (4)：505-512.

朱恒亮. 2014. 典型污染区土壤重金属的化学行为及农产品安全. 贵阳：贵州大学.

朱红晓, 刘厚凤. 2019. 德州市 PM$_{10}$ 无机组分特征及来源解析. 中国环境管理干部学院学报, 29 (5)：9-11, 75.

朱青青. 2018. 土壤镉铅锌复合污染下大花栀子和水栀子的生理响应及富集特征. 成都：四川农业大学.

朱永恒, 张衡, 韩斐, 等. 2014. 长江中下游地区农田土地利用对中小型土壤动物群落的影响. 土壤通报, 45 (2)：314-319.

朱志勇, 李友军, 郝玉芬, 等. 2012. 镉对小麦（*Triticum aestivum*）干物质积累、转移及籽粒产量的影响. 农业环境科学学报, 31 (2)：252-258.

宗良纲, 徐晓炎. 2003. 土壤中镉的吸附解吸研究进展. 生态环境, 12 (3)：331-335.

Abbas T, Rizwan M, Ali S, et al. 2018. Effect of biochar on alleviation of cadmium toxicity in wheat (*Triticum aestivum* L.) grown on Cd-contaminated saline soil. Environmental Science and Pollution Research, 25 (26)：25668-25680.

Abdu N, Agbenin J O, Buerkert A. 2012. Fractionation and mobility of cadmium and zinc in urban vegetable gardens of Kano, northern Nigeria. Environmental Monitoring and Assessment, 184 (4)：2057-2066.

Abouchami W, Galer S J G, de Baar H J W, et al. 2014. Biogeochemical cycling of cadmium isotopes in the Southern Ocean along the Zero meridian. Geochimica et Cosmochimica Acta, 127：348-367.

Ahmadi Doabi S, Karami M, Afyuni M. 2016. Regional-scale fluxes of zinc, copper, and nickel into and out of the agricultural soils of the Kermanshah Province in Western Iran. Environmental Monitoring and Assessment, 188 (4)：216.

Aksoy E，Koiwa H. 2013. Function of Arabidopsis CPL1 in cadmium responses. Plant Signaling & Behavior，8（5）：120-124.

Alam M G M，Snow E T，Tanaka A. 2003. Arsenic and heavy metal contamination of vegetables grown in Samta village，Bangladesh. Science of the Total Environment，308（1-3）：83-96.

Aldenberg T，Jaworska J S. 2000. Uncertainty of the hazardous concentration and fraction affected for normal species sensitivity distributions. Ecotoxicology and Environmental Safety，46（1）：1-18.

Altin O，Ozbelge O H，Dogu T. 1999. Effect of pH，flow rate and concentration on the sorption of Pb and Cd on montmorillonite：I experimental. Journal of Chemical Technology and Biotechnology，74（12）：1131-1138.

Amato E D，Simpson S L，Jarolimek C V，et al. 2014. Diffusive gradients in thin films technique provide robust prediction of metal bioavailability and toxicity in estuarine sediments. Environmental Science & Technology，48（8）：4485-4494.

Arao T，Ishikawa S，Murakami M，et al. 2010. Heavy metal contamination of agricultural soil and countermeasures in Japan. Paddy and Water Environment，8（3）：247-257.

Arao T，Kawasaki A，Baba K，et al. 2009. Effects of water management on cadmium and arsenic accumulation and dimethylarsinic acid concentrations in Japanese rice. Environmental Science & Technology，43（24）：9361-9367.

Baird D J，van den Brink P J. 2007. Using biological traits to predict species sensitivity to toxic substances. Ecotoxicology and Environmental Safety，67（2）：296-301.

Barraza F，Moore R E T，Rehkämper M，et al. 2019. Cadmium isotope fractionation in the soil-cacao systems of ecuador：a pilot field study. RSC Advances，9（58）：34011-34022.

Barron M G，Jackson C R，Awkerman J A. 2012. Evaluation of in silico development of aquatic toxicity species sensitivity distributions. Aquatic Toxicology，116：1-7.

Beesley L，Moreno-Jiménez E，Gomez-Eyles J L. 2010. Effects of biochar and greenwaste compost amendments on mobility，bioavailability and toxicity of inorganic and organic contaminants in a multi-element polluted soil. Environmental Pollution，158（6）：2282-2287.

Bi X Y，Feng X B，Yang Y G. 2006a. Quantitative assessment of cadmium emission from zinc smelting and its influences on the surface soils and mosses in Hezhang county，Southwestern China. Atmospheric Environment，40（22）：4228-4233.

Bi X Y，Feng X B，Yang Y G，et al. 2006b. Environmental contamination of heavy metals from zinc smelting areas in Hezhang County，western Guizhou，China. Environment International，32（7）：883-890.

Boekhold A E. 2008. Ecological risk assessment in legislation on contaminated soil in the Netherlands. Science of the Total Environment，406（3）：518-522.

Boim A G F，Melo L C A，Moreno F N，et al. 2016. Bioconcentration factors and the risk concentrations of potentially toxic elements in garden soils. Journal of Environmental Management，170：21-27.

Boostani H R，Hardie A G，Najafi-Ghiri M，et al. 2018. Investigation of cadmium immobilization in a contaminated calcareous soil as influenced by biochars and natural zeolite application. International Journal of Environmental Science and Technology，15（11）：2433-2446.

Borch T，Kretzschmar R，Kappler A，et al. 2010. Biogeochemical redox processes and their impact on contaminant dynamics. Environmental Science & Technology，44（1）：15-23.

Borris M，Österlund H，Marsalek J，et al. 2016. Contribution of coarse particles from road surfaces to dissolved and particle-bound heavy metal loads in runoff: A laboratory leaching study with synthetic stormwater. Science of the Total Environment, 573: 212-221.

Bracher C, Frossard E, Bigalke M, et al. 2021. Tracing the fate of phosphorus fertilizer derived cadmium in soil-fertilizer-wheat systems using enriched stable isotope labeling. Environmental Pollution, 287: 117314.

Briones M J I, Ostle N J, McNamara N P, et al. 2009. Functional shifts of grassland soil communities in response to soil warming. Soil Biology and Biochemistry, 41 (2): 315-322.

Brix K V, DeForest D K, Adams W J. 2001. Assessing acute and chronic copper risks to freshwater aquatic life using species sensitivity distributions for different taxonomic groups. Environmental Toxicology and Chemistry, 20 (8): 1846-1856.

Brock T C M, Crum S J H, Deneer J W, et al. 2004. Comparing aquatic risk assessment methods for the photosynthesis-inhibiting herbicides metribuzin and metamitron. Environmental Pollution, 130 (3): 403-426.

Brown S L, Chaney R L, Angle J S, et al. 1998. The phytoavailability of cadmium to lettuce in long-term biosolids-amended soils. Journal of Environmental Quality, 27 (5): 1071-1078.

Bushoven J T, Jiang Z C, Ford H J, et al. 2000. Stabilization of soil nitrate by reseeding with perennial ryegrass following sudden turf death. Journal of Environmental Quality, 29 (5): 1657-1661.

Cai L M, Jiang H H, Luo J. 2019. Metals in soils from a typical rapidly developing county, Southern China: Levels, distribution, and source apportionment. Environmental Science and Pollution Research, 26 (19): 19282-19293.

Cameron E K, Cahill J F Jr, Bayne E M. 2014. Root foraging influences plant growth responses to earthworm foraging. PLoS One, 9 (9): e108873.

Cao J F, Li C F, Zhang L X, et al. 2020. Source apportionment of potentially toxic elements in soils using apcs/MLR, PMF and geostatistics in a typical industrial and mining city in Eastern China. PLoS One, 15 (9): e0238513.

Cao Z Z, Qin M L, Lin X Y, et al. 2018. Sulfur supply reduces cadmium uptake and translocation in rice grains (Oryza sativa L.) by enhancing iron plaque formation, cadmium chelation and vacuolar sequestration. Environmental Pollution, 238: 76-84.

Chapman E E V, Dave G, Murimboh J D. 2013. A review of metal (Pb and Zn) sensitive and pH tolerant bioassay organisms for risk screening of metal-contaminated acidic soils. Environmental Pollution, 179: 326-342.

Chen H Y, Teng Y G, Lu S J, et al. 2016. Source apportionment and health risk assessment of trace metals in surface soils of Beijing metropolitan, China. Chemosphere, 144: 1002-1011.

Chen J M, Tan M G, Li Y L, et al. 2005. A lead isotope record of Shanghai atmospheric lead emissions in total suspended particles during the period of phasing out of leaded gasoline. Atmospheric Environment, 39 (7): 1245-1253.

Chen L, Wang G M, Wu S H, et al. 2019. Heavy metals in agricultural soils of the Lihe River watershed, East China: spatial distribution, ecological risk, and pollution source. International Journal of Environmental Research and Public Health, 16 (12): 2094.

Chen L, Zhou S L, Wu S H, et al. 2018. Combining emission inventory and isotope ratio analyses for quantitative source apportionment of heavy metals in agricultural soil. Chemosphere, 204: 140-147.

Chen L. 2004. A conservative, nonparametric estimator for the 5th percentile of the species sensitivity distributions. Journal of Statistical Planning and Inference，123（2）：243-258.

Chen Y，Chen F F，Xie M D，et al. 2020.The impact of stabilizing amendments on the microbial community and metabolism in cadmium-contaminated paddy soils. Chemical Engineering Journal，395（395）：125132.

Chen Y，Xie S D，Luo B，et al. 2017. Particulate pollution in urban Chongqing of Southwest China：historical trends of variation，chemical characteristics and source apportionment. Science of the Total Environment，584：523-534.

Chen Y H，Xie T H，Liang Q F，et al. 2016. Effectiveness of lime and peat applications on cadmium availability in a paddy soil under various moisture regimes. Environmental Science and Pollution Research，23（8）：7757-7766.

Chen Z F，Zhao Y，Gu L，et al. 2014. Accumulation and localization of cadmium in potato（*Solanum tuberosum*）under different soil Cd levels. Bulletin of Environmental Contamination and Toxicology，92（6）：745-751.

Chen Z，Tang Y T，Yao A J，et al. 2017. Mitigation of Cd accumulation in paddy rice（*Oryza sativa* L.）by Fe fertilization. Environmental Pollution，231（Pt 1）：549-559.

Cheng N N，Zhang C，Jing D J，et al. 2020. An integrated chemical mass balance and source emission inventory model for the source apportionment of $PM_{2.5}$ in typical coastal areas. Journal of Environmental Sciences，92：118-128.

Cheng W，Lei S G，Bian Z F，et al. 2020. Geographic distribution of heavy metals and identification of their sources in soils near large，open-pit coal mines using positive matrix factorization. Journal of Hazardous Materials，387：121666.

Cheng Z Z，Xie X J，Yao W S，et al. 2014. Multi-element geochemical mapping in Southern China. Journal of Geochemical Exploration，139（100）：183-192.

Ciarkowska K. 2018.Assessment of heavy metal pollution risks and enzyme activity of meadow soils in urban area under tourism load：a case study from zakopane（Poland）. Environmental Science and Pollution Research，25（14）：13709-13718.

Ciffroy P. 2007. Methods for calculating PNECs using species sensitivity distribution（SSD）with various hypothesis on the way to handle ecotoxicity data. Brebbia C. Environmental Health Risk IV. Southampton：Wit Press/Computational Mechanics Publications.

Clemens S，Aarts M G M，Thomine S，et al. 2013. Plant science：the key to preventing slow cadmium poisoning. Trends in Plant Science，18（2）：92-99.

Clemens S，Palmgren M G，Krämer U. 2002. A long way ahead：understanding and engineering plant metal accumulation. Trends in Plant Science，7（7）：309-315.

Cloquet C，Carignan J，Libourel G，et al. 2006. Tracing source pollution in soils using cadmium and lead isotopes. Environmental Science & Technology，40（8）：2525-2530.

Coble K H，Mishra A K，Ferrell S，et al. 2018. Big data in agriculture：a challenge for the future. Applied Economic Perspectives and Policy，40（1）：79-96.

Connan O，Maro D，Hébert D，et al. 2013. Wet and dry deposition of particles associated metals（Cd，Pb，Zn，Ni，Hg）in a rural wetland site，Marais Vernier，France. Atmospheric Environment，67：394-403.

Cui L Q，Pan G X，Li L Q，et al. 2016. Continuous immobilization of cadmium and lead in biochar amended contaminated paddy soil：a five-year field experiment. Ecological Engineering，93：1-8.

Davis E，Walker T R，Adams M，et al. 2019. Source apportionment of polycyclic aromatic hydrocarbons （PAHs） in small craft harbor（SCH） surficial sediments in Nova Scotia，Canada. Science of the Total Environment，691：528-537.

De Laender F，de Schamphelaere K A C，Vanrolleghem P A，et al. 2008. Do we have to incorporate ecological interactions in the sensitivity assessment of ecosystems? An examination of a theoretical assumption underlying species sensitivity distribution models. Environment International，34（3）：390-396.

Deforest D K，Schlekat C E. 2013. Species sensitivity distribution evaluation for chronic nickel toxicity to marine organisms. Integrated Environmental Assessment and Management，9（4）：580-589.

Ding C F，Zhang T L，Wang X X，et al. 2013. Prediction model for cadmium transfer from soil to carrot （*Daucus carota* L.） and its application to derive soil thresholds for food safety. Journal of Agricultural and Food Chemistry，61（43）：10273-10282.

Duboudin C，Ciffroy P，Magaud H. 2004. Effects of data manipulation and statistical methods on species sensitivity distributions. Environmental Toxicology and Chemistry，23（2）：489-499.

Dudka S，Miller W P. 1999. Permissible concentrations of arsenic and lead in soils based on risk assessment. Water，Air，and Soil Pollution，113（1）：127-132.

Elbana T A，Selim H M. 2010.Cadmium transport in alkaline and acidic soils：miscible displacement experiments . Soil Science Society of America Journal，74（6）：1956-1966.

El-Boshy M，Refaat B，Almaimani R A，et al. 2020. Vitamin D3 and calcium cosupplementation alleviates cadmium hepatotoxicity in the rat：Enhanced antioxidative and anti‐inflammatory actions by remodeling cellular calcium pathways. Journal of Biochemical and Molecular Toxicology，34（3）：e22440.

Ernst G，Zimmermann S，Christie P，et al. 2008. Mercury，cadmium and lead concentrations in different ecophysiological groups of earthworms in forest soils. Environmental Pollution，156（3）：1304-1313.

Eschbach M，Möbitz H，Rompf A，et al. 2003. Members of the genus *Arthrobacter* grow anaerobically using nitrate ammonification and fermentative processes：anaerobic adaptation of aerobic bacteria abundant in soil. FEMS Microbiology Letters，223（2）：227-230.

FAO/WHO. 2010. Joint FAO/WHO expert committee on food additives. In Seventy-third Meeting，Geneva. http://www.fao.org/ag/agn/agns/jecfa/JECFA73%20Summary%20Report%20Final.pdf.

Fedorenkova A，Vonk J A，Breure A，et al. 2013. Tolerance of native and non-native fish species to chemical stress：a case study for the river Rhine. Aquatic Invasions，8（2）：231-241.

Feng G，Sharratt B，Wendling L. 2011. Fine particle emission potential from loam soils in a semiarid region. Soil Science Society of America Journal，75（6）：2262-2270.

Feng M H，Shan X Q，Zhang S Z，et al. 2005. A comparison of the rhizosphere-based method with DTPA，EDTA，$CaCl_2$ and $NaNO_3$ extraction methods for prediction of bioavailability of metals in soil to barley. Environmental Pollution，137（2）：231-240.

Feng W L，Guo Z H，Peng C，et al. 2019. Atmospheric bulk deposition of heavy metal（loid）s in central South China：fluxes，influencing factors and implication for paddy soils. Journal of Hazardous Materials，371：634-642.

Filipović L，Romić M，Romić D，et al. 2018. Organic matter and salinity modify cadmium soil（phyto） availability. Ecotoxicology and Environmental Safety，147：824-831.

Fouskas F，Ma L，Engle M A，et al. 2018. Cadmium isotope fractionation during coal combustion：Insights from two U.S. coal-fired power plants. Applied Geochemistry，96：100-112.

Fryer M，Collins C D，Ferrier H，et al. 2006. Human exposure modelling for chemical risk assessment: a review of current approaches and research and policy implications. Environmental Science & Policy，9（3）：261-274.

Fu Y H，Li F M，Guo S H，et al. 2021. Cadmium concentration and its typical input and output fluxes in agricultural soil downstream of a heavy metal sewage irrigation area. Journal of Hazardous Materials，412：125203.

Gajghate D G，Pipalatkar P，Khaparde V V. 2012. Atmospheric concentration of trace elements，dry deposition fluxes and source apportionment study in Mumbai. London：Intech Open Limited.

Gao B，Zhou H D，Liang X R，et al. 2013. Cd isotopes as a potential source tracer of metal pollution in river sediments. Environmental Pollution，181：340-343.

Garcia-Mina J M. 2006.Stability，solubility and maximum metal binding capacity in metal-humic complexes involving humic substances extracted from peat and organic compost. Organic Geochemistry，37（12）：1960-1972.

Garrick M D，Singleton S T，Vargas F，et al. 2006. Dmt1: which metals does it transport? Biological Research，39（1）：79-85.

Gharaibeh M A，Marschner B，Heinze S. 2015. Metal uptake of tomato and alfalfa plants as affected by water source，salinity，and Cd and Zn levels under greenhouse conditions. Environmental Science and Pollution Research，22（23）：18894-18905.

Godt J，Scheidig F，Grosse-Siestrup C，et al. 2006. The toxicity of cadmium and resulting hazards for human health. Journal of Occupational Medicine and Toxicology，1（1）：22.

González-Alcaraz M N，Loureiro S，van Gestel C A M. 2018. Toxicokinetics of Zn and Cd in the earthworm Eisenia andrei exposed to metal-contaminated soils under different combinations of air temperature and soil moisture content. Chemosphere，197：26-32.

Grenni P，Rodríguez-Cruz M S，Herrero-Hernández E，et al. 2012. Effects of wood amendments on the degradation of terbuthylazine and on soil microbial community activity in a clay loam soil. Water，Air，& Soil Pollution，223（8）：5401-5412.

Grobelak A，Napora A，Kacprzak M. 2015. Using plant growth-promoting rhizobacteria（PGPR）to improve plant growth .Ecological Engineering，84：22-28.

Guo L L，Lyu Y L，Yang Y Y. 2017. Concentrations and chemical forms of heavy metals in the bulk atmospheric deposition of Beijing，China. Environmental Science and Pollution Research，24（35）：27356-27365.

Hagen L J，Wagner L E，Skidmore E L. 1999. Analytical solutions and sensitivity analyses for sediment transport in weps. Transactions of the ASAE，42（6）：1715-1722.

Han Y M，Du P X，Cao J J，et al. 2006. Multivariate analysis of heavy metal contamination in urban dusts of Xi'an，Central China. Science of the Total Environment，355（1-3）：176-186.

Hao X Z，Zhou D M，Si Y B. 2004. Revegetation of copper mine tailings with ryegrass and willow. Pedosphere，14（3）：283-288.

He L Z，Meng J，Wang Y，et al. 2021. Attapulgite and processed oyster shell powder effectively reduce cadmium accumulation in grains of rice growing in a contaminated acidic paddy field. Ecotoxicology and Environmental Safety，209：111840.

Hendrix P F，Lachnicht S L，Callaham M A Jr，et al. 1999. Stable isotopic studies of earthworm feeding ecology in tropical ecosystems of Puerto Rico. Rapid Communications in Mass Spectrometry，13（13）：1295-1299.

Honma T，Ohba H，Kaneko-Kadokura A，et al. 2016. Optimal soil Eh，pH，and water management for simultaneously minimizing arsenic and cadmium concentrations in rice grains. Environmental Science & Technology，50（8）：4178-4185.

Hose G C，Van den Brink P J. 2004. Confirming the species-sensitivity distribution concept for endosulfan using laboratory，mesocosm，and field data. Archives of Environmental Contamination and Toxicology，47（4）：511-520.

Hossain M A，Ali N M，Islam M S，et al. 2015. Spatial distribution and source apportionment of heavy metals in soils of Gebeng industrial city，Malaysia. Environmental Earth Sciences，73（1）：115-126.

Houben D，Pircar J，Sonnet P.2012. Heavy metal immobilization by cost-effective amendments in a contaminated soil：effects on metal leaching and phytoavailability. Journal of Geochemical Exploration，123：87-94.

Hu P J，Ouyang Y N，Wu L H，et al. 2015. Effects of water management on arsenic and cadmium speciation and accumulation in an upland rice cultivar. Journal of Environmental Sciences（China），27：225-231.

Hu W Y，Wang H F，Dong L R，et al. 2018. Source identification of heavy metals in peri-urban agricultural soils of Southeast China：an integrated approach. Environmental Pollution，237：650-661.

Hu Y，Norton G J，Duan G L，et al. 2014. Effect of selenium fertilization on the accumulation of cadmium and lead in rice plants. Plant and Soil，384（1-2）：131-140.

Huang B F，Xin J L，Dai H W，et al. 2017. Effects of interaction between cadmium（Cd）and selenium（Se）on grain yield and Cd and Se accumulation in a hybrid rice（*Oryza sativa*）system. Journal of Agricultural and Food Chemistry，65（43）：9537-9546.

Huang Q Q，Wan Y N，Luo Z，et al. 2020. The effects of chicken manure on the immobilization and bioavailability of cadmium in the soil-rice system. Archives of Agronomy and Soil Science，66（13）：1753-1764.

Huang S S，Tu J，Liu H Y，et al. 2009. Multivariate analysis of trace element concentrations in atmospheric deposition in the Yangtze River Delta，East China. Atmospheric Environment，43（36）：5781-5790.

Huang W，Duan D D，Zhang Y L，et al. 2014. Heavy metals in particulate and colloidal matter from atmospheric deposition of Urban Guangzhou，South China. Marine Pollution Bulletin，85（2）：720-726.

Huang Y，Deng M H，Wu S F，et al. 2018. A modified receptor model for source apportionment of heavy metal pollution in soil. Journal of Hazardous Materials，354：161-169.

Hussain B，Ashraf M N，Shafeeq-Ur-Rahman，et al. 2021. Cadmium stress in paddy fields：effects of soil conditions and remediation strategies. The Science of the Total Environment，754：142188.

Hussain B，Umer M J，Li J M，et al. 2021. Strategies for reducing cadmium accumulation in rice grains. Journal of Cleaner Production，286：125557.

Islam A R M T，Bodrud-Doza M，Rahman M S，et al. 2019. Sources of trace elements identification in drinking water of Rangpur district，Bangladesh and their potential health risk following multivariate techniques and Monte-Carlo simulation. Groundwater for Sustainable Development，9：100275.

Jesenska S，Nemethova S，Blaha L. 2013. Validation of the species sensitivity distribution in retrospective risk assessment of herbicides at the river basin scale-the Scheldt river basin case study. Environmental Science and Pollution Research，20（9）：6070-6084.

Jiang H H，Cai L M，Wen H H，et al. 2020. Characterizing pollution and source identification of heavy metals in soils using geochemical baseline and PMF approach. Scientific Reports，10（1）：6460.

Jiang W，Hou Q Y，Yang Z F，et al. 2014.Annual input fluxes of heavy metals in agricultural soil of Hainan Island，China. Environmental Science and Pollution Research International，21（13）：7876-7885.

Jiao W T，Chen W P，Chang A C，et al. 2012.Environmental risks of trace elements associated with long-term phosphate fertilizers applications：a review . Environmental Pollution，168：44-53.

Jung M C. 2008. Heavy metal concentrations in soils and factors affecting metal uptake by plants in the vicinity of a Korean Cu-W mine. Sensors，8（4）：2413- 2423.

Jusselme M D，Miambi E，Mora P，et al. 2013. Increased lead availability and enzyme activities in root-adhering soil of Lantana camara during phytoextraction in the presence of earthworms. Science of the Total Environment，445：101-109.

Kamran M A，Ali Musstjab Akber Shah Eqani S，Bibi S，et al. 2016. Bioaccumulation of nickel by E. sativa and role of plant growth promoting rhizobacteria（PGPRs）under nickel stress. Ecotoxicology and Environmental Safety，126：256-263.

Kang M J，Kwon Y K，Yu S，et al. 2019. Assessment of Zn pollution sources and apportionment in agricultural soils impacted by a Zn smelter in South Korea. Journal of Hazardous Materials，364：475-487.

Kang M J，Yu S，Jeon S W，et al. 2021. Mobility of metal(loid)s in roof dusts and agricultural soils surrounding a Zn smelter: Focused on the impacts of smelter-derived fugitive dusts. Science of the Total Environment，757：143884.

Karimi Nezhad M T，Mohammadi K，Gholami A，et al.2014. Cadmium and mercury in topsoils of babagorogor watershed，western Iran：distribution，relationship with soil characteristics and multivariate analysis of contamination sources . Geoderma，219：177-185.

Kashif Irshad M，Chen C，Noman A，et al. 2020. Goethite-modified biochar restricts the mobility and transfer of cadmium in soil-rice system. Chemosphere，242：125152.

Kaur M，Modi V K，Sharma H K. 2022. Effect of carbonation and ultrasonication assisted hybrid drying techniques on physical properties，sorption isotherms and glass transition temperature of banana（Musa）peel powder. Powder Technology，396：519-534.

Kerou M，Offre P，Valledor L，et al. 2016. Proteomics and comparative genomics of nitrososphaera viennensis reveal the core genome and adaptations of archaeal ammonia oxidizers. Proceedings of the National Academy of Sciences of the United States of America，113（49）：7937-7946.

Khanam R，Kumar A，Nayak A K，et al. 2020. Metal(loid)s（As，Hg，Se，Pb and Cd）in paddy soil：bioavailability and potential risk to human health. Science of the Total Environment，699：134330.

Kim K J，Kim D H，Yoo J C，et al. 2011. Electrokinetic extraction of heavy metals from dredged marine sediment. Separation and Purification Technology，79（2）：164-169.

Kireta A R，Reavie E D，Sgro G V，et al. 2012. Planktonic and periphytic diatoms as indicators of stress on great rivers of the United States：testing water quality and disturbance models. Ecological Indicators，13（1）：222-231.

Klaus A A，Lysenko E A，Kholodova V P. 2013. Maize plant growth and accumulation of photosynthetic pigments at short-and long-term exposure to cadmium. Russian Journal of Plant Physiology，60（2）：250-259.

Klepper O，Bakker J，Traas T P，et al. 1998. Mapping the potentially affected fraction（PAF）of species as a basis for comparison of ecotoxicological risks between substances and regions. Journal of Hazardous Materials, 61 (1-3): 337-344.

Klepper O, Traas T P, Schouten A J, et al. 1999. Estimating the effect on soil organisms of exceeding no-observed effect concentrations (NOECs) of persistent toxicants. Ecotoxicology, 8 (1): 9-21.

Kuang J L, Huang L N, He Z L, et al. 2016. Predicting taxonomic and functional structure of microbial communities in acid mine drainage. The ISME Journal, 10 (6): 1527-1539.

Kumar M, Furumai H, Kurisu F, et al. 2013. Tracing source and distribution of heavy metals in road dust, soil and soakaway sediment through speciation and isotopic fingerprinting. Geoderma, 211: 8-17.

Kuperman R G, Carreiro M M. 1997. Soil heavy metal concentrations, microbial biomass and enzyme activities in a contaminated grassland ecosystem. Soil Biology and Biochemistry, 29 (2): 179-190.

Lalor G, Rattray R, Simpson P, et al. 1998. Heavy metals in Jamaica. Part 3: the distribution of cadmium in Jamaican soils. Revista Internacional de Contaminacion Ambiental, 14 (1): 7-12.

Lanno R, Wells J, Conder J, et al. 2004. The bioavailability of chemicals in soil for earthworms. Ecotoxicology and Environmental Safety, 57 (1): 39-47.

Larison J R, Likens G E, Fitzpatrick J W, et al. 2000. Cadmium toxicity among wildlife in the Colorado rocky mountains. Nature, 406 (6792): 181-183.

Lee P K, Choi B Y, Kang M J. 2015. Assessment of mobility and bio-availability of heavy metals in dry depositions of Asian dust and implications for environmental risk. Chemosphere, 119: 1411-1421.

Lee P K, Kang M J, Yu S, et al. 2020. Assessment of trace metal pollution in roof dusts and soils near a large Zn smelter. Science of the Total Environment, 713: 136536.

Leveque T, Capowiez Y, Schreck E, et al. 2014. Earthworm bioturbation influences the phytoavailability of metals released by particles in cultivated soils. Environmental Pollution, 191: 199-206.

Li H L, Tatarko J, Kucharski M, et al. 2015. $PM_{2.5}$ and PM_{10} emissions from agricultural soils by wind erosion. Aeolian Research, 19: 171-182.

Li H B, Zhang H Q, Yang Y J, et al. 2022. Effects and oxygen-regulated mechanisms of water management on cadmium (Cd) accumulation in rice (*Oryza sativa*). Science of the Total Environment, 846: 157484.

Li P H, Lin Q, Xu G Z. 2019. Effects of Pb and Cd stress on the photosynthetic physiological characters of potato in heavy metal pollutionof soil. Applied Ecology and Environmental Research, 17 (5): 12287-12295.

Li Q S, Cai S S, Mo C H, et al. 2010.Toxic effects of heavy metals and their accumulation in vegetables grown in a saline soil.Ecotoxicology and Environmental Safety, 73 (1): 84-88.

Li S Y, Jia Z M. 2018. Heavy metals in soils from a representative rapidly developing megacity (SW China): levels, source identification and apportionment. CATENA, 163: 414-423.

Li Y H, Kuang H F, Hu C H, et al. 2021. Source apportionment of heavy metal pollution in agricultural soils around the Poyang Lake Region using UNMIX model. Sustainability, 13 (9): 5272.

Li Y F, Liu B S, Xue Z G, et al. 2020. Chemical characteristics and source apportionment of $PM_{2.5}$ using PMF modelling coupled with 1-hr resolution online air pollutant dataset for Linfen, China. Environmental Pollution, 263: 114532.

Liang X F, Xu Y, Xu Y M, et al. 2016. Two-year stability of immobilization effect of sepiolite on Cd contaminants in paddy soil. Environmental Science and Pollution Research International, 23 (13): 12922-12931.

Liang Z F, Ding Q, Wei D P, et al. 2013. Major controlling factors and predictions for cadmium transfer from the soil into spinach plants. Ecotoxicology and Environmental Safety, 93: 180-185.

Lim H S, Lee J S, Chon H T, et al. 2008. Heavy metal contamination and health risk assessment in the vicinity of the abandoned Songcheon Au-Ag mine in Korea. Journal of Geochemical Exploration, 96(2-3): 223-230.

Limousin G, Gaudet J P, Charlet L, et al. 2007. Sorption isotherms: a review on physical bases, modeling and measurement. Applied Geochemistry, 22 (2): 249-275.

Liu B L, Tian K, He Y, et al. 2022. Dominant roles of torrential floods and atmospheric deposition revealed by quantitative source apportionment of potentially toxic elements in agricultural soils around a historical mercury mine, Southwest China. Ecotoxicology and Environmental Safety, 242: 113854.

Liu H Y, Probst A, Liao B H. 2005. Metal contamination of soils and crops affected by the Chenzhou lead/zinc mine spill (Hunan, China). Science of the Total Environment, 339 (1-3): 153-166.

Liu P, Zhao H J, Wang L L, et al. 2011. Analysis of heavy metal sources for vegetable soils from Shandong Province, China. Agricultural Sciences in China, 10 (1): 109-119.

Liu W, Zhao C C, Yuan Y L, et al. 2022. Physicochemical properties, metal availability, and bacterial community structure in cadmium-contaminated soil immobilized by nano-montmorillonite. Frontiers in Environmental Science, 10: 908819.

Liu Y Y, Xu Y M, Huang Q Q, et al. 2019. Effects of chicken manure application on cadmium and arsenic accumulation in rice grains under different water conditions. Environmental Science and Pollution Research International, 26 (30): 30847-30856.

Liu Z, Zheng J, Sun Z, et al. 2016. Effects of soil amendments on soil microbial communities, quality and yield of tomato in protected house. Acta Agriculturae Boreali-Sinica, 31 (S1): 394-398.

Luo K, Liu H Y, Zhao Z P, et al. 2019. Spatial distribution and migration of cadmium in contaminated soils associated with a geochemical anomaly: a case study in southwestern China. Polish Journal of Environmental Studies, 28 (5): 3799-3807.

Luo L, Ma Y B, Zhang S Z, et al. 2009. An inventory of trace element inputs to agricultural soils in China. Journal of Environmental Management, 90 (8): 2524-2530.

Luo Y M, Christie P. 1998. Bioavailability of copper and zinc in soils treated with alkaline stabilized sewage sludges. Journal of Environmental Quality, 27 (2): 335-342.

Lv J S, Liu Y, Zhang Z L, et al. 2015. Identifying the origins and spatial distributions of heavy metals in soils of Ju country (Eastern China) using multivariate and geostatistical approach. Journal of Soils and Sediments, 15 (1): 163-178.

Mahlangeni N T, Moodley R, Jonnalagadda S B. 2016. Heavy metal distribution in Laportea peduncularis and growth soil from the eastern parts of KwaZulu-Natal, South Africa. Environmental Monitoring and Assessment, 188 (2): 76-83.

Maltby L, Brock T C M, van den Brink P J. 2009. Fungicide risk assessment for aquatic ecosystems: importance of interspecific variation, toxic mode of action, and exposure regime. Environmental Science & Technology, 43 (19): 7556-7563.

Marrugo-Negrete J, Pinedo-Hernández J, Díez S. 2017. Assessment of heavy metal pollution, spatial distribution and origin in agricultural soils along the Sinú River Basin, Colombia. Environmental Research, 154: 380-388.

Martinez-Finley E J, Chakraborty S, Fretham S J B, et al. 2012.Cellular transport and homeostasis of essential and nonessential metals. Metallomics，4（7）：593-605.

McLaughlin M J，Smolders E，Degryse F，et al. 2010. Uptake of metals from soil into vegetables//Swartjes F A. Dealing with Contaminated Sites. Berlin：Springer.

Meng J，Zhong L，Wang L，et al. 2018. Contrasting effects of alkaline amendments on the bioavailability and uptake of Cd in rice plants in a Cd-contaminated acid paddy soil. Environmental Science and Pollution Research International，25（9）：8827-8835.

Min K S，Ueda H，Kihara T，et al. 2008. Increased hepatic accumulation of ingested cd is associated with upregulation of several intestinal transporters in mice fed diets deficient in essential metals. Toxicological Sciences：An Official Journal of the Society of Toxicology，106（1）：284-289.

Moço M K S，Gama-Rodrigues E F，Gama-Rodrigues A C，et al. 2010. Relationships between invertebrate communities，litter quality and soil attributes under different cacao agroforestry systems in the south of Bahia，Brazil. Applied Soil Ecology，46（3）：347-354.

Morón-Ríos A，Rodríguez M Á，Pérez-Camacho L，et al. 2010. Effects of seasonal grazing and precipitation regime on the soil macroinvertebrates of a mediterranean old-field. European Journal of Soil Biology，46（2）：91-96.

Msilini N，Essemine J，Zaghdoudi M，et al. 2013.How does iron deficiency disrupt the electron flow in photosystem I of lettuce leaves? Journal of Plant Physiology，170（16）：1400-1406.

Nannoni F，Protano G，Riccobono F. 2011. Uptake and bioaccumulation of heavy elements by two earthworm species from a smelter contaminated area in northern Kosovo. Soil Biology and Biochemistry，43（12）：2359-2367.

Neupane G，Roberts S J. 2009. Quantitative comparison of heavy metals and as accumulation in agricultural and forest soils near bowling green，Ohio. Water，Air，& Soil Pollution，197（1-4）：289-301.

Ni R X，Ma Y B. 2018. Current inventory and changes of the input/output balance of trace elements in farmland across China. PLoS One，13（6）：e199460.

Nickson R T，Mcarthur J M，Ravenscroft P，et al. 2000. Mechanism of arsenic release to groundwater，Bangladesh and West Bengal. Applied Geochemistry，15（4）：403-413.

Ning D F，Liang Y C，Liu Z D，et al. 2016. Impacts of steel-slag-based silicate fertilizer on soil acidity and silicon availability and metals-immobilization in a paddy soil. PloS One，11（12）：e0168163.

OECD. 1984. Guidelines for the Testing of Chemicals "Test No. 207：Earthworm，Acute Toxicity Test".

Ortiz-Ceballos A I，Peña-Cabriales J J，Fragoso C，et al. 2007. Mycorrhizal colonization and nitrogen uptake by maize：combined effect of tropical earthworms and velvetbean mulch. Biology and Fertility of Soils，44（1）：181-186.

Oviasogie P O，Aghimien A E，Ndiokwere C L. 2011. Fractionation and bioaccumulation of copper and zinc in wetland soils of the Niger Delta determined by the oil palm. Chemical Speciation & Bioavailability，23（2）：96-109.

Pan D D，Liu C P，Yu H Y，et al. 2019. A paddy field study of arsenic and cadmium pollution control by using iron-modified biochar and silica sol together. Environmental Science and Pollution Research International，26（24）：24979-24987.

Penezić A，Milinković A，Bakija Alempijević S，et al. 2021. Atmospheric deposition of biologically relevant trace metals in the eastern Adriatic coastal area. Chemosphere，283：131178.

Peng H，Chen Y L，Weng L P，et al. 2019. Comparisons of heavy metal input inventory in agricultural soils in north and South China: a review. Science of the Total Environment, 660: 776-786.

Peng Y S, Yang R D, Jin T, et al. 2021. Potentially toxic metal (loid) distribution and migration in the bottom weathering profile of indigenous zinc smelting slag pile in clastic rock region. PeerJ, 9: e10825.

Pueyo M, López-Sánchez J F, Rauret G. 2004. Assessment of $CaCl_2$, $NaNO_3$ and NH_4NO_3 extraction procedures for the study of Cd, Cu, Pb and Zn extractability in contaminated soils. Analytica Chimica Acta, 504 (2): 217-226.

Quezada-Hinojosa R P, Matera V, Adatte T, et al. 2009. Cadmium distribution in soils covering Jurassic oolitic limestone with high Cd contents in the Swiss Jura. Geoderma, 150 (3-4): 287-301.

Raimondo S, Vivian D N, Delos C, et al. 2008. Protectiveness of species sensitivity distribution hazard concentrations for acute toxicity used in endangered species risk assessment. Environmental Toxicology and Chemistry, 27 (12): 2599-2607.

Raja R, Nayak A K, Shukla A K, et al. 2015. Impairment of soil health due to fly ash-fugitive dust deposition from coal-fired thermal power plants. Environmental Monitoring and Assessment, 187 (11): 679.

Rauret G. 1998. Extraction procedures for the determination of heavy metals in contaminated soil and sediment. Talanta, 46 (3): 449-455.

Reeves P G, Chaney R L. 2002. Nutritional status affects the absorption and whole-body and organ retention of cadmium in rats fed rice-based diets. Environmental Science & Technology, 36 (12): 2684-2692.

Reeves P G, Chaney R L. 2004. Marginal nutritional status of zinc, iron, and calcium increases cadmium retention in the duodenum and other organs of rats fed rice-based diets. Environmental Research, 96 (3): 311-322.

Rékási M, Filep T. 2012. Fractions and background concentrations of potentially toxic elements in Hungarian surface soils. Environmental Monitoring and Assessment, 184 (12): 7461-7471.

Rizwan M, Ali S, Abbas T, et al. 2018. Residual impact of biochar on cadmium uptake by rice (*Oryza sativa* L.) grown in Cd-contaminated soil. Arabian Journal of Geosciences, 11 (20): 630.

Rodríguez L, Ruiz E, Alonso-Azcárate J, et al. 2009. Heavy Metal Distribution and chemical speciation in tailings and soils around a Pb-Zn mine in Spain. Journal of Environmental Management, 90 (2): 1106-1116.

Rossi J P, Blanchart E. 2005. Seasonal and land-use induced variations of soil macrofauna composition in the Western Ghats, southern India. Soil Biology and Biochemistry, 37 (6): 1093-1104.

Sakata M, Tani Y, Takagi T. 2008. Wet and dry deposition fluxes of trace elements in Tokyo bay. Atmospheric Environment, 42 (23): 5913-5922.

Salman S A, Elnazer A A, El Nazer H A. 2017. Integrated mass balance of some heavy metals fluxes in Yaakob village, South Sohag, Egypt. International Journal of Environmental Science and Technology, 14 (5): 1011-1018.

Salmanzadeh M, Hartland A, Stirling C, et al. 2017. Isotope tracing of long-term cadmium fluxes in an agricultural soil. Environmental Science & Technology, 51 (13): 7369-7377.

Satarug S, Garrett S H, Sens M A, et al. 2010. Cadmium, environmental exposure, and health outcomes. Environmental Health Perspectives, 118 (2): 182-190.

Scebba F, Arduini I, Ercoli L, et al. 2006. Cadmium effects on growth and antioxidant enzymes activities in Miscanthus sinensis. Biologia Plantarum, 50 (4): 688-692.

Schmitt-Jansen M, Veit U, Dudel G, et al. 2008. An ecological perspective in aquatic ecotoxicology:

approaches and challenges. Basic and Applied Ecology，9（4）：337-345.

Sebastian A，Prasad M N V. 2014. Cadmium minimization in rice. A review. Agronomy for Sustainable Development，34（1）：155-173.

Seregin I V，Ivanov V B. 2001. Physiological aspects of cadmium and lead toxic effects on higher plants. Russian Journal of Plant Physiology，48（4）：523-544.

Shaheen S M，Tsadilas C D，Rinklebe J. 2013. A review of the distribution coefficients of trace elements in soils：Influence of sorption system，element characteristics，and soil colloidal properties. Advances in Colloid and Interface Science，201：43-56.

Shi T R，Ma J，Wu X，et al. 2018. Inventories of heavy metal inputs and outputs to and from agricultural soils： a review. Ecotoxicology and Environmental Safety，164：118-124.

Shiel A E，Weis D，Orians K J. 2010. Evaluation of zinc，cadmium and lead isotope fractionation during Smelting and refining. Science of the Total Environment，408（11）：2357-2368.

Si W T，Ji W H，Yang F. et al. 2011. The function of constructed wetland in reducing the risk of heavy metals on human health. Environmental Monitoring and Assessment，181（1）：531-537.

Sieber M，Conway T M，de Souza G F，et al.2019. Physical and biogeochemical controls on the distribution of dissolved cadmium and its isotopes in the Southwest Pacific Ocean. Chemical Geology，511：494-509.

Singh O V，Labana S，Pandey G，et al. 2003. Phytoremediation：an overview of metallic ion decontamination from soil. Applied Microbiology and Biotechnology，61（5-6）：405-412.

Sinkakarimi M H，Solgi E，Hosseinzadeh Colagar A. 2020. Interspecific differences in toxicological response and subcellular partitioning of cadmium and lead in three earthworm species. Chemosphere，238：124595.

Six L，Smolders E. 2014. Future trends in soil cadmium concentration under current cadmium fluxes to European agricultural soils. Science of the Total Environment，485：319-328.

Sizmur T，Palumbo-Roe B，Hodson M E. 2010. Why does earthworm mucus decrease metal mobility? Integrated Environmental Assessment and Management，6（4）：777-779.

Sizmur T，Watts M J，Brown G D，et al. 2011a. Impact of gut passage and mucus secretion by the earthworm Lumbricus terrestris on mobility and speciation of arsenic in contaminated soil. Journal of Hazardous Materials，197：169-175.

Sizmur T，Palumbo-Roe B，Watts M J，et al. 2011b. Impact of the earthworm Lumbricus terrestris（L.）on As，Cu，Pb and Zn mobility and speciation in contaminated soils. Environmental Pollution，159（3）：742-748.

Song W E，Chen S B，Liu J F，et al. 2015. Variation of Cd concentration in various rice cultivars and derivation of cadmium toxicity thresholds for paddy soil by species-sensitivity distribution. Journal of Integrative Agriculture，14（9）：1845-1854.

Sridhara Chary N，Kamala C T，Samuel Suman Raj D. 2008. Assessing risk of heavy metals from consuming food grown on sewage irrigated soils and food chain transfer. Ecotoxicology and Environmental Safety，69（3）：513-524.

St Pierre K A，St Louis V L，Lehnherr I，et al. 2019. Drivers of mercury cycling in the rapidly changing glacierized watershed of the high arctic's largest lake by volume（Lake Hazen，Nunavut，Canada）. Environmental Science & Technology，53（3）：1175-1185.

Štolfa I，Velki M，Vuković R，et al. 2017. Effect of different forms of selenium on the plant-soil-earthworm system. Journal of Plant Nutrition and Soil Science，180（2）：231-240.

Sun L M，Zheng M M，Liu H Y，et al. 2014. Water management practices affect arsenic and cadmium accumulation in rice grains. The Scientific World Journal，2014：596438.

Sun L N，Chen S，Chao L，et al. 2007. Effects of flooding on changes in Eh，pH and speciation of cadmium and lead in contaminated soil. Bulletion of Environmental Contamination and Toxicology，79（5）：514-518.

Sun L，Guo D K，Liu K，et al. 2019. Levels，sources and spatial distribution of heavy metals in soils from a typical coal industrial city of Tangshan，China. CATENA，175：101-109.

Sun L J，Song K，Shi L Z，et al. 2021. Influence of elemental sulfur on cadmium bioavailability，microbial community in paddy soil and Cd accumulation in rice plants. Scientific Reports，11（1）：11468.

Sun Y B，Li Y，Xu Y M，et al. 2015. In situ stabilization remediation of cadmium（Cd）and lead（Pb）co-contaminated paddy soil using bentonite. Applied Clay Science，105：200-206.

Taati A，Salehi M H，Mohammadi J，et al. 2020. Pollution assessment and spatial distribution of trace elements in soils of arak industrial area，Iran：Implications for human health. Environmental Research，187：109577.

Taghvaee S，Sowlat M H，Mousavi A，et al. 2018. Source apportionment of ambient $PM_{2.5}$ in two locations in central Tehran using the Positive Matrix Factorization（PMF）model. Science of the Total Environment，628：672-686.

Tan X P，Wang Z Q，Lu G N，et al. 2017. Kinetics of soil dehydrogenase in response to exogenous Cd toxicity. Journal of Hazardous Materials，329：299-309.

Tang J，Xiao T F，Wang S J，et al. 2009. High cadmium concentrations in areas with endemic fluorosis：a serious hidden toxin? Chemosphere，76（3）：300-305.

Tatarko J，Kucharski M，Li H L，et al. 2020. $PM_{2.5}$ and PM_{10} emissions by abrasion of agricultural soils. Soil and Tillage Research，200：104601.

Teasdale P R，Batley G E，Apte S C，et al. 1995. Pore water sampling with sediment peepers. Trac Trends in Analytical Chemistry，14（6）：250-256.

Tester M，Leigh R A. 2001. Partitioning of nutrient transport processes in roots. Journal of Experimental Botany，52（suppl 1）：445-457.

Tian H X，Kong L，Megharaj M，et al. 2017. Contribution of attendant anions on cadmium toxicity to soil enzymes. Chemosphere，187：19-26.

Uraguchi S，Mori S，Kuramata M，et al. 2009. Root-to-shoot Cd translocation via the xylem is the major process determining shoot and grain cadmium accumulation in rice. Journal of Experimental Botany，60（9）：2677-2688.

USEPA. 2014. Positive MatriX Factorization（PMF）5.0 Fundamentals and User Guide. U.S. Environmental protection Agency. Washington，DC：Office of Research and Development.

Usman A R A，Kuzyakov Y，Lorenz K，et al. 2006. Remediation of a soil contaminated with heavy metals by immobilizing compounds. Journal of Plant Nutrition and Soil Science，169（2）：205-212.

Uzu G，Sobanska S，Sarret G，et al. 2010. Foliar lead uptake by lettuce exposed to atmospheric fallouts. Environmental Science & Technology，44（3）：1036-1042.

van Beelen P，Verbruggen E M J，Peijnenburg W J G M. 2003. The evaluation of the equilibrium partitioning method using sensitivity distributions of species in water and soil. Chemosphere，52（7）：1153-1162.

van Hoeven N. 2001. Estimating the 5-percentile of the species sensitivity distributions without any assumptions about the distribution. Ecotoxicology，10（1）：25-34.

Vithanage M，Bandara P C，Novo L A B，et al. 2022. Deposition of trace metals associated with atmospheric particulate matter：environmental fate and health risk assessment. Chemosphere，303：135051.

Vulkan R，Mingelgrin U，Ben-Asher J，et al. 2002. Copper and zinc speciation in the solution of a soil-sludge mixture. Journal of Environmental Quality，31（1）：193-203.

Wang B，Yu G，Huang J，et al. 2008. Development of species sensitivity distributions and estimation of HC$_5$ of organochlorine pesticides with five statistical approaches. Ecotoxicology，17（8）：716-724.

Wang G，Su M Y，Chen Y H，et al. 2006. Transfer characteristics of cadmium and lead from soil to the edible parts of six vegetable species in Southeastern China. Environmental Pollution，144（1）：127-135.

Wang H Y，Li X M，Chen Y，et al. 2020. Geochemical behavior and potential health risk of heavy metals in basalt-derived agricultural soil and crops：a case study from Xuyi County，Eastern China. Science of the Total Environment，729：139058.

Wang J K，Gao B，Yin S H，et al. 2019a. Comprehensive evaluation and source apportionment of potential toxic elements in soils and sediments of Guishui River，Beijing. Water，11（9）：1847.

Wang J W，Wei H，Zhou X D，et al. 2019b. Occurrence and risk assessment of antibiotics in the Xi'an section of the Weihe River，Northwestern China. Marine Pollution Bulletin，146：794-800.

Wang J，Zhang C B，Jin Z X. 2009. The distribution and phytoavailability of heavy metal fractions in rhizosphere soils of Paulowniu fortunei（seem）Hems near a Pb/Zn smelter in Guangdong，PR China. Geoderma，148（3-4）：299-306.

Wang L W，Jin Y L，Weiss D J，et al. 2021. Possible application of stable isotope compositions for the identification of metal sources in soil. Journal of Hazardous Materials，407：124812.

Wang M E，Chen W P，Peng C. 2016. Risk assessment of Cd polluted paddy soils in the industrial and township areas in Hunan，Southern China. Chemosphere，144：346-351.

Wang P C，Li Z G，Liu J L，et al. 2019. Apportionment of sources of heavy metals to agricultural soils using isotope fingerprints and multivariate statistical analyses. Environmental Pollution，249：208-216.

Wang Q，Xie Z Y，Li F B. 2015. Using ensemble models to identify and apportion heavy metal pollution sources in agricultural soils on a local scale. Environmental Pollution，206：227-235.

Wang R Z，Wei S，Jia P H，et al. 2019. Biochar significantly alters rhizobacterial communities and reduces Cd concentration in rice grains grown on Cd-contaminated soils. Science of the Total Environment，676：627-638.

Wang Y T，Guo G H，Zhang D G，et al. 2021. An integrated method for source apportionment of heavy metal （loid）s in agricultural soils and model uncertainty analysis. Environmental Pollution，276：116666.

Wen H J，Zhu C W，Zhang Y X，et al. 2016. Zn/Cd ratios and cadmium isotope evidence for the classification of lead-zinc deposits. Scientific Reports，6（1）：25273.

Wen Y B，Li W，Yang Z F，et al. 2020. Enrichment and source identification of Cd and other heavy metals in soils with high geochemical background in the karst region，Southwestern China. Chemosphere，245：125620.

Wheeler J R，Grist E P M，Leung K M Y，et al. 2002. Species sensitivity distributions：Data and model choice. Marine Pollution Bulletin，45（1-2）：192-202.

Wiggenhauser M，Aucour A M，Bureau S，et al. 2021. Cadmium transfer in contaminated soil-rice systems：Insights from solid-state speciation analysis and stable isotope fractionation. Environmental Pollution，269：115934.

Wiggenhauser M，Bigalke M，Imseng M，et al. 2019. Using isotopes to trace freshly applied cadmium through mineral phosphorus fertilization in soil-fertilizer-plant systems. Science of the Total Environment，648：

779-786.

Wombacher F，Rehkämper M，Mezger K，et al. 2008. Cadmium stable isotope cosmochemistry. Geochimica et Cosmochimica Acta，72（2）：646-667.

Wombacher F，Rehkämper M，Mezger K. 2004. Determination of the mass-dependence of cadmium isotope fractionation during evaporation. Geochimica Et Cosmochimica Acta，68（10）：2349-2357.

Wong C S C，Li X D，Zhang G，et al. 2003. Atmospheric deposition of heavy metals in the Pearl River Delta，China. Atmospheric Environment，37（6）：767-776.

Wu B，Hou S Y，Peng D H，et al. 2018. Response of soil micro-ecology to different levels of cadmium in alkaline soil. Ecotoxicology and Environmental Safety，166：116-122.

Wu C F，Luo Y M，Deng S P，et al. 2014. Spatial characteristics of cadmium in topsoils in a typical e-waste recycling area in southeast China and its potential threat to shallow groundwater. Science of the Total Environment，472（15）：556-561.

Wu J，Li J，Teng Y G，et al. 2020. A partition computing-based positive matrix factorization（PC-PMF）approach for the source apportionment of agricultural soil heavy metal contents and associated health risks. Journal of Hazardous Materials，388：121766.

Wu X E，Han F，Wu H，et al. 2015. Health risk assessment of rice manganese in a metallic mining area. Advances in Environmental Protection，5（3）：48-53.

Wu Z H，Chen Y Y，Han Y R，et al. 2020. Identifying the influencing factors controlling the spatial variation of heavy metals in suburban soil using spatial regression models. Science of the Total Environment，717：137212.

Wuana R A，Okieimen F E，Vesuwe R N. 2014. Mixed contaminant interactions in soil：Implications for bioavailability，risk assessment and remediation. Journal of Autonomic Pharmacology，18（3）：189-194.

Xia X Q，Yang Z F，Cui Y J，et al. 2014. Soil heavy metal concentrations and their typical input and output fluxes on the southern Song-Nen Plain，Heilongjiang Province，China. Journal of Geochemical Exploration，139：85-96.

Xiao R，Guo D，Ali A，et al. 2019. Accumulation，ecological-health risks assessment，and source apportionment of heavy metals in paddy soils：a case study in Hanzhong，Shaanxi，China. Environmental Pollution，248：349-357.

Xing W，Zheng Y，Scheckel K G，et al. 2019. Spatial distribution of smelter emission heavy metals on farmland soil. Environmental Monitoring and Assessment，191（2）：115.

Xu C，Chen H X，Xiang Q，et al. 2018. Effect of peanut shell and wheat straw biochar on the availability of Cd and Pb in a soil-rice（Oryza sativa L.）system. Environmental Science and Pollution Research，25（2）：1147-1156.

Xu P，Sun C X，Ye X Z，et al. 2016. The effect of biochar and crop straws on heavy metal bioavailability and plant accumulation in a Cd and Pb polluted soil. Ecotoxicology and Environmental Safety，132：94-100.

Xuan B，Lu X H，Wang J，et al. 2018. Spatial distribution characteristic and assessment of total and available heavy metals in Karst peri-urban vegetable soil. IOP Conference Series：Materials Science and Engineering，392：42022.

Yakovlev E Y，Zykova E N，Zykov S B，et al. 2020. Heavy metals and radionuclides distribution and environmental risk assessment in soils of the Severodvinsk industrial district，NW Russia. Environmental Earth Sciences，79（10）：218.

Yan J L，Quan G X，Ding C. 2013. Effects of the combined pollution of lead and cadmium on soil urease activity and nitrification. Procedia Environmental Sciences，18：78-83.

Yan Y，Sun Q Q，Yang J J，et al. 2021. Source attributions of cadmium contamination in rice grains by cadmium isotope composition analysis：a field study. Ecotoxicology and Environmental Safety，210：111865.

Yan Y，Zhou Y Q，Liang C H. 2015. Evaluation of phosphate fertilizers for the immobilization of Cd in contaminated soils. PLoS One，10（4）：e0124022.

Yan Z G，Yang N Y，Wang X N，et al. 2012. Preliminary analysis of species sensitivity distribution based on gene expression effect. Science China Earth Sciences，55（6）：907-913.

Yang S Y，He M J，Zhi Y Y，et al. 2019. An integrated analysis on source-exposure risk of heavy metals in agricultural soils near intense electronic waste recycling activities. Environment International，133：105239.

Yang S，Qu Y，Ma J，et al. 2020. Comparison of the concentrations，sources，and distributions of heavy metal（loid）s in agricultural soils of two provinces in the Yangtze River Delta，China. Environmental Pollution，264：114688.

Yang Y，Wang M E，Chen W P，et al. 2017. Cadmium accumulation risk in vegetables and rice in Southern China：insights from solid-solution partitioning and plant uptake factor. Journal of Agricultural and Food Chemistry，65（27）：5463-5469.

Yang Z P，Lu W X，Long Y Q，et al. 2011. Assessment of heavy metals contamination in urban topsoil from Changchun City，China. Journal of Geochemical Exploration，108（1）：27-38.

Yao B M，Wang S Q，Xie S T，et al. 2022. Optimal soil Eh，pH for simultaneous decrease of bioavailable Cd，As in co-contaminated paddy soil under water management strategies. Science of the Total Environment，806：151342.

Yao W S，Xie X J，Zhao P Z，et al. 2014. Global scale geochemical mapping program - contributions from China . Journal of Geochemical Exploration，139（1）：9-20.

Yi K X，Fan W，Chen J Y，et al. 2018. Annual input and output fluxes of heavy metals to paddy fields in four types of contaminated areas in Hunan Province，China. Science of the Total Environment，634：67-76.

Yin H B，Cai Y J，Duan H T，et al. 2014. Use of DGT and conventional methods to predict sediment metal bioavailability to a field inhabitant freshwater snail（*Bellamya aeruginosa*）from Chinese Eutrophic Lakes. Journal of Hazardous Materials，264（2）：184-194.

Yin X L，Xu Y M，Huang R，et al. 2017. Remediation mechanisms for Cd-contaminated soil using natural sepiolite at the field scale. Environmental Science Processes & Impacts，19（12）：1563-1570.

Yu C X，Peng B，Peltola P，et al. 2012. Effect of weathering on abundance and release of potentially toxic elements in soils developed on Lower Cambrian black shales，P. R. China. Environmental Geochemistry and Health，34（3）：375-390.

Yu E J，Liu H Y，Tu Y，et al. 2022. Superposition effects of zinc smelting atmospheric deposition on soil heavy metal pollution under geochemical anomaly. Frontiers in Environmental Science，10：777894.

Yuan C L，Li Q，Sun Z Y，et al. 2021. Effects of natural organic matter on cadmium mobility in paddy soil：A review. Journal of Environmental Sciences（China），104：204-215.

Zhang C B，Wu L H，Luo Y M，et al. 2008. Identifying sources of soil inorganic pollutants on a regional scale using a multivariate statistical approach：role of pollutant migration and soil physicochemical properties.

Environmental Pollution，151（3）：470-476.

Zhang J，Yang R D，Chen R，et al. 2019. Geographical origin discrimination of pepper（*Capsicum annuum* L.）based on multi-elemental concentrations combined with chemometrics . Food science and biotechnology，28（6）：1627-1635.

Zhang Q，Han G L，Liu M，et al. 2019. Spatial distribution and controlling factors of heavy metals in soils from Puding Karst Critical Zone Observatory，southwest China. Environmental Earth Sciences，78（9）：279.

Zhang Q Y，Liu H Y，Liu F, et al. 2022. Source identification and superposition effect of heavy metals（HMS）in agricultural soils at a high geological background area of Karst：a case study in a typical watershed. International Journal of Environmental Research and Public Health，19（18）：11374.

Zhang X Y，Chen D M，Zhong T Y，et al. 2015. Assessment of cadmium（Cd）concentration in arable soil in China. Environmental Science and Pollution Research International，22（7）：4932-4941.

Zhang X X，Zhang X X，Lv S J，et al. 2020. Migration and transformation of cadmium in rice-soil under different nitrogen sources in polymetallic sulfide mining areas. Scientific Reports，10（1）：2418.

Zhao D，Juhasz A L，Luo J，et al. 2017. Mineral dietary supplement to decrease cadmium relative bioavailability in rice based on a mouse bioassay. Environmental Science & Technology，2017：12123-12130.

Zhao F J，Wang P. 2020.Arsenic and cadmium accumulation in rice and mitigation strategies. Plant and Soil，446（1）：1-21.

Zhao H C，Yu L，Yu M J，et al. 2020. Nitrogen combined with biochar changed the feedback mechanism between soil nitrification and Cd availability in an acidic soil. Journal of Hazardous Materials，390：121631.

Zhao K L，Zhang L Y，Dong J Q，et al. 2020. Risk assessment，spatial patterns and source apportionment of soil heavy metals in a typical Chinese hickory plantation region of southeastern China. Geoderma，360：114011.

Zhao S L，Duan Y F，Chen C，et al. 2018. Distribution and speciation transformation of hazardous trace element arsenic in particulate matter of a coal-fired power plant. Energy & Fuels，32（5）：6049-6055.

Zhao X，Shao Y，Ma L，et al. 2022. Exposure to lead and cadmium in the sixth total diet study-China，2016-2019. China CDC Weekly，4（9）：176-179.

Zhong B Q，Liang T，Wang L Q，et al. 2014. Applications of stochastic models and geostatistical analyses to study sources and spatial patterns of soil heavy metals in a metalliferous industrial district of China. Science of the Total Environment，490：422-434.

Zhong Z L，Bing H J，Xiang Z X，et al. 2021. Terrain-modulated deposition of atmospheric lead in the soils of alpine forest，central China. Science of the Total Environment，790：148106.

Zhou Q W，Lin L N，Qiu W W，et al.2018a. Supplementation with ferromanganese oxide-impregnated biochar composite reduces cadmium uptake by indica rice（*Oryza sativa* L.）. Journal of Cleaner Production，184：1052-1059.

Zhou Q Y，Wang H，Xu C，et al. 2022. Nitrogen application practices to reduce cadmium concentration in rice（*Oryza sativa* L.）grains. Environmental Science and Pollution Research，29（33）：50530-50539.

Zhou X L，Hu R，Fang Y M. 2021. Source and spatial distribution of airborne heavy metal deposition studied using mosses as biomonitors in Yancheng，China. Environmental Science and Pollution Research International，28（24）：30758-30773.

Zhu C W，Wen H J，Zhang Y X，et al. 2013. Characteristics of CD isotopic compositions and their genetic significance in the lead-zinc deposits of SW China. Science China Earth Sciences，56（12）：2056-2065.

Zhu C W，Wen H J，Zhang Y X，et al. 2018. Cd isotope fractionation during sulfide mineral weathering in the fule Zn-Pb-Cd Deposit，Yunnan Province，Southwest China. Science of the Total Environment，616：64-72.

Zhu X Y，Gao B J，Yuan S L，et al. 2010. Community structure and seasonal variation of soil arthropods in the forest-steppe ecotone of the mountainous region in Northern Hebei，China. Journal of Mountain Science，7（2）：187-196.

Zhu Y C，Wang L J，Zhao X Y，et al. 2020. Accumulation and potential sources of heavy metals in soils of the Hetao area，Inner Mongolia，China. Pedosphere，30（2）：244-252.

Zhuo H M，Fu S Z，Liu H，et al. 2019. Soil heavy metal contamination and health risk assessment associated with development zones in Shandong，China. Environmental Science and Pollution Research International，26（29）：30016-30028.